초급간부를 위한

군 리더십의 이해와 개발

박유진 · 오상택

도서출판 양서각

서 문

책은 군 초급간부들과 대학과정에서 군사학을 배우는 학생들의 리더십에 대한 이해를 넓히기 위한 목적으로 집필되었다. 오늘날 리더십은 국가와 사회 및 모든 조직의 공통이슈이다. 뛰어난 리더십은 조직을 단결시키며 임무수행을 활성화시키는 활력제이다. 그러므로 리더십은 군은 물론 모든 조직과 관리자들의 필수적인 성공요건으로 인식되고 있는 것이다.

군이 존재하는 목적은 전투력건설을 통하여 평시 평화를 보장하고 유사시 전장에서 승리하는 것이다. 리더십이 전투를 비롯한 부대지휘의 승패를 결정하는 중요한 요소라는 것은 동서고금의 수많은 사례들이 입증하고 있다. 무기체계와 과학적 시스템이 발전하더라도 임무를 수행하는 주체가 인간이기 때문에 리더십의 중요성은 계속 강조될 것이다.

그러므로 군 리더십교육의 목적은 군의 간부들이 리더로서의 역할을 이해하고 우수한 리더십을 발휘할 수 있도록 자질과 역량의 개발을 돕는 것이다. 본서의 학습은 군의 초급간부들에게는 리더십 발휘를 통한 보다 효과적인 부대지휘에, 군사학관련 대학생들에게는 군 초급간부로 갖추어야 할 리더십 자질과 역량을 이해하고 개발하는데 도움이 될 것이다.

본서는 육군을 기준으로 군 초급간부들과 군사학관련 대학생들의 리더십학습서로 내용을 편성하면서 3부 14장으로 구성하였다.

- 제1부는 〈리더십 기초이론〉으로써 8개의 장으로 구성하였으며 리더십의 개념과 기초이론을 다룬다.

  1장은 리더십의 중요성과 리더십학습의 목적과 내용, 성공의 잣대와 올바른 성공, 그리고 리더십 개발에 중요성에 대해 기술하였다.

  2장부터 6장까지는 리더십 개념과 기초이론으로 1부의 핵심부분이다.

  7장은 리더십 효과성의 진단내용과 방법을 소개하였다.

8장은 대학의 중간시험주간(8주차)에 해당하며 리더십에 관한 격언과 명언들로써 독자들이 참고하도록 하였다.

- 제2부는 〈군 리더십〉으로써 4개의 장으로 구성하였으며 군 리더십의 개념과 특성 및 발휘 방법, 전장 리더십 등을 다룬다.

9장은 군 조직의 특성과 환경변화를 소개하고 있다.

10장은 군 리더십에 대한 이해와 외국군 리더십 등을 소개하였다.

11장은 군 초급리더의 바람직한 모습과 역할을 제시하였다.

12장은 전장과 전투의 특성을 이해하고 전장심리와 전장리더십 발휘원칙 및 전장리더십 사례를 제시하였다.

- 제3부는 〈리더십 개발〉로써 2개의 장으로 구성하였으며 리더십 개발의 개념과 방법 등을 다룬다.

13장은 자신의 리더십 목표와 리더상을 정립하는 방안을 제시하였다.

14장은 군 리더로서 갖추어야할 자질과 역량의 개발방안을 탐구하며 생활의 개선방안을 구상하도록 하였다.

이 책을 통한 리더십 학습의 기대효과는 군 리더로서의 정신적 자세의 정립, 리더십의 의미와 기초적 이론의 이해, 군 리더십의 이해와 실천행동의 숙지, 리더십 효과성 진단의 이해, 리더로서의 자질과 역량의 진단 및 개발방안 구상 등이다. 전반적으로 군 초급간부로서 리더십의 기본지식을 갖추고 자질과 역량의 개발에 도움이 되도록 하는데 초점을 두었다.

필자들의 원고를 잘 정리하여 출간하여 준 양서각의 신대영 사장님과 편집진의 수고에 감사드린다. 필자들의 작은 노력이 초급간부들과 대학생들이 자신의 삶을 성공적으로 이끌어가고, 군의 리더로서 나라와 군을 발전시키는데 도움이 된다면 저자들의 보람이 되겠다.

2016년 초여름

박유진 · 오상택 올림

차례

제1부
리더십 기초이론

제3부

리더십 개발

제1부

제1부는 〈리더십 기초이론〉으로써 8개의 장으로 구성하였으며 리더십의 개념과 기초이론을 다룬다.

1장은 리더십의 중요성과 리더십 학습의 목적과 내용, 성공의 잣대와 올바른 성공, 그리고 리더십 개발의 중요성에 대해 기술하였다.
2장부터 6장까지는 리더십 개념과 기초이론으로 1부의 핵심부분이다.
7장은 리더십효과성의 진단내용과 방법을 소개하였다.
8장은 대학의 중간시험 주간(8주차)에 해당하며 리더십에 관한 격언과 명언들로써 독자들이 참고하도록 하였다.

리더십 기초이론

제1장

리더십의 이론

1. 리더십 학습의 목적과 내용

리더십은 '조직의 리더가 구성원들에게 임무수행의 활력을 불어넣어 좋은 성과를 달성하고 조직과 개인의 발전을 이루어가는 길'을 탐구하고 실천하는 학문이다. 현대사회는 조직사회이다. 사회에는 군 조직을 비롯하여 정부 및 공공기관, 기업, 학교, 사회단체 등 수많은 형태의 조직들이 존재한다. 각각의 조직들과 부서들이 얼마나 성공적으로 운영되며 목적을 달성하는가 하는 것은 리더의 능력에 달려있다고 볼 수 있다.

그러므로 리더십을 학습하는 목적은 '리더들이 조직구성원들을 효과적으로 이끌어가면서 조직의 목표를 달성하고, 자신과 구성원 및 조직이 함께 성공할 수 있도록 리더십능력을 개발하는 것'이다. 이러한 학습목적을 지향하여 군 초급간부들이 리더십을 학습해야 할 내용들은 다음과 같다.

① 조직과 리더십에 대한 개념 및 속성을 이해하도록 함.

② 리더가 갖추어야 할 자질과 역량을 알도록 함.

③ 리더의 영향력과 발휘방법을 이해하도록 함.

④ 리더십의 기본이론들을 이해하도록 함.

⑤ 리더십을 진단하는 기초적인 방법을 알도록 함.

⑥ 군 리더십의 특성과 주요 개념 및 원칙들을 이해하도록 함.

⑦ 군 초급간부로써 리더십의 실천적인 방법을 알도록 함.

⑧ 리더십 개발방법을 이해하고 실천구상을 하도록 함.

본서는 이러한 학습목적과 학습내용에 맞도록 육군을 중심으로 초급제대를 지휘하는 간부들로 하여금 리더십에 대한 기초적인 이론을 이해하고 실천적인 안목을 갖게 하며 리더십역량의 개발을 돕기 위해 만들어진 것이다. 본서를 학습하면서 개인적인 실천력과 응용력을 키운다면 성공적인 리더로 성장하는 데 도움이 될 것이라고 확신한다.

2. 성공적인 삶을 위한 리더십

2.1. 젊은 날의 인생좌표

리더십은 개인이 꿈을 실현하기 위해 자신의 삶을 리드해나가는 셀프리더십(Self Leadership)으로부터 조직목표를 이루기 위해 구성원들을 이끌어가는 조직리더십(Organizational Leadership)으로 진행된다. 즉 조직을 이끌기 전에 자신의 삶부터 올바르게 이끌어갈 수 있어야 한다.

사람들의 성장 및 생활여건을 보면 20대가 될 때까지는 대체로 부모나 가정의 영향을 많이 받는다. 성장여건의 좋고 나쁨은 내가 선택한 것이 아니라 나에게 주어진 것이다. 한 톨의 씨앗이 땅에 뿌려져 꽃을 피우고 열매를 맺기까지는 가뭄과 태풍 등 온갖 재해를 이겨내어야 하듯이 인생도 그렇다. 씨앗이 비옥한 밭에 떨어지는 것은 좋은 환경에서 태어나는 것이고 거친 땅에 뿌려지는 것은 어려운 환경에 태어나는 것과 같다.

성공한 사람들이 모두 성장여건이 좋았던 것은 아니다. 좋은 환경에서 태어난 사람이 실패하는 경우도 있고 나쁜 여건에서 자랐지만 반듯하게 성공한 사람들의 예도 매우 많다. 이는 성공이란 자신의 삶을 지속적으로 변화시켜 가는 것이 중요하다는 사실을 보여주는 것이다.

그러므로 20대나 30대까지 잘 살고 못사는 것은 환경의 탓이 크다고 볼 수 있지만, 40대나 50대의 나이에 들어서 잘살고 못사는 것은 자신의 책임이 더 크다고 할 수 있다. 성인이 된 이후의 삶은 스스로 선택하는 부분이 커지므로 성공과 실패의 출발점은 바로 현재의 좌표라는 점을 깨닫고 자신의 꿈을 향해 생활을 충실하게 이끌어가는 노력이 중요하다. 이것이 바로 셀프 리더십의 핵심이다.

젊은 날이란 어떻게 살아야 자신이 생각하는 성공을 이루고 나아가 사회적으로도 인정받을 것인가를 진지하게 고민하고 실천을 시작하는 시기이다. 그런데 조직을 통하지 않거나 사회적 관계를 맺지 않고 혼자만의 노력으로 성공하기는 매우 어렵다. 학교, 군대, 회사, 공공조직, 학습동호회, 동창회 등의 네트워크 속에서 사람들과 어울리고 협력하면서 노력해야 성공을 이루기가 쉬운 것이며, 그것이 리더십능력이다.

젊은이들이 성공의 희망을 품고 있지만 모두가 성공을 하는 것은 아니다. 우리는 리더십학습과 경험을 통해서 어떻게 사는 것이 성공의 길인가에 대해 그 확신을 높여나가야 한다. 리더십은 성공의 문을 여는 핵심적 열쇠의 하나이다. 젊은 날의 현재좌표에서 인생의 성공좌표를 잘 설정해나가자.

2.2. 성공의 두 잣대

부대를 지휘하는 군의 간부, 기업의 경영자, 존경받는 교육자, 유명한 정치인과 공직자, 인기 높은 연예인과 스포츠맨 등 우리는 사회의 각 분야에서 성공한 사람들을 찾아볼 수 있다. 과연 성공이란 무엇인가? 성공은 내면적 차원과 외면적 차원으로 나누어 볼 수 있다.

내면적인 성공이란 자아성취감, 보람, 자부심, 자기만족 등 스스로의 심리적인 만족의 정도를 말하며 주관적 성공이라고 할 수 있다. 즉 남들의 평가보다 내가 중요하게 생각하는 가치를 얼마나 실현했는가가 중요한 기준이 되므로, 다른 사람의 성공과 비교하기가 어려운 개인 나름의 고유한 것이다.

외면적인 성공이란 지위와 권력 및 경제력 등의 사회적인 기준에서의 성취정도를 의미하며 객관적인 성공이라고 할 수 있다. 외면적인 성취의 정도는 객관적인 평가가 가능하므로 다른 사람의 성취정도와 비교할 수 있다.

군의 초급간부들은 소위 또는 하사로부터 군 생활을 출발한다. 수십 년이 지나면 어떤 사람은 고급장교나 원사처럼 높은 계급으로 진급하기도 하고, 다른 사람은 상대적으로 낮은 계급에 머물 수도 있다. 또 어떤 사람들은 군을 떠나 사회로 진출하기도 한다. 누가 성공인일까? 군 내부로만 보면 외면적으로는 높은 계급이 된 사람이 성공인일 것이다. 그러나 그가 부하들로부터 존경을 받지 못하고 스스로 군 생활에 보람과 만족을 느끼지 못하는데 반해, 다른 사람은 계급이 다소 낮더라도 부하들의 존경을 받으며 끈끈한 인간관계를 형성하고 군 생활에 만족하고 보람을 느낀다면 누가 성공인일까?

물론 내면과 외면의 성공을 함께 이루는 것이 바람직하며 추구해야 할 방향일 것이다. 일반적으로 외면적으로는 높은 지위를 얻고 부자가 되었지만 행복감이나 보람을 느끼지 못하는 경우도 있지만, 대개 외면적인 성공은 내면적 만족을 얻는데 도움이 된다. 또한 지위가 상대적으로 낮거나 부유하지 않더라도 사회적 보람 등으로 본인과 가족들이 만족한 삶으로 받아들이는 경우도 많다. 즉 성공이란 그 기준을 어디에 두느냐에 따라 달라질 수 있는 것이다.

성공의 두 잣대를 정리하면 표 1.1과 같다.

표 1.1 성공의 두 잣대

<table>
<tr><td rowspan="2">높은 성취
↑
외면적(객관적)
성공
↓
낮은 성취</td><td>· 외면적 성취수준은 높음
· 내면적 만족감이 낮음
· 외적인 성공에도 공허함의 가능성</td><td>· 높은 사회적 성취나 명성을 얻음
· 보람 등 내면적 만족감이 높음
· 높은 사회적 인정과 행복감을 가짐</td></tr>
<tr><td>· 외면적 성취수준이 낮음
· 내면적 만족감이 낮음
· 실패한 인생으로 자기불만</td><td>· 외면적 성취수준은 높지 않음
· 보람 등 내면적 만족감이 높음
· 스스로 만족하고 행복할 수 있음</td></tr>
<tr><td></td><td colspan="2">낮은 만족감 ← 내면적(주관적) 성공 → 높은 만족감</td></tr>
</table>

성공과 행복과 같은 문제는 개인의 가치관이나 판단에 따라 달라질 수 있으며 상대적으로 비교할 수 있는 부분과 비교하기 어려운 부분이 있다. 그러므로 성공이란 개인마다 가지고 있는 꿈을 실현하는 것을 중요하다. 사회적으로 알려진 사람들이나 주변에 있는 사람들 중에서 표 1.1의 각 유형에 해당하는 사람들을 찾아보는 것도 자신의 삶을 인식하는데 도움이 될 것이다.

2.3. 올바른 성공과 좋은 리더

높은 지위를 얻고 부자가 되는 등 외면적으로 성공했다고 하여 모든 성공이 다 올바른 성공은 아니다. 사회적 지탄을 받는 경우도 있기 때문이다. 공공의 이익보다 자신의 이익을 먼저 챙기는 부패 공직자, 종업원들에게 정당한 대가를 주지 않고 자기의 이익만 챙기는 악덕 경영자나 사회운동을 빌미로 자신의 욕심을 채우는 사람 등을 좋게 긍정적으로 평가할 수는 없는 것이다.

우리는 올바른 성공을 해야 한다. 올바른 성공이란 사회적으로 인정되는 정당한 방법으로 자신의 꿈을 실현하고 조직구성원의 평가 등 조직 내·외부로부터 긍정적인 평가를 받는 성공을 말한다. 공직자이며 부하를 거느리는 군의 초급간부들은 올바른 성공을 추구하도록 노력해야 한다.

또한 성공을 위해서는 리더십이 중요하다는 점은 이미 널리 아려진 사실이고 군과 사회에는 많은 리더들이 존재한다. 그런데 리더들 중에서 좋은 리더로 많지만 나쁜 리더들도 있다. 우리가 경험한 리더들, 가령 부모님, 중·고교 시절의 교장이나 담임교사, 대학생 시절의 교수, 학생회 간부들, 군 간부 양성 과정에서의 훈육관이나 교관, 부대에서의 상관들, 참여하는 모임의 리더 등을 생각해보면 어느 정도 가려볼 수 있을 것이다.

그렇다면 어떤 리더가 좋은 리더이고 어떤 리더는 나쁜 리더인가? 대체로 **좋은 리더**란 구성원들에게 긍정적 영향을 끼치며 조직이나 사회의 발전에 도움이 되는 차이를 만들어내는 리더라고 할 수 있다. 반면에 **나쁜 리더**란 구성원들에게 부정적 영향을 끼치며 조직이나 사회의 발전에 도움이 되지 못하거나 저해하는 리더라고 할 수 있다.

사회적 수준의 리더의 예를 보면, 세종대왕은 백성을 위하는 위민(爲民)정책을 통해, 미국의 링컨 대통령은 노예해방을 통해, 김구 선생은 독립운동을 통해, 마더 테레사는 봉사를 통해 더 나은 사회를 만들기 위해 헌신하였으며 사람들에게 긍정적인 영향을 미치고 존경을 받는 좋은 리더들이다.

조직수준에서도 가령, 군의 간부가 장병들의 사기를 높이고 신뢰를 받으면서 부대의 전투력을 높였다면, 회사의 경영자가 사원들의 만족도를 높이고 사회적 평판을 높이면서 회사의 이익을 늘렸다면, 학교의 선생님이 학생들의 성적과 인성을 높였다면 좋은 리더 역할을 하였다고 평가할 수 있을 것이다.

그래서 구성원들의 입장에서 볼 때 대체로 "그 분이 있어서 부대성과도 좋고 우리들의 발전에 도움이 된다. 계속 우리와 함께 있었으면 좋겠다."라고 생각하는 리더들은 대체로 좋은 리더이고, "그 사람 때문에 부대평가도 좋지 않고 인간적으로 힘들며 행복하지 않다. 차라리 없었으면 좋겠다."라고 생각하면 나쁜 리더이다. 리더들은 그들이 활동하기 이전과 이후를 비교해 보면 조직이나 사회에 어떤 차이를 만들게 되는데 긍정적인 차이를 많이 만드는 리더가 좋은 리더이다. 두 유형의 리더의 기준을 간단하게 비교해보면 표 1.2와 같다.

표 1.2 좋은 리더와 나쁜 리더의 기준

좋은 리더	· 구성원들에게 삶과 업무에 의욕을 불러일으키고 사기를 높임 · 개인적인 이익보다 조직이나 공익적 가치를 위해 노력함 · 조직과 구성원들이 함께 발전하도록 노력하며 지원함 · 전문성을 바탕으로 역량이 우수하며 좋은 조직성과를 이루어냄 · 종합적으로 리더가 된 이후 조직에 좋은 차이를 많이 만들어냄
나쁜 리더	· 구성원들에게 삶과 업무의 의욕과 사기를 떨어뜨리는 언행을 함 · 조직이나 공익적 가치보다 개인적인 이익과 욕심을 추구함 · 조직과 구성원들의 발전에 관심이 적고 제대로 지원하지 않음 · 전문성이 약하고 역량이 부족하여 조직성과가 좋지 않음 · 종합적으로 리더가 된 이후 조직에 나쁜 차이를 많이 만들어냄

사회적으로 잘 알려진 리더나 주변의 리더들을 살펴보면서 좋은 리더가 되도록 노력해야 할 것이다.

3. 리더십의 이해와 개발의 중요성

많은 젊은이들이 멋진 리더로 성장하면서 성공하고 싶어 한다. 젊은 날에 바라보는 미래는 걱정과 두려움도 있지만 호기심과 설렘이 있는 미지의 세계이다. 젊은이들은 자신의 미래를 꿈꾸어야 한다. 자신이 이루고 싶은 모습을 생각하며 열정을 가지고 실현해나가야 한다. 그런데 분명한 사실은 성공하고 싶은 사람은 누구든 조직의 커튼을 열고 들어서야 한다.

현대사회에서 성공이란 대부분 조직생활을 통해 타인들과의 관계 속에서 실천을 통해 얻어지는 것이기 때문이다. 군이든 사회조직이든 성공하려면 구성원들을 효과적으로 이끌어가는 능력을 갖추어야 한다. 리더십이란 부하들의 추종을 받으면서 임무를 효과적이고 성공적으로 수행하는 능력이기 때문이다. 그러므로 리더십 능력은 조직생활에서 성공하기 위한 필수적인 조건이다. 반대로 말하면 구성원들을 통솔할 수 있는 능력이 부족한 사람이 조직생활에서 성공하는 것은 거의 불가능하다는 것이다.

천릿길도 첫걸음부터 출발하는 것이다. 군의 초급제대는 부하들을 직접 통솔하는 일선의 조직이다. 처음 성공이 다음 성공을 거두는데 자신감을 주기 때문에 초기의 성공은 매우 중요하다. 가령 소대장생활에서 리더십에 성공하면 다음의 상위직책에서도 자신감이 생기지만 초기에 실패하면 다음의 직책에 대해서 두려움이 생기기 쉽다. 또한 조직마다의 리더십의 본질은 유사한 것이므로 군에서 학습하고 단련한 리더십은 사회조직에서도 광범위하게 적용될 수 있다는 점에서 매우 유용한 것이다.

따라서 리더십을 이해하고 리더십능력을 개발하는 것은 부하들의 능력을 충분히 발휘하게 하여 성공적으로 임무를 수행할 수 있게 하는 것은 물론 자신의 미래를 위한 발전에도 반드시 도움이 되는 것이다.

제2장

리더십의 기초개념

1. 조직의 개념과 리더의 역할

1.1. 조직의 개념

리더십이 발현되는 공간은 사람들의 구성체인 조직이다. 현대사회에는 군대, 기업, 학교, 정당, 사회단체, 종교단체, 친목단체 등 다양한 형태의 조직들이 존재하며 사람들은 그 속에서 삶을 실현해가고 있다. 그렇다면 조직이란 무엇인가? 이떠한 형태이든 조직은 다음과 같은 공통적인 속성을 가지고 있다.

- **사람들의 구성체** 조직은 두 명 이상의 사람들의 집합체이다. 혼자서는 조직을 이룰 수 없다. 조직이 구성되면 명칭이 있게 된다. 조직 내에 있는 체계화된 공식적인 부서도 조직의 형태로 본다. 중대와 소대, **회사, 영업부, **학교, **동창회 등은 모두 조직의 형태이다.
- **조직의 목표** 모든 조직은 목표를 가지고 있으며 조직의 활동은 목표를 달성하기 위한 임무와 과업들로 구성된다. 중대와 소대는 설정된 목표가 있고 부여된 임무들을 수행한다. 조직목표는 일회성으로 끝나는 것이 아니라 반복적으로 재설정되면서 조직이 존속하는 한 유지된다.
- **직무체계** 조직은 직무체계(job-duty system)를 가지고 있다. 직무체계는 상위

직위부터 하위직위까지로 구성된 직위체계(position system)에 모든 직위(직책)마다 역할과 책임이 부여되어 있는 것을 말한다. 중대의 직무체계는 중대장(부중대장)과 소대장(부소대장), 분대장, 분대원으로 이어지는 직위체계에서 모든 직책에 역할과 책임이 부여되어 있는 것을 말한다.[1] 직무체계는 조직을 움직이는 공식적인 틀이며 역할과 책임 등의 내용은 대개 내규와 같은 조직규정에 명시하고 있다.

- **권한체계** 조직은 직위체계에 상응하는 권한체계(authority system)를 가지고 있으며 권한은 직무를 수행하는데 필요한 공식적인 힘이다. 일반적으로 직위(직책)에는 직무와 관련한 권한이 주어지며, 권한으로 조직문제에 대한 의사결정권을 가지며 구성원들을 평가하고 포상하거나 처벌할 수 있다. 권한의 크기는 일반적으로 직위수준이 높거나 직무가 중요할수록 커진다. 권한의 내용은 내규와 같은 조직규정 등에 명시된다.
  그러나 권한과 권력은 다른 개념이다. 권한은 조직에서 공식적으로 부여되는 것이지만 권력은 개인적인 역량에 따라 크기가 달라진다.[2]
- **조직환경** 조직은 조직환경과 경계를 가지고 상호작용하면서 임무수행을 한다. 가령 중대는 상급부대인 대대, 인접중대와 지원부대, 지역사회 등과 상호 관계를 가지면서 그들과의 관계 속에서 활동을 하는 것이다.

위와 같은 속성들 중에서 조직목표와 직무체계 및 권한체계는 사람들의 집합체가 조직인가 아니면 군중인가를 가늠하는 중요한 기준이다. 우리는 야구장이나 극장, 또는 지하철역에 사람들이 많이 모여 있다고 하더라도 조직이라고 부르지 않는 것이다. 그러므로 조직이란 '조직의 목표를 달성하기 위해 직무체계와 권한체계를 주된 틀로 임무를 수행하는 사람들의 구성체'이며, 본서에서 학습하고자 하는 리더십이란 이러한 '조직에서 구성원들을 이끌어가는 능력'을 의미한다.[3]

---

1) 회사로 보면 사장-부사장-전무-상무-부장-과장-계장 등이 직위체계이다.
2) 권한과 권력에 관한 상세한 내용은 제3장을 참고하기 바람.

1.2. 인간의 이해와 리더의 역할

(1) 인간본성에 대한 이해

리더십은 인간을 대상으로 하는 활동이라는 점에서 인간본성(human nature)에 대한 이해가 필요하다. 인간본성이란 무엇인가? 고대로부터 주창되어 온 성선설, 성악설, 본능설, 백지설, 성숙·미성숙설을 간략하게 소개한다.4)

- **성선설(性善說 : Goodness Theory)** 동양의 맹자(孟子)와 프랑스의 루소(Rousseau) 등에 의해 제시되었다. 인간은 태어날 때부터 본성적으로 선하고 윤리적인 존재이며, 악(惡)한 행위는 본성이 아니라 성장과정에서의 환경의 영향에 오염되어 나타나는 것으로 해석한다.

  맹자는 인간이 죄를 지으면 양심의 가책을 받고 후회하며, 다른 사람의 고통이나 불행에 대해 연민을 가지고 돕는 것은 인간의 본성이 선하기 때문이라고 하였다. 루소는 그의 사랑의 교육관을 담은 『에밀 Emile』에서 인간은 순진하고 작한 성품을 지니고 태어나지만 성장과정에서 오염된 경험과 학습을 함으로써 악한 성향을 가지게 된다고 하였다.

  교육은 선한 인간본성을 유지하기 위해 타락을 예방하는 것이 중요하다. 엄하고 혹독한 훈육이나 엄격한 통제보다 인간의 존엄성을 존중하고 창의성을 통한 자기발전을 하도록 환경을 조성해 주는 것을 권장한다. 선행을 장려하고 잘못에 대해서는 관용하여 자기성찰에 도움을 줌으로써 신뢰할 수 있는 올바른 인성이 조성될 수 있다고 본다.

- **성악설(性惡說 : Badness Theory)** 동양의 순자(荀子)와 그리스의 플라톤(Platon) 등에 의해 제시되었다. 성선설과 상반되는 관점으로 인간은 태어날 때부터 악한 충동, 욕망, 공격성 등을 지닌 존재라고 본다. 인간이란 남을

---

3) 리더십의 의미는 더욱 넓지만 본서의 목적상 공식적 조직의 리더십으로 한정한 것이다.

4) 인간본성에 대한 참고자료. ①박유진(2011), 리더십 마인드&액션, 28~34쪽, ②김정휘주영숙(1998), 교육심리학 탐구, 4-56쪽. ③신상영(1996), "조직에 있어서의 인간관 연구", 「한국인간관계학회보」 제1권, 123-141쪽.

돕는 이타적 존재라기보다는 남을 희생시켜서라도 나의 이익과 목표를 추구하려는 존재이며 인간의 문젯거리들은 악한 본성 때문에 생긴다는 것이다. 플라톤은 인간이란 충동적 욕망을 가지고 있어서 악행을 하게 된다고 생각하였다. 홉스(Hobbes)에 따르면, 인간본성이 탐욕스럽고 이기적이기 때문에 사회란 '만인의 만인에 대한 투쟁'상태이다. 사람이란 자신의 이익을 위해 다른 사람을 이용하려고 하므로 늘 경계하며 살아가게 되는 것이고 인간사회에는 약육강식의 '정글의 법칙'이 작용하는 것이다.

성악설은 교육에 큰 영향을 끼쳤다. 교육이란 인간의 악한 본성을 억제할 의지력을 가지게 하는 것으로 보고, 성장과정부터 개인의 존엄성이나 창의력보다 규범과 질서에 따르도록 하는 엄한 훈육을 장려하였다. 교육방법은 체벌과 엄한 과제부여 등 악한 본성을 다스리기 위한 강제력을 사용한다. 아울러 법규 등을 통해 악한 본성이 발현되지 않도록 제도적 통제가 필요하다고 본다.

- **본능설(Instinct Theory)** 인간은 이성보다 본능에 의해 영향을 받고 행동한다는 견해이다. 진화론을 창시한 다윈(Darwin)은 인간을 동물과 뚜렷한 구별이 없는 생물학적 존재로 본다. 또한 본능을 중시하는 심리학자들은 인간행동의 뿌리에는 경쟁, 싸움, 지배, 동정, 공포, 욕심, 호기심, 증오, 질투, 생존, 모(부)성애, 군집, 욕심, 생식, 성장 등의 본능이 작용한다고 본다.

  정신분석학의 창시자인 프로이드(Freud)는 인간의 심리적 에너지를 Id, Ego, Super ego의 세 체계로 설명한다. 원초적인 욕망인 Id는 쾌락원칙(pleasure principle)을 추구하도록 행동을 부추긴다. 이는 현실원칙(reality principle)을 추구하는 ego나 도덕원칙(ethic principle)을 추구하는 super ego와 갈등을 겪는다. 따라서 인간은 내면의 세 심리적 에너지에 따라 행동이 결정된다고 보는 것이다.

  행동에 영향을 미치는 지배적인 본능은 사람마다 다르며 어른으로 성장한다고 해서 감소하거나 소멸되는 것은 아니라고 본다. 어떤 조건이 형성되면 본능은 행동으로 표출하는데, 자각이나 사회적 제약 등에 의해 억제될 수도 있으므로 본능표출을 통제하기 위한 교육과 환경이 중요하다는 점에 공감한다.

리더에게 요구되는 많은 덕목들(솔선수범, 희생, 동고동락, 도덕성 등)은 본능의 억제를 필요로 한다. 리더의 인간적 본능을 적절히 통제하여 올바르게 표출하도록 교육하는 것은 리더십의 중요한 과제이다.

- **白紙說(Tabula rasa Theory)** 동양의 고자(告子)와 영국의 죤 로크(John Locke) 등에 의해 제시된 관점으로, 인간이란 태어날 때 특정한 본성을 가지고 있지 않은 백지 같은 존재인데 살아가면서 가정이나 학교 및 사회의 영향을 받아 인간성이 형성된다고 본다. 고자는 인간본성이란 물과 같아서 동쪽으로 물길을 트면 동으로, 서쪽으로 물길을 트면 서쪽으로 흐르듯이 원래 선과 악도 그러한 것이라고 하였다. 죤 로크는 인간은 태어날 때 환경을 받아들일 수용자로서의 준비만 갖추고 있을 뿐이라고 하였다. 그러므로 인간이 갖는 인상(impression)이나 이미지는 처음에는 백지와 같았으나 성장하면서 외부의 영향이 기록되어 형상화된 것이라고 본다.

  인간은 환경의 영향에 수동적으로 반응하는 존재이므로 후천적인 경험이 중요하다. 교육방법은 유전적 특성이나 본능적인 성향에 대한 선입관을 배제하고 양육과 교육과정에서 긍정적 자아의식과 시각을 갖도록 환경을 조성하는 것이 중요하다.

  리더십과 연관하여 보면, 리더는 부하를 대할 때 선입견이나 편견 등을 갖지 말고 군에 처음 적응하는 과정에서 올바른 국가관과 군인정신 등을 가르치는 것이 중요하다. 우리 속담에 콩 심은데 콩 나고 팥 심은데 팥 난다고 하였듯이 처음에 인간의 마음속에 무엇을 심느냐가 중요한 일이다.

- **성숙·미성숙설(Maturity·Immaturity Theory)** 죤 듀이(John Dewey) 등의 교육관이나 아지리스(Argyris)의 성숙-미성숙 이론 등에서 주창하는 관점이다.

인간이란 선·악이나 지(知)·무지(無知)로 구별할 수 있는 존재가 아니라 성숙과 미성숙의 기준에서 보아야 한다는 것이다. 인간이란 태어나서 미성숙한 상태로부터 성숙과정을 통해 자아실현으로 발전해 가는 존재라고 보며, 악한 언행들은 미성숙하기 때문이라고 해석한다.

인간의 잘못된 언행은 미성숙이 원인이므로 사회와 조직은 개인들의 인간적 성숙을 도와주어야 한다. 따라서 '나쁜 사람'은 '미성숙한 사람'이라는 인식으로 바꾸어야 한다. 선악에 대해서 상벌보다 자신과 타인의 소중함에 대한 인식을 통해 성장을 장려하면서, 자아의식의 결여로 인한 수동적이고 의존적인 인간을 능동적이고 독립적인 인격체로 변화시켜야 한다. 교육방법으로는 지식의 주입보다는 인격적 성숙을 위한 프로그램, 타율적 제재보다는 자율적 판단에 의한 깨달음, 단편적인 기능교육보다는 전인교육이 바람직하다.

자아인식, 인성지도, 인격과 태도의 성숙, 정서적 안정성 등의 인성 중심의 전인교육적 지도가 중요한 것이다. 군에서 시행하는 비전캠프 등의 인성교육프로그램이나 부하의 자율역량을 개발하여 셀프 리더로 육성하는 임파워먼트 및 수퍼리더십이 이러한 인간관을 반영하고 있다.

이러한 논의를 보면 인간본성이란 어느 정도 선천적으로 타고나는 부분이 있고, 후천적으로 환경과 교육 및 경험의 영향에 의한 결합으로 형성된다고 볼 수 있다. 다만 리더십의 관점에서 보면 두 가지의 포인트를 알 필요가 있다.

① 리더 자신이 어떤 인간관을 더 많이 가지고 있는지를 인식하는 것이다. 왜냐하면 리더는 자신의 인간관에 의해 부하들을 대할 가능성이 크기 때문이다. 가령 성선설의 입장을 가진 리더는 부하들을 자율성을 지닌 긍정적 존재로 보기 때문에 민주적인 리더십을 발휘할 가능성이 큰 반면, 성악설의 관점을 가진 리더는 통제적인 리더십을 발휘할 가능성이 클 것

이다. 그리고 사람은 어느 한 가지 인간적 본성만을 가지고 있는 것이 아니라 복합적이라고 보는 것이 타당하다. 즉 선과 악이 공존하지만 비교적 선한 면이 많다든지, 어떤 부분에서는 성숙한 행동을 하는데 비해 다른 부분에서는 미성숙한 행동을 하는 경우가 많은 것이다.

② 자신의 인간관을 인식한 리더는 어떤 언행이 바람직한가를 아는 것이 필요하다. 가령 성악설의 인간관을 가진 리더는 부하들을 잘 신뢰하지 못하고 통제하려 한다는 것을 스스로 알지만, 임무수행에 도움이 된다면 부하에게 신뢰를 표명하고 권한위임 등의 신뢰행동을 보여줄 수 있어야 한다는 것이다. 이와 같이 효과적인 임무수행방법을 배우는 것이 리더십 학습이다.

(2) 리더의 의미

우리는 "김 중위는 강력한 리더십을 가지고 있어", "이 상사는 좋은 리더가 될 자질이 충분해", 또는 "그는 리더십이 약해서 그 일에는 적임자가 아니야"라고 말한다. 과연 리더는 어떤 사람을 의미하는 것일까?

리더의 의미는 리더십을 발휘하는 대상에 따라 매우 다양하다. 자신의 삶을 이끌어가는 셀프 리더, 친구모임 같은 비공식적인 작은 규모의 집단을 이끌어 가는 집단 리더, 부대나 공공기관 및 회사처럼 체계를 갖춘 공식화된 조직을 이끌어가는 조직 리더, 저명한 사회운동가나 종교인처럼 사회적 영향을 끼치는 사회적 리더[5], 국가를 이끌어가는 국가 리더[6], 그리고 국제적 리더 등이 있다. 다만 본서에서는 집필목적상 리더는 조직 리더, 특히 군조직의 리더를 주된 대상으로 한다.[7]

---

5) 다산 정약용, 안중근 의사, 성철 스님, 김수한 추기경, 신사임당, 슈바이처 박사, 테레사 수녀처럼 조직을 직접 경영하지는 않았지만 사회적으로 많은 영향을 미친 분들도 우리 사회의 리더들이다.

6) 세종대왕처럼 왕이나 오늘 날 대통령 등이 해당한다. 조직 리더나 사회적 리더의 특성도 포함한다.

아울러 우리는 '공식적 리더'와 '실질적 리더'의 의미를 이해할 필요가 있다. 가령 소대를 예로 들면, 소대장이 공식 리더이지만 영향력이 약하여 소대원들이 부소대장의 지시를 더 따르고 부소대장이 실질적으로 소대원들을 이끌어가는 경우가 있을 수 있다.[8] 이런 경우는 소대장은 공식적 책임자이지만 형식적 리더이고 부소대장이 실질적 리더라고 볼 수 있다. 비공식적인 실질적 리더는 공식권한은 적지만 이를 대체할 수 있는 다른 영향력 수단으로 부하들을 통솔하며, 문제해결능력이 공식 리더보다 뛰어난 경우가 많다.

그러나 이러한 경우는 조직의 공식적인 직무 및 권한체계에 혼란과 갈등이 발생할 가능성이 크므로 바람직하지 않다. 부지휘자의 위치에 있는 간부가 능력이 뛰어나고 리더십이 강하다고 하여 공식 리더의 권위를 존중하지 않거나 역할을 대신하는 것은 올바른 일이 아니며, 공식 리더가 올바른 역할을 할 수 있도록 보완적 역할을 하는 것이 부대의 목표달성에 올바로 기여하는 일이다.

리더의 통제력 중학교 생활에서 공부도 힘들었지만 정말 힘든 것은 우리 반의 분위기를 좌지우지하는 B때문이었다. 그는 반장도 아니면서 어떤 결정이나 분위기를 주도했다. 선생님이 지시하신 일도 B의 눈치를 볼 정도였다. 담임선생님은 그러한 사실을 모르고 반장을 통해서만 일을 하려니 잘 될 리 없었다. 학기 중간에 담임선생님이 바뀌는 일이 있었는데, 새 담임은 어떻게 했는지 B는 선생님을 따랐다. 우리 반은 선생님 뜻대로 잘 돌아갔다.

군대에서도 비슷한 일을 경험했다. 훈련이나 근무가 힘들어서 탈영을 생각하는 병사는 없었다. 내무반에서 분위기를 살벌하게 만드는 고참이 한 명 있었다. 여러 병사들이 지긋지긋한 감정을 가지고 있었고 차라리 탈영이라고 하고 싶다고 말하곤 했다. 간부들은 내무반 실정을 모른 채 지휘했다. 어쨌든 학교 담임이든 군의 간부이든 실제 분위기를 잘 파악해서 분위기에 중요한 사람을 통제해야 한다. 그렇지 않으면 우리는 건성으로 따르기만 할 뿐이다.

-상담사례-

조직에서는 직책에 적합한 권한과 영향력을 발휘하는 것이 가장 안정적이고

---

7) 조직 리더의 예로는 군대의 지휘관, 공공기관의 장, 기업의 경영자, 사회단체의 장들처럼 공식적인 조직을 직접 관리하고 구성원들을 통솔하는 사람들이다. 아울러 조직 내에 체계를 갖춘 부서의 장들도 조직 리더로 본다.

8) 어떤 형태의 조직이든지 이런 현상은 있을 수 있다.

바람직하다. 그러므로 공식적인 리더가 충분한 영향력을 갖추어서 실질적으로 구성원들을 이끌어가는 능력을 구비하는 것이 매우 중요한 것이다. 이러한 점에서 본서에서는 '조직에서 목표달성과 임무수행을 위하여 구성원들에게 영향을 미쳐서 이끌어가는 공식적 책임자'로서의 리더의 의미를 중시한다.

(3) 조직 리더의 역할

부대의 지휘관(자)과 같은 한 조직이나 부서의 책임자[9]가 되면 조직(부서)의 목표를 효과적으로 달성하도록 다양한 역할을 해야 한다. 목표의 설정, 과업에 필요한 자원의 확보와 관리, 조직 내외 구성원 및 관계자들과의 협력과 인간관계의 유지 및 갈등관리, 직무상의 권한과 영향력의 발휘, 자연재해 등 불가피하게 발생하는 일들의 처리 등 다양한 상황을 해결해가야 한다. 조직경영자로서의 역할을 무엇인가?

경영자의 역할에 관해 민츠버그(Mintzberg)는 사업탐색 및 실행, 문제해결, 자원배분, 협상, 대표자, 리더, 연락, 정보수집, 정보전파, 조직대변자 등 10가지로 제시하고 있다.[10] 또한 코터(Kotter)는 조직이 나아갈 방향의 설정, 구성원들 간의 화합, 난관극복 독려 등의 동기부여 세 가지로 제시하였다.[11]

경영자의 역할에 관해 다양한 견해들이 있지만, 종합적인 관점에서 비전·목표의 설정, 조직자원의 관리, 그리고 구성원 통솔의 세 범주로 나눌 수 있다.

- **비전·목표의 설정(setting vision & goals)** 조직이 나아갈 방향인 비전과 목표[12]는 구성원들의 활동의 지향점이며 성과판단의 기준이 된다. 비전과

---

9) 이러한 책임자를 경영자, 관리자, 리더 등으로 부른다. 용어들의 의미는 다소 다르지만 본서에서는 유사한 의미로 사용하기로 한다.

10) Mintzberg, H.(1973), The Nature of Managerial Work, N.Y: Harper & Row.

11) Kotter, J.(1990), "What Do Leaders Really Do", Harvard Business Review, May-June, pp. 103~111.

12) 비전과 목표는 유사하지만, 대체로 비전은 추상적으로 표현되고 목표는 숫자로 구체적으로 표현된다. 가령, '전투력이 우수한 소대'가 비전의 표현이라면 '전투력 평가 3위, 사격성적 90%'는 목표라고 볼 수 있다. 비전과 목표는 통합하여 사용하기도 한다.

목표의 달성정도로 조직효과성을 평가할 수 있기 때문이다. 그러므로 조직의 책임자는 구성원들과 함께 조직의 비전과 목표를 설정해 나가야 한다.

- **조직자원의 관리**(managing organizational resources) 부대지휘관(자) 등의 조직경영자는 조직목표달성을 위해 인력, 물자, 설비, 정보, 예산 등 다양한 조직자원을 관리하며 활용해야 한다. 현재의 과업을 위해 자원을 효율적으로 활용하고, 미래에 수행할 과업을 위해 필요한 자원을 준비해 두어야 한다.

- **구성원 통솔**(leading members) 경영자가 구성원으로 하여금 조직의 비전과 목표를 향하여 직무를 충실히 수행하도록 활력을 불어넣는 활동이다. 동기를 부여하고 사기를 북돋우며 어려움을 극복하도록 독려하는 것이다. 비록 조직자원이 충분하더라도 구성원의 실행력이 미약하면 조직목표를 이룰 수 없다.

군으로 보면 부대자원의 관리와 구성원 통솔 모두 부대의 목표를 지향해야 한다. 부대자원을 관리하여 조직목표를 달성하는 활동을 관리적 활동(management)으로 부르고, 구성원을 통솔하여 조직목표를 달성하는 활동을 리더십 활동(leadership)으로 구분할 수 있다. 즉 자원관리의 대상은 주로 시설, 물자, 장비, 정보, 자금 등의 자원인데 비해 리더십활동의 대상은 인간이다.

가령 소대의 예를 들면, 소대장이 성공적으로 지휘(경영)하기 위해서는 소대의 물자와 장비 및 정보 등도 잘 관리해야 하고 소대원들도 잘 통솔해야 하는데, 우리가 학습하는 리더십은 소대원들이 소대장을 따르고 적극적으로 임무수행에 헌신하도록 하는 방법에 관한 것이다.

지휘관(자)의 세 가지 역할은 조화가 되어야 한다. 부대의 목표도 조직자원과 구성원들의 능력을 고려하여 설정해야 하고, 구성원들의 의욕이 높아도 자원의 준비가 되어 있지 않으면 실행이 어려워진다. 또한 부대자원이 충분하더라도 구성원의 사기가 낮고 동기가 약하면 성공적인 임무수행이 어려워지기 때문이다. 그러므로 자원관리와 구성원통솔은 부대(부서)의 책임자가 수행할 수레의 두 바퀴와 같은 것이다.

2. 리더십의 개념과 속성

2.1. 리더십의 개념

리더십(leadership)은 리더로서의 마인드와 행동능력을 의미한다. 그러므로 리더는 리더로서의 마인드를 지니고 행동능력으로 영향력을 발휘하면서 구성원들을 이끌어가야 한다.

리더십에 대한 정의는 연구자의 관점과 강조점에 따라 워낙 다양하다. 일반 연구와 군 연구에서 제시한 정의의 예들을 보면 표 2.1과 같다.

표 2.1 리더십 정의들

연구자	정 의
Moore (1927)	리더의 의지를 추종자들에게 각인시켜 복종, 존경, 충성, 협력 등을 이끌어내는 능력
Stogdill (1974)	리더가 집단의 공유된 목표를 향하여 구성원들의 활동을 이끌어가는 과정
Hollander(1978)	리더와 추종자 사이에 지속적인 거래를 포함하는 영향력 행사의 과정
Koontz & O'Donnell(1980)	사람들로 하여금 집단목표를 위하여 자발적으로 노력하도록 그들에게 영향을 주는 기술(art) 또는 과정(process)
Hersey & Blanchard(1982)	주어진 상황 하에서 목표달성을 위해 개인 또는 집단이 노력하도록 활동에 영향을 미치는 과정
Katz & Kahn (1985)	조직의 일상적인 지시에 기계적인 순종 이상을 유도하는 영향력
Heifetz & Sinder (1988)	자신의 비전이나 이슈실현을 목적으로 메시지를 분명히 하고 거래적 수단을 통해서 다른 사람들의 지원을 확보하여 결과를 산출하는 활동
Bass(1990)	상황이나 집단성원들의 인식과 기대를 구조화하기 위해 구성원들 간에 교류하는 과정

연구자	정 의
Manz & Sims (1990)	다른 사람들(추종자)들이 스스로를 효과적으로 이끌도록 영향을 미치는 과정
Nanus (1992)	비전제시를 통하여 구성원들의 자발적 몰입을 유도하고 활력을 줌으로써 조직을 혁신하여 보다 큰 잠재력의 형태로 변환하는 과정
백기복 (2000)	전 방향의 조직원들이 이슈를 통한 공동의 성과창출 노력에 자발적, 지속적으로 몰입하도록 이끌어 가는 과정
하버드 케네디 스쿨 (서성교, 2003)	도전적인 기회 속에서 비전을 명확히 세워 현실을 돌파해 나가기 위해 조직과 사회를 동원하는 활동
Yukl(2006)	공유목표를 달성하기 위해 개인과 집단전체의 노력을 촉진하는 과정
최광표 외 (2007)	조직목표를 달성하기 위해 구성원들과 함께 상호작용하면서 영향력을 미치는 과정이다
지휘통솔 (국방부, 1980)	남에게 영향을 주어 자기가 원하는 방향으로 자발적으로 움직이게 하는 행위
지휘관 및 참모업무 (1997)	개인의 인격 또는 능력에 의해 구성원을 감화시켜 자발적으로 임무를 완수하도록 촉진시키는 기술
미 육군교범 (2012)	임무를 완수하고 조직을 발전시키기 위해 구성원들에게 목적, 방향, 동기를 제공하며 영향력을 행사하는 과정
한국 육군 교범 (2012)	군 리더가 임무를 완수하기 위해 구성원들에게 동기를 부여함으로써 영향을 미치는 과정

자료 : 박유진(2015), 리더의 기본자질과 핵심역량 행동지표 연구, 육군교육사.

리더십의 정의는 관점마다 다르더라도 대체로 다음과 같은 몇 가지 의미가 포함되어 있다.

① 리더십은 리더와 구성원 간에 이루어진다는 사실이다. 소대장 등 군의 간부는 리더십을 발휘할 대상인 부하들이 있어야 하고 그들과의 상호작용에서 리더십이 발생하는 것이다.

② 리더가 주도적인 영향력을 행사한다는 것이다. 영향력은 리더는 물론 부하들도 행사하고 상호작용하는데 일반적으로 리더가 주도적으로 행사하게 된다.

③ 구성원들의 임무수행 동기를 활성화되고 사기를 높이는 것이 중요하다. 훌륭한 리더십이란 어려운 여건에서도 구성원들이 임무수행의지와 사기를 높게 유지하도록 하는 것이다.

④ 리더십이란 구성원들이 리더를 추종하도록 하는 것이 중요하다. 리더를 추종하지 않으면 리더십 효과가 발생하지 않은 것이다.

⑤ 궁극적으로 리더십의 목적은 과업의 성과를 향상시키고 임무를 완수하도록 하는 것이다. 아무리 리더가 열심히 노력했다고 하더라도 성과가 저조하고 목표를 달성하지 못하면 효과적인 리더십을 발휘했다고 볼 수 없는 것이다.

따라서 리더십은 '리더가 주도적인 영향력을 행사하여 구성원들의 동기를 부여하고 리더를 따르도록 하여 과업의 성과를 향상시키고 임무를 완수해나가는 활동'의 의미를 담고 있다.

2.2. 리더십의 속성

리더십의 개념이 담고 있는 구체적인 속성들을 조직 리더십을 중심으로 살펴본다.

• **긍정적 변화지향** 리더십은 영향력을 사용하여 긍정적 변화를 지향한다. 리더십을 리더의 영향력을 통해서 발휘된다. 리더가 영향력이 없다면 구성원을 통솔하는 것은 불가능하다. 구성원이 리더에게 복종하는 것은 어떤 형태이든 리더의 영향력이 작용한 결과이기 때문이다. 리더가 권한과 보상 및 처벌 등의 방법을 사용하지 않고도 구성원의 자발적인 추종을 이끌어내는 것이 이상적이지만 현실적으로 불가능하다. 그러므로 리더는 다양한 수단을 활용하여 구성원의 추종을 이끌어내려고 한다.

리더가 영향력을 사용하는 이유는 긍정적 변화를 만들기 위해서이다. 긍정적인 변화는 1차적으로는 구성원들의 마음을 변화시키는 것이고 2차적으로는 행동을 변화시키며 3차적으로는 성과를 변화시키는 것이다. 그러므로 변화는 '구성원의 마음 ⇨ 구성원의 행동 ⇨ 성과'의 순서로 일어나고, '성과'까지의 변화가 긍정적으로 이루어져야 리더십효과의 사이클이 형성되는 것이다.

구성원의 마음속에서 '더욱 잘 해야겠다!'는 변화가 일어났다고 하여 리더십효과를 단정해서는 안 된다. 마음이 긍정적으로 변화하면 규범의 준수, 리더에 대한 충성, 임무에 대한 충실, 모범적 행동 등의 긍정적 행동이 뒤따라야 하는데, '작심 3일'처럼 각오만 다지고 행동은 하지 않는 경우도 많기 때문이다.

구성원들의 행동이 변화하면 사격성적의 향상, 군사지식의 향상, 과업오류의 감소, 전투체력의 증가 등의 부대전투력이 증가하는 성과가 좋아져야 한다.[13] 리더십의 출발점과 핵심은 사람의 마음을 움직이는 것이다. 구성원들이 리더의 마음대로 움직여주지 않는다는 것은 리더가 그들의 마음을 충분히 들여다보지 못했기 때문이다.[14]

- **구성원을 움직임** 리더십은 구성원들을 움직여서 일을 성취하려는 것이다. 리더십은 리더자신이 모든 일을 처리하는 것이 아니라 구성원들로 하여금 자기역할에 능력을 열성적으로 발휘하게 하는 활동이다. 리더의 능력이 모든 구성원들을 능가하는 것은 사실상 불가능하다. 소대장이 소대원들보다 일부의 능력은 우수하겠지만 모두 우월하기는 어렵다. 리더는 구성원들의 능력을 판단하여 업무수행에 열정을 불어넣는 역할자이다.

  성공한 리더들의 공통점의 하나는 구성원의 장점을 발견하고 그 장점을 충분히 발휘하도록 했다는 사실이다. 구성원들을 자기능력의 주인공으로 만들어주는 것이다. 미국의 철강왕 앤드류 카네기의 묘비에 적혀있는 '여기에 자신보다 더 우수한 사람을 어떻게 대하고 능력을 발휘하게 하는지를 잘 아는 인간이 잠들어 있다.'라는 묘비명은 리더십의 진수를 잘 보여주고 있다.

- **불확실한 위기상황에서 더욱 선명** 리더십은 불확실한 위기의 상황에서 선명하게 나타난다. 리더십은 안정적인 상황보다는 어려운 상황을 극복하는

---

13) 교수가 학생들의 학업을 지도하는 예로 보면, '공부를 잘 해야겠다.'는 각오가 '학습시간 증가'라는 행동으로 이어지고, '성적 향상'이라는 구체적 성과가 나타나야 되는 것이다.

14) 류지성, 「마음으로 리드하라」 삼성경제연구원, 2012.

과정에서 잘 드러난다. 위기가 닥쳤을 때 능력을 발휘하여 이를 극복하는 리더가 참다운 리더이다.

부대의 지휘관(자)이 갑작스러운 위기상황에서 당황하여 우왕좌왕하면 부대원들은 혼란에 빠진다. 또한 불확실한 상황에서 판단을 제대로 하지 못하고 결단하지 못하면 부하들로부터 신뢰를 잃어버린다. 그러므로 리더십은 평시에 안정된 상황에서보다 위기와 불확실한 상황에서 선명하게 드러난다는 점을 유념하여 평소부터 어려운 상황에서도 이를 극복하는 정신력과 판단력 및 결단력을 길러두어야 한다.

> **새클턴의 위기극복** 리더십 1915년 1월 세클턴 경(Sir Ernest H. Shackleton, 1874-1922)과 27명의 남극횡단 탐험대원들을 태운 인듀어런스호는 웨들해의 부빙(浮氷)들 사이에서 갇혀버렸다. 10여 개월을 부빙 속에 갇혀 남극바다를 표류하던 배는 압력을 견디지 못하고 난파하고 만다. 새클턴과 대원들은 배에서 탈출해 부빙위에 텐트를 치고 다시 5개월여를 버텨냈다. 그들은 79일 동안 해가 없는 남극의 겨울혹한을 견뎌냈고 식량이 바닥나 물개기름으로 연명했다.
>
> 하지만 그들은 결코 포기하지 않았다. 세 척의 작은 보트에 텐트를 찢어 돛을 날아 또 다시 차디찬 남극바다에 배를 띄웠다. 추위, 배고픔, 향수, 그리고 무엇보다도 절망과의 처절한 싸움을 벌인 끝에 그들은 영국을 떠난 지 755일 만에 모두 살아서 돌아왔다. 그 과정에서 새클턴은 대원들에게 희망을 잃지 않도록 독려했으며 어렵고 모험이 필요한 순간마다 결단을 내렸다. 이들을 이끈 세클턴의 리더십이 역사에 빛나는 장면이다. 그의 스토리에서 가장 중요한 요소는 절대 포기하지 말라는 것이다. 포기하지 않는 한 문제해결의 기회는 온다. 위기의 극복은 결국 포기하고 싶은 마음과 싸우는 일이다.

- **강한 개성적 특성** 리더십은 개성적인 특성을 강렬하게 갖추었을 때 더욱 분명하게 발휘된다. 리더에게는 여러 가지 자질과 역량이 요구된다. 모든 구비요소들을 골고루 갖추면 바람직하겠지만 모두 갖추기가 어려울뿐더러 그렇다고 반드시 우수한 리더가 되는 것은 아니다. 효과적인 리더들은 열정, 신념, 추진력, 배짱, 결단력, 카리스마, 침착성 등과 같은 강렬한 몇 가지의 특성을 소유한 경우가 많다.

리더에 대해 골고루 만능적인 능력을 요구하는 것은 자칫 '오리 왕'과 같은 오류를 낳을 수 있다. 그러므로 군의 리더가 되고자 하는 사람들은 가능한 다양한 자질과 능력을 갖추는 것을 장려하되, 그 중에서도 자신만의 카리스마가 될 수 있는 강렬한 특성을 연마하여 갖추는 것이 필요하다.

> **왕이 된 오리** 숲에서 동물의 왕을 뽑기로 하였다. 달리기와 날기 그리고 헤엄치기를 모두 잘해야 된다는 기준을 적용하였다. 왕이 될 것이라고 기대했던 백수의 왕인 사자는 날지를 못하고 독수리와 악어는 헤엄을 못 치고 잘 뛰지 못해 왕이 되지 못하였다. 결국 달릴 수 있고 날 수 있으며 헤엄도 칠 수 있는 오리가 왕으로 추대되었다.

- **리더추종** 리더십은 구성원들이 리더를 추종하는 것을 우선적으로 지향한다. 리더는 어떠한 이유에서든 구성원들이 자신을 따르기를 바란다. 리더십의 본질은 부하들이 나의 영향력 아래 있느냐의 여부이다. 그래서 구성원들을 의도대로 움직이려는 리더십의 심리는 사람에 대한 유혹적인 성격을 갖는다. 사람을 마음대로 웃고 울게 할 수 있다면 그는 천하를 지배할 수 있다고 하였다. 이러한 의미에서 구성원들이 리더에게 빠져들수록 효과적인 리더십이고 그렇지 않을수록 리더십이 좋지 않은 것이다.
- **의미감과 보람** 리더십은 구성원들에게 보람과 의미감을 갖게 하는 것이다. 조직에서 다른 조직보다 더 나은 성과를 창출하기 위해 리더는 구성원들을 고생시키게 된다. 구성원의 입장에서 보면, 어떤 리더와 일을 하면 짜증스럽기만 하고 어떤 리더와 일을 하면 힘들더라도 의미와 보람을 느낀다. 고생하더라도 마음으로는 덜 힘들고 보람과 의미를 느끼게 하는 것이 좋은 리더십이며, 그것이 리더십의 멋이며 묘미이다.
- **매듭풀기** 리더십은 얽힌 매듭을 풀어가는 것이다. 사람이든 조직이든 흐름이 막히면 병이 난다. 리더는 조직과 사람들을 이끌어가는 과정에서 얽힌 매듭을 풀어가야 한다. 상황에 따라서 격식의 벽도 넘을 수 있는 것이다. 어떤 사람은 벽을 만들고 어떤 사람은 벽을 허문다.

토마스 카알라일은 길을 가다가 장애물이 나타나면, 패배하는 사람은 그것을 '걸림돌'이라 하고 승리하는 사람은 그것을 '디딤돌'이라고 한다고 하였다. 파격의 인간미를 갖추고 육지와 섬을 잇는 가교 같은 리더, 벽을 허무는 리더, 얽힌 문제를 풀어가는 리더, 그것이 리더십이 지향하는 방향이다.

• **사랑의 마음과 기술** 리더십은 구성원을 사랑하는 마음과 사랑의 기술의 결합이다. 사랑의 마음이란 구성원들의 삶을 존중하는 진정한 마음이다. 또한 사랑의 기술이란 리더가 사랑의 마음을 효과적으로 전달하여 구성원들이 기꺼이 따르고 능력을 힘껏 발휘하게 하는 능력이다.
사랑하는 마음만 있으되 사랑을 펼치는 기술이 부족하다면 씨앗은 품었으나 제대로 꽃피우지 못하는 것과 같고, 사랑의 마음이 없으면서 사람 다루는 기술만 능하면 마치 조화(造花)와 같아 화려하지만 생명력과 따뜻함이 없다. 리더십은 구성원들을 사랑하는 마음을 가지고 사랑의 기술로 꽃피우며 조직의 성과를 높이는 멋진 활동이다.

리더십에는 리더 나름대로 구성원들이 느끼지 못하는 즐거움이 있게 마련이다. 어떤 즐거움이 있을까?

첫째, 어울림의 즐거움이다. 어울림이 없는 삶은 더 이상 사회적 삶이 아니다. 어울림은 사람과의 어울림, 일과의 어울림, 장애물과의 어울림이다. 리더는 어울림을 즐길 줄 알아야 한다.

둘째, 구성원들의 추종을 받는 즐거움이다. 멋진 리더십에는 사람이 따른다. 진정한 리더들은 사람들이 따르는 것을 즐긴다.

셋째, 긍정적 변화의 즐거움이다. 리더십의 본질은 긍정적 변화를 추구하는 것이다. 구성원들이 나의 영향력에 의해 더 나은 모습으로 변하고 조직의 분위기와 성과가 좋아지는 것을 즐기는 것이다. 아울러 리더 자신의 삶이 함께 발전하는 것이다.

군의 초급간부들은 자기 삶의 리더인 동시에 조직과 구성원들을 이끌어가는 리더십의 엔터테이너가 되어야 한다.

3. 리더의 자질과 역량의 의미

3.1. 자질과 역량의 개념 및 중요성

리더가 갖추어야 할 리더십 요소에 관한 보편적인 용어인 능력(ability)은 '어떤 일을 감당하고 해낼 수 있는 힘'으로 정의된다.15) 그러므로 리더능력은 '리더의 일을 감당하고 해낼 수 있는 힘'으로써 리더에게 요구되는 포괄적인 재능을 의미한다고 볼 수 있다.

다만 최근에는 리더가 구비해야 할 요소들에 관해 '역량'의 개념으로 통합하여 사용하는 추세가 증가하고 있다. 통합적 의미로 '역량'을 사용할 때에는 모든 리더십 소양과 능력을 포함한다. 다만, 리더에게 요구되는 능력요소들을 좀 더 구체적으로 이해하기 위하여 기본적 소질로서의 자질과 실질적인 문제해결능력으로서의 역량으로 구분하여 살펴본다.16)

(1) 자질(資質, attribute, qualification, talent)

자질은 '타고난 성품이나 소질'로 정의된다. 타고난 성품이나 소질이라는 점에서 어떤 일을 감당할 수 있는 기반을 뜻한다. 자질은 신체적 자질과 정신적 자질 및 지적 자질로 나누어 볼 수 있다.

- **신체적 자질** 외모와 체형 및 체력 등이다. 신체적 자질은 타고나는 면이 많지만 상당한 부분은 후천적으로 변화시킬 수 있다.
- **정신적 자질** 여러 가지가 있는데 리더십과 관련해서는 기질이나 성격이 중요한 자질요소이다. 가령 리더의 역할을 하고 싶어 하는 기질은 선천적인 성향이 강하다. 예를 들면 다음과 같은 요소들이다.

  ① 타인들과 어울리는 것을 즐기는 개방성과 친화욕구

15) NAVER 및 DAUM 어학사전
16) 우리 육군이나 미 육군의 리더십 교범에서는 자질과 역량을 구분하고 있다.

② 상황을 자신의 의지대로 이끌고 가고 싶어 하는 주도성

③ 사람들을 자신의 영향력 아래 두고 싶어 하는 지배욕구

④ 더욱 나은 성과를 창출하고 싶어 하는 성취욕구

⑤ 결과가 불확실한 상황에서도 행동으로 실행하는 용기

⑥ 난관이나 갈등을 두려워하지 않는 배짱(대담성)

⑦ 두려운 상황에서도 미지의 세계에 뛰어들고 싶어 하는 모험심

⑧ 사람들의 감정이나 강·약점을 재빨리 알아채는 감수성

⑨ 일을 신나게 하고 끝까지 물고 늘어지는 열정과 집념

⑩ 맡은 일과 구성원들에 대한 최선을 다하고자 하는 책임감

리더기질을 판별하는 방법은 리더역할에 대한 태도를 보는 것이다. 리더기질이 뛰어난 사람은 리더의 자리를 얻고 싶어 하고 리더역할이 주어지기를 기대하지만, 리더기질이 약한 사람은 리더지위를 두려워하며 피하고 싶어 한다.

• **지적 자질** 자기이해력, 사물에 대한 이해 및 분석 등에 관한 지능, 창의성 등의 두뇌의 이성적인 능력을 의미한다.

(2) 역량(力量, competence, competency)

• **역량의 의미** 역량은 간명하게 '어떤 직무를 훌륭하게 잘 수행할 수 있는 능력'을 의미한다. 이를 구체적으로 보면, '역량이란 특정한 직무에서 바람직한 성과를 산출하는데 필요한 지식, 기술, 태도, 행동, 자질, 동기, 가치 등의 요소들을 결합하여 성과를 성공적으로 산출할 수 있는 능력'으로 어떤 직무의 수행에 필요한 모든 요소들을 의미하며[17] 다음과 같은 속성들이 있다.

① 역량은 직무를 감당하여 성과를 창출하는 모든 능력요소를 의미한다. 그

17) 천대윤(2015), 『조직 및 인적자원 역량개발과 역량평가』, 삼현출판사, 53쪽.

중에서 핵심은 '어떤 일을 행동으로 해 낼 수 있는 지식이나 기량'으로서 현실적 상황에서 문제를 해결해 낼 수 있는 구체적 능력이다.

② 역량은 가치와 동기 및 태도와 같이 드러나지 않는 부분과 문제해결지식과 기술처럼 드러나는 부분이 있다. 외면으로 보이는 지식과 기술 등의 역량들도 그것들을 받쳐주는 내면의 요소가 있는 것이다.

③ 역량은 개발이 가능하다. 교육훈련, 코칭, 도전적 직무수행경험, 유익한 피드백 등에 의해 역량은 개발과 학습이 가능한 것이다.

- **역량의 구성요소** 역량은 핵심적으로 KSA(Knowledge, Skill, Attitude)로 구성된다.[18)]

① 지식(Knowledge) 지식은 두뇌의 인지역량으로써 학습이나 경험을 통해 습득한 내용을 의미하며 지적 자질과 연관된다. 직무수행과 관련한 문제에 대한 지식의 정도, 이해능력, 분석능력, 평가능력 등이다. 명시적 지식뿐만 아니라 암묵적 지식도 포함된다. 가령, 초급간부의 경우 맡은 직무에 관한 전술지식, 장비와 화기에 대한 지식, 부하지도에 관한 지식 등을 말한다.

② 기술(Skills) 기술은 과제를 실질적으로 수행할 수 있는 역량이며 개인의 능숙한 솜씨로써 구체적인 문제해결력의 핵심이다. 가령, 편제장비와 화기에 대한 운용과 문제발생시의 해결능력이나 부하에 대한 지도능력 등을 말한다. 기술은 지식이 현실적 문제해결과 성과향상에 활용되는 역량을 말하여 주로 실질적 행동으로 보여 지는 것이다.

③ 태도(Attitudes) 태도는 가치관, 동기, 사람과 사물에 대한 인식과 자세 등을 의미한다. 가령, "김 소위는 소대장으로서의 태도가 훌륭해"라는 말의 의미는 소대장 임무를 올바로 수행하고자 하는 정신자세와 책임감 등을

---

18) 천대윤(2015), 『앞책』, 199~202쪽. 최병순(2010), 군 리더십, 231~232쪽 참조. 최근에는 리더에게 필요한 자질 등 모든 능력요소를 역량 개념으로 통합하는 경우가 많다.

말하며, 주로 정신적 자질요소들과 연관된다.

참고로 대학졸업 후 사회에서 요구하는 능력에 기반하여 대학과정 이수자가 갖추어야 할 역량목록(K-CESA, 한국대학생 핵심역량 진단검사)은 6개 영역의 주요역량을 제시하고 있다.[19]

· 의사소통 역량; 듣기, 말하기, 쓰기, 읽기
· 자원과 정보 및 기술의 활용역량
· 대인관계 역량; 정서적 유대, 중재, 협력
· 글로벌 역량; 외국어능력, 글로벌 경험, 다문화 수용
· 종합적 사고역량; 평가능력, 분석능력, 추론능력
· 자기관리 역량; 자기주도 학습, 계획수립 및 실행력, 정서적 조절능력

대학생활에서 뿐만 아니라 젊은이들이 자기개발에 참고할 수 있을 것이다. 최근에는 능력이나 자질 및 덕목과 같은 용어 등을 모두 통합하여 '역량'의 용어로 통합하는 경우가 많다. 역량을 내면에 가지고 있으면서 겉으로는 잘 드러나지 않는 태도와 가치관 등으로부터 구체적인 문제해결능력인 지식이나 기술과 같이 겉으로 드러나는 능력까지 포함하는 것이다.

3.2. 자질과 역량의 관계

자질과 역량을 구분하여 사용할 때에는 의미가 서로 다르면서도 중첩적인 면들도 있다. 자질과 역량의 상대적인 의미를 비교해 본다.

- **자질이 타고난 기질이라면 역량은 훈련 등을 통해 연마한 기량이다.**

  자질은 개인이 자연스럽게 가지고 있는 성격과 품성 및 성향 등이다. 이에 비해 역량은 교육훈련이나 자기개발을 통해 연마한 것이다. 타고난 자질이

19) K-SECA(Korean Collegiate Essential Skill Assessment) 진단검사는 한국직업능력개발원과 한국교육평가학회의가 공동으로 개발하였다.

좋을수록 역량으로 연마하기 쉽고 조직에서 필요한 역량으로 변환하기도 쉽다.

• **자질은 역량이 제대로 발휘되도록 밑받침하는 작용을 한다.**
가령 미 육군의 리더십교범은 리더란 무엇을 갖추어야 하며(attributes, 자질) 어떻게 수행해야 하는가(competencies, 역량)에 중점을 둔다. 리더의 자질요소인 품성, 외적 모습, 지적 능력은 리더가 역량을 올바로 발휘하도록 작용한다고 보고 있다.[20]

• **자질이 잠재적 능력이라면 역량은 현실적으로 문제를 해결하는 능력이다.**
가령, 자동차에 관한 지식이 풍부하다면 운전을 잘 하거나 고장에 대처하여 해결할 가능성이 높다고 볼 수 있다. 역량은 대부분 기술 또는 기량과 관련된 것이다. 자질은 성품으로 갖추고 있거나 알고 있는 것인데 비해 역량을 현실에서 문제가 발생하였을 때 이를 해결하는 기량에 관한 것이다.

• **자질은 단일요소이지만 역량은 여러 요소들의 복합적 작용으로 발휘된다.**
자질요소가 행동적인 역량으로 실현되려면 다른 요소들과 결합되어야 한다. 가령, 평소 직무지식(지적 자질)이 풍부한 사람이 급박한 상황에서는 침착성과 대담성이 부족하여 당황해서 제대로 일을 못할 수 있다. 즉 직무지식이 급박한 상황에서 역량으로 발휘되기 위해서는 침착성과 대담성과 같은 요소들이 함께 작용을 해야 하는 것이다.
또한 윤리적인 성품(정신적 자질)을 가졌다 하더라도 각별한 인간관계 등 어쩔 수 없는 상황에서 공과 사를 구분하지 못하는 행동을 한다면 자질만 있지 역량은 부족한 것이다. 이때에는 공과 사를 구분하는 판단력과 단호함이 갖추어져야 진정한 리더인 것이다.

• **자질과 역량 어느 한 가지 요인이 좋으면 동반해서 좋아지는 요인이 있다.**
자질이든 역량이든 어느 한 가지가 요인이 좋으면 다른 요인들도 좋아지는 동반효과의 경향이 있다. 가령 존중은 대인관계에, 침착성은 판단력에 긍정

20) 미 육군 리더십교범(ADP) 6-22, 1-10.

적 영향을 미치는데, 이러한 관계를 동반역량이라고 볼 수 있다. 핵심역량을 선정할 때는 동반효과가 큰 역량요인을 선정하는 것이 효과적일 것이다.

자질과 역량은 개념적으로는 구분이 되지만 현실적으로 구분이 모호한 경우가 많다. 대체로 자질은 현실적인 문제해결의 행동으로 표현되면 역량이 된다고 볼 수 있다. 예들 들면, '협조성'는 정신적인 자질이지만, 현실에서 발휘되면 '협동력'의 역량이 된다. 협조하려는 마인드는 있되 실제 협동력이 부족한 경우도 있기 때문이다. 그런 이유로 자질은 용어에 '성'이 붙고, 역량에는 '력'이 붙게 되는 경우가 많다. 계획성과 기획력의 관계나 창의성과 창의력의 관계도 그렇다.21)

리더기질 등 자질이 뛰어나다고 하여 곧 뛰어난 리더가 되는 것은 아니지만 교육훈련과 경험 및 자기개발을 통해 역량으로 다듬어져 효과적인 리더로 성장해나갈 가능성이 크다. 중요한 것은 자질을 역량으로 개발하고 발휘하여 현실에서 리더십을 실천적으로 수행할 수 있어야 한다는 점이다.

---

21) 다만, '역량'을 통합적 의미로 사용하면 자질도 역량요소인 KSA에 모두 포함되는 것이다.

제3장

리더의 영향력

1. 영향력의 이해

1.1. 리더의 영향력의 중요성

리더십을 한 마디로 표현한다면 '영향력'이라고 할 정도로 영향력은 리더십의 핵심요소이다. 어떤 사람이 누군가의 말에 복종하고 따른다면 영향력이 작용했다는 뜻이다. 영향력은 구성원에게 미칠 수 있는 리더의 힘으로써 리더십의 수단이며, 영향력이 약하다면 리더십을 발휘하가 어렵다고 볼 수 없다.

우리 사회와 조직은 늘 이해관계 속에서 권력이 꿈틀거린다. 조직에는 늘 자신의 권익을 확보하여 자기목적을 이루려는 경쟁이 있게 마련이며 갈등관계가 존재하게 되는 것이다. 그러므로 적절한 권력과 영향력을 가져야 자신의 의도와 희망을 제대로 펼쳐나갈 수 있다.

특히 군의 리더들은 평시의 임무수행 뿐만 아니라 전장의 극한상황에서도 부하들을 통솔하여 승리를 해야 하는 중대한 임무를 수행해야 한다. 그렇게 되기 위해서는 부하들이 리더를 추종하여 지휘의도대로 움직일 수 있게 해야 한다. 부하들을 리더의 의도대로 움직이게 하는 힘이 영향력이다. 그러므로 초급간부들도 영향력의 본질을 이해하고 자신의 영향력의 기반을 확대하고 올바로 행사할 수 있는 능력을 연마하는 것이 중요하다.

1.2. 영향력의 의미

영향력(influence)을 이해하기 위해서는 권력(power)과 권한(authority)을 먼저 이해할 필요가 있다.

- **권한** 권한은 조직 내의 직책에 주어진 공식적인 권리이다. 가령 중대장에게는 중대원에 대해 합법적인 지시를 할 수 있고 공식적으로 외출이나 외박을 승인하거나 포상 및 처벌할 수 있는 권리가 부여되어 있다. 그것은 중대장 개인이 아니라 중대장이라는 직책에 부여된 것이다. 권한은 대체로 직책이 높을수록 크고 많이 부여되어 있다.

- **권력** 권력은 행사하는 사람의 의도에 따라 상대방을 복종시킬 수 있는 힘의 크기이다. 가령 돈이 많은 사람은 돈을 필요로 하는 사람을 복종시킬 수 있다. 그럴 경우 돈이 많을수록 권력은 커진다. 또한 훌륭한 인품도 다른 사람을 복종시킬 수 있다. 우리가 학교를 졸업한 이후에도 훌륭한 교수님의 말씀을 잘 듣는 경우도 이러한 경우이다. 권한은 권력의 한 종류이다. 다른 사람을 복종하게 하고 따르게 할 수 있는 돈이나 인품 등을 권력기반이라고 한다.

- **영향력** 권력을 사용하여 다른 사람이 실제로 복종하고 따르게 하는 힘을 의미한다. 가령 중대장이 사격성적이 우수한 병사에게 휴가를 주겠다고 했을 때 중대장은 휴가라는 권력(권한)을 사용한 것이다. 그러나 휴가가 필요하지 않은 병사는 사격을 잘 하기 위해서 노력하지 않을 것이다. 즉 중대장은 권력을 사용하였지만 영향력은 작용하지 않은 것이다. 즉 상대방이 받아들인 권력을 영향력이라고 할 수 있다.[22)]

---

22) 권력과 영향력은 개념상 차이는 있지만 현실에서 흔히 동일한 의미로 사용되며 혼용하여 사용해도 문제가 없다.

2. 영향력의 근거로서의 권력기반

영향력은 행사할 때는 수단이 되는 기반이 있어야 하는데, 일반적으로 권력기반이라고 부른다.[23] 그러므로 권력기반이 풍부할수록 영향력을 잘 발휘할 가능성이 높아진다. 권력기반에 관해 살펴보자.

권력의 기반을 가장 간명하게 분류하면 '지위나 직책에 기반한 권력(지위권력)과 개인적 역량에 기반한 권력(개인적 권력)'이다. 동일한 지위의 직책이라면 공식적 권력의 크기는 같지만 개인적 권력의 크기는 사람에 따라 달라진다. 가령 대대 내에서 중대장들의 지위권력은 동일하지만, 각 중대장들의 개인적 전문성이나 역량은 다르다. 그러므로 한 개인의 권력의 총합은 지위권력과 개인적 권력이 결합된 것이다. 보편적으로 분류되는 일곱 가지의 권력기반은 다음과 같다.[24]

- **합법적 권력(legitimate power)** 지위와 직책에 부여된 권리이며 권한(authority)이라고도 한다. 권한에는 공식적인 보상(임금, 표창, 승진 등)이나 강제력(각종 징계 등)이 포함된다. 합법적 권력의 크기는 일반적으로 지위가 높고 직책이 중요할수록 커진다. 권한의 내용은 일반적으로 각 조직의 내규 등 규정에 명시된다.

- **보상권력(reward power)** 리더의 요구에 따랐을 때 주어지는 대가이다. 보상권력에는 합법적 권력의 보상을 포함하여 개인이 가지고 있는 보상능력(물질적 능력, 유용한 정보, 유력한 사람들과의 관계 등)이 모두 포함된다. 보상권력의 크기는 구성원이 보상을 얻고 싶어 하고 리더의 보상능력이 크고 보상을 실행할 가능성이 크다고 생각할수록 커지게 된다.

- **강제적 권력(coercive power)** 리더의 요구에 따르지 않았을 때 주어지는

---

23) 권력의 기반(power bases), 권력의 원천(power sources), 권력의 수단(power means)은 동일한 의미이다.

24) ①~⑤는 French & Raven(1959), ⑥~⑦은 Hersey & Blanchard(1982)의 연구에서 도출된 것이다.

대가이다. 강제적 권력에는 합법적 권력에 포함된 강제력 외에도 개인이 가지고 있는 강제적 능력(위협, 비방, 제재 등)이 모두 포함된다. 이 권력의 크기는 구성원이 강제력을 피하고 싶어 하고 리더가 가진 강제력이 크고 그 강제력을 실행할 가능성이 크다고 생각할수록 커진다.

- **전문적 권력**(expert power) 리더의 전문적 능력이나 지식에 대한 신뢰로부터 발생한다. 아플 때는 의사, 법의 도움이 필요할 때는 변호사, 지식이 필요할 때는 교수의 말을 다른 일반인의 말보다 신뢰하는 것은 전문성 때문이다. 군사지식과 지휘능력 등 군사전문성이 뛰어난 지휘관은 그렇지 않은 지휘관에 비해 전문적 권력이 더욱 크며 부하들이 복종할 가능성이 더 클 것이다. 특히 전투현장과 같은 위험한 상황에서는 경험이 많고 유능한 지휘관에 대한 부대원들의 신뢰가 더욱 클 것이다. 전문적 권력의 크기는 구성원이 리더의 전문적 지식이나 능력을 신뢰하는 정도에 달려있다.
- **준거권력**(referent power) 리더의 인간적 매력이나 카리스마 및 인격 등에 의해서 발생하는 권력의 기반이다. 교수님이 좋아서 그 과목을 열심히 공부하고, 소(중)대장이 인격적으로 훌륭하여 존경하고 따르는 것도 준거권력이 작용한 것이다. 이 권력의 크기는 리더가 가진 매력이나 카리스마에 대해 구성원이 좋아하고 몰입하는 정도에 달려있다.
- **정보권력**(information power) 리더가 구성원들이 필요로 하는 유용한 정보를 가지고 있고, 구성원에게 제공할 것인가를 결정하고 통제할 수 있는 능력에서 발생한다. 시험에 대한 정보, 인사 및 승진방침에 대한 정보, 경쟁자에 대한 정보 등은 그것을 필요로 하는 사람에게 행사할 수 있는 중요한 권력수단이다. 이 권력의 크기는 구성원이 어떤 정보를 필요로 하는데, 리더가 그 정보를 가지고 있으며 그 정보를 제공받을 수 있다고 믿는 정도에 달려있다.
- **연결적 권력**(connection power) 리더가 조직 내·외의 영향력 있는 사람들

과 연계를 맺고 그들의 후원을 받을 수 있다고 믿을 때 발생한다. 가령 대학교에서 어떤 학과의 교수가 취업센터의 업무를 겸임한다면 학생들은 그 교수를 더욱 잘 따를 가능성이 높다. 또한 부대에서 자기 중대장이 상급부대의 상관들이나 외부의 유력자들과 관계가 친밀하여 언젠가 도움을 받을 수 있을 것이라고 생각할 때 연결적 권력은 발생한다. 배경권력이라고도 하며 구성원이 리더의 배경 네트워크를 높게 평가하고 필요로 할수록 커지게 된다.

위 일곱 가지 중에서 대체로 합법적 권력, 보상적 권력, 강제적 권력, 정보권력 등은 지위의 높으면 더 커진다. 그러나 전문적 권력, 준거권력, 연결권력 등은 개인능력에 따라 차이가 많이 날 수 있다. 그러므로 초급간부들은 권력기반에 대해 잘 이해하고 자신의 권력기반을 풍부하게 갖추는 것이 리더십 발휘에 중요하다.

3. 효과적인 영향력 발휘방법

3.1. 권력사용에 따른 부하들의 반응유형

리더십은 리더가 구성원들에게 영향력을 행사하는 과정이므로 리더가 발휘하는 영향력에 대해 구성원들은 어떤 반응을 보이게 된다. 구성원들의 반응은 몰입과 복종 및 저항의 세 유형으로 나누어 볼 수 있다.[25)]

- **몰입**(committment) 리더에게 가장 바람직한 것으로 리더를 심리적으로도 수용하고 행위로도 복종하는 것이며 영향력이 가장 잘 수용된 결과이다.
- **복종**(compliance) 리더를 심리적으로는 수용하지 않더라도 행위적으로는 따르는 것으로 영향력이 중간수준으로 작용한 결과이다.

---

25) Yukl, G. A(1989), 「Leadership in Organizations」(2nd ed), NJ: Prentice Hall. p.13.

• **저항**(resistance) 리더를 심리적으로는 물론 행동으로도 리더의 의도에 따르지 않는 상태로서 리더에게는 가장 좋지 않은 결과이다.

이를 표로 구성하면 표 3.1과 같다.

표 3.1 리더의 권력사용에 대한 구성원의 반응

영향력의 결과	구성원의 반응	구성원의 행동 특징
몰 입	행동적 추종 심리적 수용	• 리더를 마음으로 수용하며 존경하고 동일시하려 함 • 리더의 지시나 요구를 적극적으로 수행함 • 리더의 매력이 싫어지거나 동일시 대상이 바뀌면 약화됨
복 종	행동적 복종	• 심리적으로 수용하지는 않으나 저항감은 가지지 않음 • 리더의 지시나 요구에 대해 행동으로 복종함 • 보상이 충족되거나 리더의 강제수단이 감소하면 약화됨
저 항	심리적, 행동적 불복종	• 심리적으로 리더의 영향력을 수용하지 않음 • 리더의 지시나 요구를 행동으로 따르지 않음 • 처벌을 피할 목적 등으로 마지못해 최소한으로 복종함

자료 : Yukl(1989), 「Leadership in Organizations」, p.13의 내용을 표로 구성하면서 구성원의 행동특징을 필자가 구체화하여 작성하였음.

리더의 입장에서 보면 저항이 가장 나쁜 결과이고 몰입으로 갈수록 좋은 결과이다. 만일 구성원들이 리더를 존경하며 동일시하려 하고 리더에게 몰입한다면 탁월하게 리더십을 발휘하고 있는 것이다. 일반적으로 복종 수준이면 보통의 리더십으로 평가할 수 있지만 리더는 구성원들의 몰입을 이끌어내도록 노력해야 한다.

권력기반마다 나타날 가능성들은 각각 다르다. 리더에 대한 몰입(committment)은 리더가 준거적 권력이나 전문적 권력을 사용할 때 나타날 가능성이 크고, 강제적 권력을 사용할 때는 가능성이 희박하다. 복종(compliance)은 합법적 권력, 보상적 권력, 정보권력, 연결적 권력을 사용할 때에 나타날 가능성이 가장 크다. 저항(resistance)은 리더가 강제적 권력을 행사할 때 나타날 가능성이 가장 크다.

3.2. 영향력 발휘방법과 고려요소

(1) 권력기반의 효과적인 사용

권력기반 자체도 중요하지만 권력을 행사하는 방법이 중요하다는 점을 유념해야 한다. 경제적 보상을 주면서도 무성의하게 주면 반감이 생기기 쉽고, 처벌을 하면서도 이해를 시키고 반성을 하게 한다면 저항감을 갖지 않고 긍정적으로 수용할 수도 있기 때문이다.

유클(Yukl)은 다섯 가지 권력기반에 근거하여 권력을 유지하고 권력기반을 효과적으로 사용하는 방안을 표 3.2와 같이 제시하고 있다.

표 3.2 권력의 유지와 권력기반의 효과적인 사용방법

구 분	향상 및 유지방법	효과적 사용방법
합법적 권 력	• 가능한 더 많은 공식적 권한 확보 • 리더의 권한을 부하들이 인식하도록 행동 • 정기적으로 권한을 실행 • 적절한 조직계통을 통한 권한집행 • 보상과 강제력 권한을 상호보완	• 명확한 합법적인 지시 • 지시에 대한 이유 설명 • 권력남용의 금지 • 복종여부 확인과 대안 마련 • 필요한 경우 정당한 복종을 요구
보상적 권 력	• 구성원들이 바라는 욕구를 식별 • 가능한 더욱 많은 보상능력 확보 • 리더의 보상능력을 인식하도록 함 • 감당할 수 있는 이상의 약속 금지 • 보상을 개인이익 차원에서 사용 금지	• 조직에 바람직한 보상 제공 • 공정하고 합리적인 보상 제공 • 보상수여 기준을 설정 및 공지 • 약속한 보상을 이행 • 바람직한 행동의 유도를 위한 보상
강제적 권 력	• 합법적인 처벌로 신뢰성 유지 • 처벌을 위한 강제적 권력 확보 • 경솔한 협박 금지 • 위반사항에 상응한 처벌 • 개인적 이익을 위해 강제력사용 금지	• 규정과 벌칙의 대상을 사전 공지 • 처벌 전에 상황의 정확한 파악 • 적대적이지 않도록 정서와 공정성 유지 • 처벌을 받지 않기 위한 행동을 촉구 • 처벌시 대상자에게 개선방안 제시요구
전문적 권 력	• 전문지식과 기술의 습득 노력 • 전문성을 보여주는 기회를 활용 • 어려운 문제의 해결을 통해 역량을 보여줌 • 경솔하고 부주의한 언급 금지 • 사실의 왜곡이나 과장 금지	• 임무관련 문제를 전문지식으로 설명함 • 구성원들의 과업우려를 해소시켜줌 • 임무의 성공을 확신하도록 근거 제시 • 구성원들의 전문성에 대한 관심을 경청 • 위기시 전문성과 결단성으로 행동

구 분	향상 및 유지방법	효과적 사용방법
준거적 권 력	• 수용과 긍정의 태도 • 지원적이고 도움이 되는 행동 • 개인적 이익을 위해 부하 이용 금지 • 구성원에 대한 도움약속 이행 • 책임과 자기희생 감수	• 리더로서의 매력과 인품 등을 보여줌 • 필요시 진지한 개인적인 호소 • 요구하는 내용이 조직에 중요함을 표명 • 지나친 부담의 개인적 요구 자제 • 모범적 역할 등의 적절한 행동 실천

자료: Yukl(1989), 「Leadership in Organizations」, pp.43~49의 내용을 필자가 표로 구성하였음.

(2) 효과적인 영향력의 조건

영향력이란 리더가 발휘한다고 하여 구성원들이 그대로 받아들이는 것이 아니다. 상황에 적절하고 구성원이 수용해야 효과가 발생한다. 영향력의 효과는 리더와 구성원의 특성과 조건에 따라 달라지는 것이므로 어떤 조건에서 어떤 방법들이 효과적인지를 고려해야 한다. 영향력은 리더의 조건과 구성원의 특성을 고려하여 적합한 수단을 활용할 때 효과성이 높아지기 때문이다. 다음의 경우들을 참고해보자.

- **합법적 지시** 리더가 구성원에게 합법적인 지시로 영향력을 행사하려고 한다면, 먼저 리더에게 합법적인 지시권한이 있어야 하고, 구성원은 리더의 합법적 지시를 수용하려는 태도를 가지고 있을 때 효과적이다.
- **보상제시** 리더가 보상을 통해 영향력을 발휘하려고 한다면, 리더에게는 보상능력이 있어야 하고 구성원은 리더가 제시하는 보상을 얻고 싶어 할 때 유용하다. 만일 구성원이 리더가 제시한 보상을 필요로 하지 않거나 리더가 보상약속을 지키지 않을 것이라고 생각한다면 영향력이 발생하지 않을 것이다.
- **처벌압력** 리더의 처벌압력은 리더에게 처벌할 수 있는 권한과 강제력이 있어야 하고 구성원은 리더가 위협하는 처벌을 피하고 싶어 해야 영향력이 발생한다. 만일 구성원이 리더에게 처벌의 권한이나 강제력이 없다고 믿거나 실제로는 처벌하지 않을 것이라고 생각한다면 영향력은 발생하지 않을 것이다.

- **합리적 설득** 리더가 설득에 필요한 전문적인 지식과 논리적인 설명능력을 가지고 있고 구성원은 이성적으로 문제를 이해할 수 있을 때 효과가 높은 방법이다.
- **교환적 협상** 리더와 구성원 간에 서로 필요한 요구를 들어주는 방법이다. 리더는 제공할 수 있는 보상과 협상력을 갖추어야 하고 구성원은 리더의 요구를 수용할 수 있는 마음의 자세가 되어 있을 때 효과적이다.
- **감화적 호소** 구성원의 마음에 감동을 주거나 정서적 공감을 일으키는 방법이다. 리더는 구성원에게 존경을 받거나 호소력 있는 언변력 등을 갖추어야 한다. 동시에 구성원이 감성적으로 민감하고 리더에 대한 수용자세가 되어있을 때 효용이 있다.
- **동일시 촉진** 구성원으로 하여금 리더에게 인간적으로 몰입하게 하는 방법이다. 리더가 구성원이 좋아하거나 존경하는 매력과 인품을 갖추고 구성원이 리더를 닮고 싶어 하는 등의 수용자세가 있을 때 매우 효과적인 방법이다.
- **연합압력** 구성원이 거부하기 힘든 인물과 연합하여 영향력을 행사하는 방법이다. 리더는 구성원이 잘 따르는 선배나 가족 등과 협력하여 구성원에게 요구하는 행동을 이끌어낼 수 있다. 리더는 연합관련자와 적절한 협조를 해야 하고 구성원에게는 연합관련자의 뜻을 받아들이는 태도가 있어야 한다.
- **정보통제** 리더가 구성원이 필요로 하는 정보를 보유하고 있고 이를 제공할 것인가에 대해 통제함으로써 영향력을 행사하는 방법이다. 리더는 믿을 수 있는 정보력이 있어야 하고 구성원은 그 정보가 필요하여 의존하게 되는 상황에서 효과적이다.

리더의 영향력은 구성원집단 전체를 대상으로 할 수도 있고 특정한 구성원을 대상으로 할 수도 있다. 영향력 행사의 방법들과 적합한 조건들을 정리하면 표 3.3과 같다.

표 3.3 리더의 조건과 구성원의 특성에 따라 영향력을 행사하는 방법

영향력 행사방법	주요 권력기반	리더의 조건	구성원의 특성	몰입 가능성
합법적 지시	권한	합법적 지위와 엄정성	합법성 수용태도	보통
보상의 제시	권한, 보상권력	보상능력, 신뢰성	보상욕구	보통
처벌압력	권한, 강제권력	처벌수단, 신뢰성	처벌회피 심리	낮음
합리적 설득	전문적 권력	논리성, 설득력	이성적 태도	높음
교환적 협상	보상 및 전문적 권력	협상력, 판단력	양보심	보통
감화적 호소	준거권력	호소력, 존경	감성적 민감성	높음
동일시 촉진	전문적 및 준거권력	매력, 모범	리더수용태도	높음
연합압력	권한, 준거, 배경권력	연합관련자 협조	압력자 수용태도	낮음
정보통제	권한, 정보권력	정보력, 신뢰성	정보의존상황	보통

자료 : 박유진(2011), 「리더십 마인드&액션」, 140쪽

영향력의 진단실습

(1) 리더의 권력기반 성향 진단

리더들이 권력기반 성향을 진단해보자. 상관이나 동료 등 다양한 대상에 대하여 '부하들을 이끌어가기 위해 어떤 권력기반을 많이 사용하는지'를 진단해 보는 것이다. 자신의 권력기반 성향을 이해하는 데에도 도움이 된다.

※ 리더를 대상으로 각 문항에서 가장 적절한 점수를 부여한다.

매우 그렇지 않을 것이다	약간 그렇지 않을 것 이다	보통	어느 정도 그럴 것이다	매우 그럴 것이다
1점	2점	3점	4점	5점

번호	진단항목	점수
1	지위에 따른 권한의 행사가 통솔의 기본이라고 생각하며 자주 행사한다.	
2	주로 경제적 보상, 선물 및 좋은 대우 등을 잘 해주는 것으로 이끌어간다.	
3	주로 처벌이나 위협 및 제재 등의 강제적 조치를 통해 이끌어 간다.	
4	과업에 관한 전문지식이나 기술을 발휘하여 사람들이 따르게 한다.	
5	사람들이 좋아하고 따르는 매력이나 인품 및 재미 등을 가지고 있다.	
6	모르는 것이 없다고 할 정도로 중요하고 필요한 정보들을 많이 알고 있다.	
7	집단 안팎으로 유력한 사람들을 많이 알고 있으며 인간관계에 활용한다.	
8	합리적이고 규정에 맞는 지시를 하고 잘잘못은 분명히 가려서 상벌을 준다.	
9	그(녀)가 주는 보상이나 선물 때문에 사람들의 그(녀)를 좋아하고 잘 따른다.	
10	화를 내거나 벌을 주면 두렵기 때문에 사람들이 그(녀)를 거역하기 어렵다.	
11	업무내용을 모르거나 기술적으로 문제가 생기면 그(녀)에게 의존하여 해결한다.	
12	그(녀)는 부하들을 즐겁게 하고 부하들이 함께 일하고 싶어하며 따른다.	
13	구성원들의 원하는 정보를 잘 알고 따르는 부하들에게 정보를 알려준다.	
14	대외적으로 해결할 문제에 도움이 필요하면 그(녀)에게 상의하고 부탁한다.	

☞ 판단

- 합법적 권력(1,8), 보상적 권력(2,9), 강제적 권력(3,10), 전문적 권력(4,11), 준거적 권력(5,12), 정보권력(6,13), 연결적 권력(7,14)의 두 문항별로 점수를 합산한다.
- 권력기반 성향 판단; 강함(8점~10점), 보통(5점~7점), 약함(4점 이하)

(2) 집단내 개인의 영향력 정도의 진단

※ 어떤 집단 내에서의 자신(또는 다른 사람)의 영향력 정도를 진단해 본다. 현재의 부대나 어떤 그룹에서의 활동을 생각하면서 아래 20문항에 가장 적합한 점수를 부여한다.

거의 동의하지 않음	대체로 동의하지 않음	약간 동의하지 않음	긍정도 부정도 아님	약간 동의함	대체로 동의함	매우 동의함
1	2	3	4	5	6	7

측정대상 집단 (   )

번호	진단항목	점수
1	나는 그룹 내에서 의견을 많이 내는 사람들 중에 한 명이다.	
2	그룹 내에서 사람들은 내가 하는 말을 경청한다.	
3	나는 자발적으로 그룹을 리드하려고 나서는 경우가 많이 있다.	
4	나는 그룹의 의사결정에 실제로 영향을 미칠 수 있다.	
5	나는 그룹 활동이나 토의 시에 중심적인 위치에서 행동하는 경우가 많다.	
6	그룹 내에서 사람들은 나에게 조언을 받으려고 한다.	
7	나는 그룹 내에서 나의 아이디어와 역할을 적극적으로 활용하고 있다.	
8	그룹 내에서 나의 아이디어와 역할은 사람들에게 인정을 받고 있다.	
9	나는 그룹에서 단순한 참여자가 아니라 리더로서 역할을 하려고 한다.	
10	사람들은 내가 제시하는 의견에 깊은 관심을 갖는다.	
11	나는 생각이나 아이디어를 제시하는데 주저하지 않는다.	
12	내가 제시한 아이디어는 그룹에서 채택되어 자주 실행되고 있다.	
13	내가 회의에서 질문을 하는 것은 무언가를 말하기 위해서이다.	
14	다른 사람들이 내가 의견을 개진해 주기를 요청하는 경우가 자주 있다.	
15	회의에서 나는 내용을 기록하거나 정리하는 역할을 자주 맡는다.	
16	다른 사람들이 결정을 내리기 이전에 나에게 중요한 문제를 상의한다.	
17	나를 중심으로 다른 사람들이 모이는 편이다.	
18	다른 사람들이 나에게 직접적으로 이야기하지 않는 경우에도 자주 나를 향해 쳐다보고 있다는 것을 느낀다.	
19	나는 다른 사람들 사이에서 일어나는 갈등에 대해 무엇이든지 즉각적으로 관여하는 편이다.	
20	그룹 내에서 나의 말은 힘이 실려 동조자가 많으며 나의 영향력은 크다.	

☞ 판단

- 홀수문항과 짝수문항(각 10개)의 점수를 각각 합산한다.(분포; 10점~70점)

표출도	항목	1	3	5	7	9	11	13	15	17	19	총점
	점수											
영향력	항목	2	4	6	8	10	12	14	16	18	20	총점
	점수											

- 표출도 : 영향력을 발휘하려고 가시적으로 표출하고 시도하는 행위정도
- 영향력 : 표출도와 관계없이 실질적으로 미치는 영향력의 정도

- 계산된 점수를 아래 영향력 매트릭스에서 해당되는 위치에 표시한다.

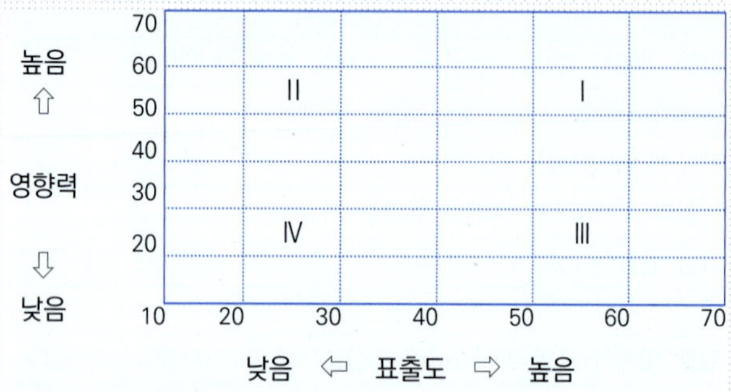

그룹 내에 영향력의 표출도와 실제 영향력의 결합은 다음과 같다.

- **적극적인 표출과 강한 영향력(Ⅰ분면)** 영향력을 행사하는 행동을 많이 하며 실제로 다른 사람들에게 영향력이 강하게 미친다. 집단을 주도할 수도 있다.
- **표출은 적지만 강한 영향력(Ⅱ분면)** 영향력을 행사하는 행동을 많이 하지 않아 주목을 받지 않지만 실제 영향력은 강하다.
- **표출은 많지만 약한 영향력(Ⅲ분면)** 영향력을 발휘하려고 노력하며 표출은 많이 하나 노력에 비해 실질적인 영향력은 약한 편이다.
- **소극적인 표출과 약한 영향력(Ⅳ분면)** 영향력을 발휘하려는 시도도 잘 하지 않으며 귀를 기울여 주는 사람도 없어 힘이 실리지 않는다.

자료: Reddy. W. B. & Williams G., The Visibility/Credibility Inventory: Measuring Power and Influence. In J. W. Pfeffer (ed.) The 1988 Annual: Developing Human Resources, San Diego: University Associates, 1985, 115-124., Hellriegel D. & Slocum Jr. J. W. 「Organizational Behavior」 11th ed., (서재현 등 공역, 「조직행동론」, 한경사, 2007, 311-312). 인용하면서 일부 문항을 수정하였음.

제4장

리더십이론 I 개요와 리더특성이론

1. 리더십 이론의 개요

리더십에 대한 견해들은 동서양의 고대로부터 있었으나[26] 오늘날의 교과서에서 다루는 리더십이론들은 주로 19세기 이후 산업사회의 조직을 대상으로 한 것들이다.

산업사회 이전의 농촌마을과 같은 공동체는 동서양을 막론하고 의·식·주는 물론 교육도 대부분 공동체 내에서 해결하는 자급 자족체제였다. 공동체를 유지하는 준거는 전통이나 관습 등의 문화적 규범이었다. 그러나 산업혁명으로부터 시작된 산업사회에서는 대량 생산체제를 기반으로 하는 도시들과 회사, 공장, 학교, 관공서, 병원과 같은 새로운 형태의 조직들을 출현시켰다. 그렇다면 전통적인 농경사회에서는 경험하지 못한 이러한 조직들을 어떻게 관리하고 이끌어갈 것인가? 전통과 관습이 아닌 새로운 제도와 규칙이 필요했고 이에 따라 현대적 행정학이나 경영학 및 리더십이론이 탄생하게 된 것이다.

또한 과학적 방법론 등의 학문발달이 리더십연구에 영향을 미쳤다. 고대나 중세의 통치이론과 리더십 견해들은 주관적인 경험과 견해 등에 의해 제시

26) 가령, 공자의 「논어」, 정도전의 「경국대전」, 정약용의 「목민심서」, 플라톤의 「국가론」, 마키아벨리의 「군주론」 등은 모두 국가나 사회를 통치하기 위한 리더십 문헌들이다.

되었지만, 20세기 초반부터는 통계분석 등 과학적 검증을 사용하는 연구들이 주목받기 시작했다. 즉 개인적 주관에 의한 주장은 설득력이 약해지고 과학적 조사에 의한 연구결과들로 이론체계가 형성되기 시작한 것이다.

20세기 이후 리더십이론을 주로 창출해낸 나라는 산업화를 주도한 미국이며, 현재 세계적으로 사용하는 리더십이론들은 대부분 과학적인 연구조사를 통해 만들어진 이론들이다.[27] 리더십 이론은 리더의 특성이론에서 행동이론과 상황이론으로 점점 영역을 넓혀왔으며 변혁적 리더십이나 서번트 리더십 등 다양한 관점의 이론들이 계속 생겨나고 있다.

학계에서는 이론이 발표된 시기를 기준으로 대체로 1970년대를 기준으로 그 이전에 생성된 이론을 전통적 리더십이론으로, 그 이후의 이론을 현대적 이론으로 부르기도 하지만 사실상 의미는 없다. 본 항에서 이해를 돕기 위해 전통적 이론과 현대적 이론으로 나누어 살펴보지만 리더십이론들은 발표된 시기와 관계없이 동등한 가치를 갖는 것으로 보는 것이 타당하다.

(1) 전통적 리더십이론

리더특성연구, 행동유형연구, 상황적합성연구를 전통적 이론이라고 부른다.

- **리더특성이론** 20세기 전반부터 많은 연구가 시작되었다. 주로 역사적 위인이나 성공적인 리더들의 공통적 특성을 식별하고, 리더의 특성요소와 성과 간의 관계를 규명하려고 하였다. 오늘날에도 군은 물론 각 조직마다 요구되는 리더들이 갖추어야 할 자질과 역량에 대한 연구들이 좋은 연구사례이다. 이러한 연구들은 우수한 리더들의 자질과 능력요소 등 많은 특성들을 추출하였으나 공통점을 집약적으로 도출하는 데는 어려움이 있다.

---

27) 우리나라에는 1960년대부터 미국의 리더십이론들이 소개되었고, 1980년대 이후에 한국적 특성의 리더십에 대한 학문적 관심이 일어나기 시작하였다. 백기복 외(1998), "한국 경영학계의 리더십 연구 30년 : 문헌검증 및 비판", 「경영학연구」, 27집, 113-156쪽.

• **리더(십) 행동이론** 20세기 중반부터 체계적인 연구가 시작되었다. 특성연구의 문제점을 보완하고자 했으며 구성원의 심리와 행동에 영향을 미치는 효과적인 리더의 행동유형이 무엇인가를 규명하려고 하였다. 미국 아이오와(Iowa)대학교의 권위형·민주형·방임형, 오하이오(Ohio) 주립대학교(OSU)의 구조주도형·배려형 리더의 분류 등이 대표적인 연구이다. 모든 상황에서 효과적으로 작용하는 리더의 행동유형을 찾기 위해 노력하였지만 효과적인 행동유형은 상황에 따라 달라진다는 사실을 인식하게 되었다.

• **리더십 상황이론** 20세기 중후반부터 집중적인 연구가 시작되었다. 리더행동이론과 연계하여 상황적 조건과 리더유형과의 적합성을 찾으려 하는 이론이다. 가령 민주형이 바람직하다고 하여 항상 민주형이 최선이라고 보는 것이 아니라, 상황에 따라 권위형 리더십이 더욱 효과적인 경우가 있다고 보고 그러한 상황과의 관계를 탐색하는 것이다. 상황은 주로 부하나 과업의 특성이며 그에 따라 효과적인 리더십 유형은 다르다는 인식하에서 다양한 연구들이 제시되었다.

(2) 현대적 리더십이론

최근에 개발된 이론이라고 하여 반드시 더욱 효용성이 높다는 의미는 아니다. 연구범위가 확장되면서 다양한 관점의 이론들이 생겨나면서 주목을 더 받게 되는 것이다. 이는 마치 리더십이라는 숲을 개간하는데 앞부분부터 개간하여 경작지를 넓혀가는 것과 같다. 이미 개간한 곳은 계속 경작하면서 더 좋은 농법으로 보완하고 아울러 새로운 곳들을 개간하면서 경작지를 확장하는 것이다. 리더십이론이 점점 많아지고 다양해진다는 것은 리더십의 숲에 대한 경작지가 넓어지면서 다양한 작물을 심고 새로운 경작법이 개발된다는 것과 같은 이치이다.

아울러 저명한 인물들의 리더십에 대한 탐구가 늘어났다. 세종대왕, 이순신,

왕건, 박정희, 김대중, 히딩크, 잭 웰치, 콜린파월, 간디, 마틴 루터 킹, 제갈공명, 카네기, 징기스칸 등 역사적 리더들의 교훈을 탐구하는 것이다. 이는 리더십이란 표준에 의해 발휘되는 것이 아니라 독특하고 개성적인 개인적 특성에 의해 발휘되는 것이므로 리더십학습자들은 이들의 리더십에서 자신에게 적합한 배울 점을 찾는데 유용하다.

1980년대 이후에 비전, 카리스마, 변혁, 자율, 슈퍼, 서번트, 자기희생, 임파워먼트, 진정성 등을 키워드로 하여 다양한 이론들이 제안되었는데, 이론들의 성향을 살펴보면 몇 가지 경향을 보이는 것을 알 수 있다.

- **자율역량 중시** 구성원들의 자율역량 개발을 통하여 자율리더십을 발휘하도록 하는 관점이다. 임파워먼트와 자율리더십 및 슈퍼리더십이 대표적인 이론이며, 그 배경에는 민주화와 지식정보화가 있다. 민주화는 개인가치를 중시하여 개인의 자기결정권을 존중하는 것이다. 또한 삶과 직무에 필요한 지식과 정보의 원천은 인터넷 등으로 다양화되었다.
  과거에는 지식과 정보를 거의 학교와 직장에서 얻었으므로 교사와 상사의 정보수준이 학생과 하급자보다 우월하였다. 그러나 인터넷을 대표로 하는 정보화의 진전은 학교와 직장중심의 전달적인 지식질서를 개인중심의 획득적이고 학습적인 질서로 변화시켰다. 자기학습을 통한 역량개발이 점점 중요해진 것이다. 사회의 복잡성이 증가하고 전문성이 중시되는 지식정보시대에는 상급자의 통제에 의한 리더십보다 개인들의 자율역량 발휘를 장려하는 리더십이 더욱 요구되기 때문이다.
- **변화와 혁신 중시** 변화와 혁신을 주도하는 리더의 능력을 강조하는 흐름이다. 변혁적 리더십, 카리스마적 리더십, 비전 리더십 등이 대표적인 이론이다. 오늘날의 사회는 조직환경의 변화가 복잡하고 빠르므로 변화에 대응하는 리더의 혁신 추진능력이 더욱 중요해진 것이다. 혁신주도적 관점의 중심

에는 변혁적 리더십이 있다. 변혁적 리더십은 카리스마적 리더십과 비전 리더십 등의 개념들을 포괄하는 통합적 성격을 띠고 있다.

- **도덕성 중시** 리더의 도덕적 품성을 기반으로 하여 리더의 진정성과 봉사를 중시하는 관점이다. 서번트 리더십과 희생적 리더십 및 진정성 리더십 등이 대표적 이론이다. 군림과 통제의 이미지를 가지고 있던 전통적인 리더십의 문제점을 인식하여 리더의 도덕성을 필수적인 자질로 하여 구성원들에게 봉사하고 헌신함으로써 그들의 직무헌신과 충성심을 이끌어 내고자 하는 것이다. 조직의 사회적 책임의 강조, 노블리스 오블리제와 같은 상류층에 대한 도덕적 요구, 상급자들의 권한에 비례한 의무 등이 외면할 수 없는 시대적 코드가 되었다.

리더십이론의 역할은 무엇인가? 리더십을 설명하기 위한 다양한 이론들이 있지만 조직현실은 이론에서 설명하는 것보다 훨씬 복잡하다. 이론이란 복잡한 현실에 대하여 보편적인 원리를 제시하는 것이므로 개별문제들에 대해 정확한 해답을 모두 줄 수 있는 것은 아니다. 그러나 이론은 현실의 복잡한 현실에 대한 판단과 분석의 기준을 제공하는 것이므로 해답의 단서를 얻을 수 있다. 현실에 잠겨있으면 현실을 보지 못한다. 숲속에 들어서면 밖에서 한 눈에 보았던 숲길을 볼 수 없듯이... 이론은 현실을 관찰하여 진단하는 능력을 길러준다. 그러므로 리더십이론은 문제해결을 위한 안목을 갖게 한다는 인식을 가지고 학습하는 자세가 필요한 것이다.

2. 리더특성이론의 의미와 병서의 사례

2.1. 리더특성이론의 의미

훌륭한 리더들은 어떤 특성을 가지고 있을까? 리더들은 일반적인 사람들에 비해서 어떤 특성이 강할까? 이 질문에 답하기 위한 좋은 방법은 위대한 인물이나 유능한 리더들을 분석해서 그들의 리더십 특성을 탐색해보는 것이다.

특성(traits)이란 개인이 가지고 있는 성격, 욕구, 동기, 가치관, 자질, 역량과 같은 요소들을 말한다. 리더특성이론이란 유능한 리더들의 공통적 특성을 조사하여 다른 사람과의 차별되는 특성을 밝히는 이론을 말한다. 아울러 이를 바탕으로 리더가 갖추어야 할 자질과 역량들을 제시하는 견해들도 리더특성이론의 영역이다.

가령, 어떤 연구자가 우수하게 평가받는 군 초급지휘관(자)들의 특성을 조사한 결과 도덕성, 솔선수범, 용기, 결단력, 군사지식 등 다섯 가지가 가장 중요한 특성이었다고 하자. 이러한 연구가 리더특성연구이다.

리더특성에 대한 탐구는 고대로부터 있어왔지만 체계적이고 과학적인 연구는 1900년대 초반부터 미국을 중심으로 시작되었다. 많은 연구들이 우수한 리더들의 특성을 조사하여 제시했지만, 모든 상황에서 효과적인 공통점들을 집약하는 것은 여전이 어려운 과제이다.

2.2. 병서 등에서 제시하는 군 리더의 특성

리더의 특성에 대한 견해들 중에서 군사적인 사례를 살펴보면 다음과 같다.

- **손자(孫子)** 고대 중국 춘추전국시대의 전략가였던 손자는 그의 병서인 「손자병법」에서 장수가 갖추어야 할 덕목을 지(智, 지략), 신(信, 신뢰), 인(仁, 어진 마음), 용(勇, 용기), 엄(嚴, 엄정함)의 다섯 가지로 제시하였다

- **일본군의 통수강령(統帥綱領)** 군사리더의 조건으로 품성, 자질, 포용력, 의지, 식견, 통찰력 등 여섯 가지를 제시하고 있다.
- **클라우제비츠** 독일의 저명한 전략사상가인 클라우제비츠는 「전쟁론」에서 군사지도자의 조건으로 용기, 기민성, 열정, 정확성, 침착성, 대담성, 지식, 통찰력 등 여덟 가지를 제시하였다.
- **육도(六韜)** 중국 병서인 육도는 장수의 열 가지 과오(10過)를 제시하며 이를 경계하도록 하고 있다.

  ① 용맹이 지나쳐 죽음을 가벼이 보는 것
  ② 성미가 급해서 성급히 결판을 내려는 것
  ③ 탐욕스러워 자신의 이익과 공명심에 집착하는 것
  ④ 어진 마음으로 연약하여 적을 죽이지 못하는 것
  ⑤ 지모(智謀)는 있으나 겁이 많아 실행을 못하는 것
  ⑥ 신의가 있으되 아무나 쉽게 믿는 것
  ⑦ 청렴하되 도량이 좁아 남을 포용하지 못하는 것
  ⑧ 방책은 있으나 게을러서 때를 놓치는 것
  ⑨ 강직하나 고집이 세서 자기능력만을 믿는 것
  ⑩ 난국에 처하면 당황하여 운명이나 해결책을 남에게 의지하는 것

- **위료병법(尉繚兵法)** 중국 고대의 병서인 위료병법은 장수가 경계해야 할 12가지 경우를 제시한다.

  ① 우유부단에서 후회가 생김
  ② 사람을 경시하면 화가 생김
  ③ 사심이 많으면 공정심을 잃게 됨
  ④ 비판에 귀 기울이지 않으면 불상사가 생김
  ⑤ 부하를 수탈하면 일의 의욕이 고갈됨
  ⑥ 모략에 귀를 기울이면 판단력을 잃음
  ⑦ 명령을 함부로 하면 부하가 불복종함

⑧ 현인을 멀리하면 시야가 좁아짐

⑨ 사리사욕은 화를 부름

⑩ 소인배를 가까이 하면 해를 입음

⑪ 방위를 소홀히 하면 나라를 잃음

⑫ 명령을 제대로 실행하지 않으면 위험에 처함.

• **병장설(兵將說)** 우리나라 병서인 병장설은 장수의 여섯 가지 허물로써,

① 傲(오): 남에게 거만하게 대하는 것

② 凌(능): 남을 능멸라고 업신여기는 것

③ 蔑(멸): 남을 상대하기도 전에 멸시하는 것

④ 狃(유): 자기 뜻에 순종만을 좋아하는 것

⑤ 罕(한): 자기 마음에 거슬리는 것을 싫어하는 것

⑥ 瞋(진): 자기 뜻대로 안 되면 짜증과 화를 내는 것

을 제시하여 경계하고 있다.

• **김경수 외(2004)의 연구**[28] 김경수 등은 한국과 외국의 장군 각 20명씩 40명을 선정하여 리더십을 개인과 집단 및 조직수준에서 분석하였다.

① **신체적 특성** 체구와 풍모 등에서 공통점을 찾기 어려웠다. 강감찬은 작은 체격에 초라한 외모였으며, 최영은 장대하고 늠름하였고, 이순신은 약간 큰 편에 힘이 강했다. 한편 아이젠하워와 알렉산더 및 슈와츠코프는 키가 크고 건장하였고, 나폴레옹과 롬멜은 키가 작았지만 강골이었다.

② **능력과 기술적 특성** 가장 많은 공통적 장점은 지략(상황통찰력, 판단력, 결단력, 융통성)과 언변력이었다.

③ **성격특성** 가장 많은 공통점은 주도성과 추진력이었으며, 비교적 많은 공

28) 김경수 외, "명장의 리더십에 관한 연구", 「경영학연구」, 한국경영학회, 33권 5호 2004. 10 (pp. 1355 - 1396) 한국의 명장은 을지문덕, 이순신, 김유신, 권율, 김종서, 강감찬, 계백 등 삼국시대부터 조선시대에서 선정하였고, 외국의 명장은 시저, 알렉산더, 나폴레옹, 징기스칸, 맥아더, 롬멜, 슈와츠코프 등 고대부터 현대까지 망라하였다.

통점으로는 침착성, 창의력, 용기로 집약되었다.

개인적은 특징들은 다음과 같다. 이순신(창의력, 책임감, 침착), 최영(강직, 겸손), 시저(대담성), 패튼(명예욕, 독단성), 롬멜(자신에게 엄격, 자제력), 아이젠하워(원만함, 포용력), 몽고메리(근면, 완벽주의), 맥아더(자존심, 영웅적 개성), 한니발(동고동락). 임경업(솔선수범, 동고동락)이다.

④ **변혁적 리더십** 부대를 혁신적으로 지휘했던 대표적 장군으로는 이순신, 징기스칸, 나폴레옹, 몽고메리, 아이젠하워 등이었다.

위와 같은 리더가 갖추어야 할 자질과 역량 연구에서 교훈이 될 수 있는 점은 시대가 바뀌어도 변하지 않는 리더십의 본질은 유지된다는 것이다.

3. 경영자의 리더십특성 연구사례와 정리

3.1. 주요 연구사례

기업 등의 일반경영자들의 우수한 리더십특성에 관한 몇몇 연구자료를 참고로 살펴보면 다음과 같나.

- **카츠와 만(Katz & Mann, 1955, 1965)** 리더에게 필요한 세 가지 기술을 실무적인 전문기술(technical skills)과 대인관계기술(interpersonal skills) 및 개념적 기술(conceptual skills)로 제시하였다. 하위 관리층은 실무전문기술이, 중간 관리층은 인간관계 기술이, 상위 관리층은 개념적 기술이 더욱 중요하다고 보았다.
- **유클(Yukl, 2002)** 성공적인 리더들의 특성을 자질적 특성(traits)과 기술적 특성(skills)으로 나누었다. 자질적 특성들은 상황적응력, 사회적 환경, 민감성, 성취지향성, 확고한 믿음, 협조성, 단호함, 신뢰성, 지배성, 열정, 끈기, 자신감, 스트레스 견딤, 책임감 등이었다. 기술적 특성으로는 총명함, 개념

능력, 창조성, 사교성, 언변력, 과업지식, 조직력, 설득력, 사회성 등이었다.

- **대한상공회의소(보고서, 2004. 9)** 200명의 우리나라 CEO의 특성을 분석하였다. 가장 많이 발견된 특성들은 결단력, 성실성, 도전정신, 친화력, 카리스마 등 다섯 가지였다.

- **보스턴컨설팅그룹(BCG, 2006)**[29] 리더십의 다섯 스킬로서 강렬한 의지, 용기, 통찰, 끈기, 부드러운 통솔력을 제시한다. BCG는 다섯 가지 요소 중에서 강렬한 의지를 기본요건으로 보고, 용기와 통찰 및 끈기를 개인차원으로, 부드러운 통솔력을 조직차원으로 보았다.

- **짐 콜린스(Jim Collins, 2001)** 1965년 이후 포춘(Fortune)지에 우수기업으로 소개된 1,435개 기업 중에서 더욱 발전한 기업들의 리더십을 탐색하였다.
  그는 위대한 기업을 일구어낸 경영자들의 특성은 직업적 의지와 인간적 겸양의 두 가지로 집약된다. 콜린스는 전문지식보다 중요한 것은 품성이라고 강조한다. 기술은 연마하고 지식은 습득할 수 있지만 품성은 쉽게 배울 수 있는 것이 아니기 때문이다.

- **류지성(2012)**[30] 탁월한 리더들을 분석한 결과 기본적인 두 요소로서 능력의 사다리와 인격의 사다리를 갖추어야 하며 두 가지를 통합할 줄 알아야 한다고 강조한다. 능력이 뛰어날지라도 인격이 있어야 진정한 리더십이 완성된다는 것이다.

- **스미스와 로드왈트(Smith & Rhodewalt, 1986)** 심장질환에 관한 의학계의 A형 및 B형의 성격과 경영성과의 관계를 연구하였다. A형과 B형은 네 가지 행동으로 비교된다. A형의 성격특성은 다음과 같다.

  ① **시간강박** 약속된 시간준수에 철저하고 서두른다. 본인이나 타인의 시간

29) 킨노 히로시, 「보스턴컨설팅그룹의 리더십 테크닉」, 비즈니스맵, 2006.
30) 류지성(2012), 「마음으로 리드하라」, 삼성경제연구소, 222쪽.

위반을 잘 참지 못하며 지연과 낭비 등 시간에 대해 걱정한다.

② **경쟁성** 자신의 성과를 다른 사람과 비교하고 경쟁자들보다 앞서거나 이기는 것을 중요시한다.

③ **다면적 행동** 한꺼번에 여러 가지 활동을 수행하려 하며 시간적 압박을 받지 않는 상황에서도 나타난다.

④ **적대성** 올바르지 못한 일들에 대해 개인이나 사회에 대해 분노하고 실수에 대해 관대하지 못하며 공격적인 행동성향을 보인다.

A형의 리더는 자신의 의도대로 다른 사람들을 통제하고자 하는 욕구를 행동으로 나타내는 경향이 있다. B형은 A형과 반대성향의 스타일을 말한다.

A/B형 성격은 리더십과 관련하여 각각 긍정적인 면과 부정적인 면을 내포하고 있다. 일반적으로 A형은 리더십을 적극적으로 발휘하고 높은 성과를 내는 경향이 있지만, 권한위임을 잘 못하고 성급하게 행동하는 부정적 경향도 있다.

- **성격유형 빅5 모델(Big Five Model of Personality)** 성공적인 리더십의 대표적인 다섯 가지 성격특성으로 성실성, 외향성, 경험의 개방성, 정서적 안정성, 친화성을 제시하였다.

- **맥클랜드(McClelland, 1985)** 사람들은 성취욕구, 친화욕구, 권력욕구를 가지고 있다고 본다. 성취욕구는 난관을 극복하며 경쟁에서 승리하고자 하는 욕구로서 성과달성의 가장 핵심적인 에너지이다. 권력욕구는 타인을 통제하고 영향력을 행사하고 싶은 욕구이다. 리더는 개인적 이익을 위한 권력욕구를 자제하고 공공의 이익을 위한 권력을 추구해야 한다고 권고한다. 친교욕구는 타인과 친근한 관계를 맺으려는 욕구로서 구성원에 대해 상황에 적합한 적절한 수준에서의 관심표명과 행동이 중요하다고 본다.

  리더가 성공하려면 욕구들의 조화가 필요하다. 성취욕구는 권력욕구의 도움을 받아야 하고, 과도한 권력욕구를 조절하려면 친화욕구가 필요하다. 친화욕구 탓에 무뎌진 조직은 다시 성취욕구로 다스려야 한다.

- **스톡딜(Stogdill, 1948, 1974)**[31] 스톡딜은 20세기의 리더특성 연구들을 종합적으로 정리한 두 편의 연구결과를 발표하였다.
  첫 번째 연구(1948)는 1904년부터 1948년 사이에 발표된 124편을 분석한 것이다. 15개 이상의 연구에서 긍정적 특성으로 제시된 요인들은 지적 능력, 학력, 활동력과 사회적 참여, 책임감, 사회경제적 지위 등 5개였고, 10개 이상의 연구에서 긍정적으로 제시된 요인들은 사회성, 주도성, 인내력, 업무지식, 자신감, 상황 통찰력, 협동성, 인기, 적응력, 언변력 등 10개였다.
  두 번째 연구(1974)는 1949년부터 1970년 사이에 이루어진 163편의 논문들을 분석한 것이다. 이 분석에서 제시된 우수한 리더의 특성들은 활동력, 사회적 지위 등의 배경, 지능, 언변력, 지배성, 자신감, 성취욕구, 책임감, 행정관리능력, 대인관계 및 사회성, 교육, 지식, 정상적 성격, 열성, 정서적 균형, 독립성, 창의성, 주도성, 과업지향성 등이었다.
  아울러 특정한 상황마다 적합한 리더특성이 존재한다는 것을 밝혔다. 가령 청소년 폭력집단의 리더에게는 무용(武勇, physical prowess)이 중요하였다. 무용(武勇)은 집단위기의 해결 등 리더로 인정받는 요인으로 작용하였다.

- **배스(Bass, 1990)**[32] Bass는 1945년에서 1979년까지의 52개의 실증연구에서 나타난 우수한 리더의 특성을 정리하였다. 많은 주목을 받은 순서대로 보면, 전문기술, 사회성, 동기부여, 집단과업에서의 지원성, 대인관계 기술, 정서적 균형과 통제, 관리적 기술, 인상, 지적 능력, 지배성과 결단력, 책임감, 윤리적 행위 등이었다. 또한 집단응집력 유지, 조정능력, 의사소통 능력, 체력, 창의성, 용기와 담력, 교양 등도 비교적 빈도가 높았다.

---

31) Stogdill(1974), Handbook of Leadership: A Survey of The Literature, The Free Press.

32) Bass, B.M.(1990), Bass and Stogdill's Handbook of Leadership: Theory, Research, and Managerial Application(3rd ed.), NY: The Free Press.

• **카리스마적 리더의 특성** 콩거와 카능고(Conger & Kanungo)33)의 연구 등 여러 연구들에서 구성원들이 리더를 카리스마가 있다고 느끼는 특성들을 종합하면 표 4.1과 같다.

표 4.1 카리스마적 리더의 특성

카리스마적 리더의 특성			리더십 효과 (추종자의 반응)
외형적 특성	심리적 특성	행동적 특성	
•매력적인 외모 •강렬한 눈빛 •매혹적인 목소리 •위용있는 태도 •강렬한 인상 •품위있는 이미지	•강한 자신감 •자신의 이상에 대한 믿음 •이상실현의 열정 •상황 통찰력 •부하와 상황 민감성 •강한 권력욕구 •덕망과 배포	•이상적 비전의 제시 •설득적 언변 •비관행적 행동 •위험감수와 모험 •추종자의 신뢰표현 •추종자에게 높은 성과 기대 표출 •상징적 이미지 창출 •신비감 있는 행동 •역할 모델링 표본 •비전실현의 구체적 전략	•리더에 대한 신뢰와 존경 •리더와 비전에 감성적 몰입과 실현노력 •자발적이고 경쟁적인 충성과 헌신 •경쟁집단에 대해 우월적 신념 •높은 성과창출을 위한 몰입적 노력 •리더 동일시 노력

자료: 박유진(2011), 「리더십 마인드&액션」, 양서각, 207쪽.

• **서번트 리더의 특성** 서번트 리더십은 그린리프(Greenleaf)의 저서 「Servant Leadership」을 통해 주목받게 되었다. 서번트 리더십은 '타인을 위한 봉사의 마음으로 구성원과 고객 및 공동체를 우선으로 여기며 그들의 욕구를 만족시키기 위해 헌신하는 리더십'으로 정의된다.
'리더가 제일 처음 할 일은 현실을 파악하는 것이고, 마지막으로 할 일은 고맙다는 말을 하는 것이다. 그 중간에 할 일은 하인으로 봉사하는 것'이라는 맥스 디프리의 말은 서번트 리더십의 의미를 잘 나타내고 있다.
그린리프 연구센터의 연구소장인 스피어스(Spears)는 서번트 리더의 특징을 여섯 가지로 정리하고 있다.34)

33) Conger, J.A.(1989), The Charismatic Leader: Behind the Mystique of Exceptional Leadership, Cal.: Jossey-Bass.
34) 미국 인디애나 폴리스에는 그린리프 연구센터(Greenleaf Center for Servant Leadership)가 있으며 서번트 리더십의 연구와 프로그램 등을 개발하고 있다.

① 경청(Listening) 구성원의 욕구를 알기 위해 존중과 수용적인 태도로 그들의 목소리에 귀를 기울인다.

② 공감(Empathy) 구성원과의 감정의 공감을 형성하여 일체감을 갖는다.

③ 치유(Healing) 구성원의 마음의 아픔을 헤아리고 감싸 안아준다.

④ 스튜어드십(Stewardship) 구성원을 위해 자원을 지원하고 봉사한다.

⑤ 구성원의 성장을 위한 노력(Commitment to the growth of people) 구성원들의 성장을 위해 기회와 자원을 제공한다.

⑥ 공동체 형성(Building community) 서로 존중하며 봉사하는 진정한 공동체를 만들어 간다.

- **자기희생적 리더의 특성** 조직이 어려움에 처한 경우에 리더가 솔선하여 희생하며 조직을 살리려는 모습을 보이면 구성원들에게 정서적 감동을 일으켜 구성원들의 동참을 이끌어내어 어려움을 극복하고 조직성과를 개선하게 된다. 리더의 자기희생은 세 가지 범주에서 이루어진다.35)

① 업무분장의 희생(division of labor) 위험하고 힘들며 기피되는 업무, 역할, 순번 등을 자청하는 희생이다.

② 보상분배의 희생(distribution of rewards) 정당하게 주어지는 성과급을 반납하는 행위 등 금전적·비금전적 보상을 포기하거나 줄이는 희생이다.

③ 권한행사의 희생(exercise of power) 종업원들과 숙식을 함께 하고 배정된 운전기사를 다른 직무에 돌리는 행위 등 권한의 사용을 자제하거나 포기하는 희생이다.

- **변혁적 리더의 특성** 조직을 혁신적으로 이끌어가려고 할 때 변혁적 리더십(Transformational Leadership)이 바람직한 것으로 평가받고 있다. 변혁적 리더십은 번즈(Burns)가 제시하고36) 배스(Bass)가 일반조직에도 적용할 수 있도록 개념을 정립하였다.37)

---

35) 최연(2001), "자기희생적 리더십 : 연구현황과 과제". 「인사관리연구」, 24(2).
36) Burns, James M.(1978, 1985), Leadership, Harper Collins Pub. Inc.

배스는 리더십의 단계를 방임/비거래적 리더십, 거래적 리더십, 그리고 변혁적 리더십의 세 단계를 설정하고 일곱 개의 요인으로 이들을 비교하였다.

① 방임/비거래적 리더십 리더가 구성원들의 과업행동을 자율에 맡기고 개입을 최소화하는 형태의 리더십이다. 헌신에 대한 대가의 제시와 같은 거래적 의사소통도 거의 없다.

② 거래적 리더십 구성원의 공헌과 리더의 보상이 거래적으로 교환되는 관계에 기초하여 이루어지는 리더십이다.

③ 변혁적 리더십 구성원들의 비전몰입과 리더추종을 바탕으로 현행 수준보다 높은 차원의 변화를 지향하는 리더십이다.

세 리더십을 비교하는 일곱 개의 요인은 표 4.2와 같다.

표 4.2 배스의 리더십 7요인과 변혁적 리더십

구분	방임/비거래적 리더십	거래적 리더십	변혁적 리더십
요인	① 자유방임 또는 비거래	② 성과와 연계한 보상 ③ 예외의 관리	④ 카리스마 ⑤ 영감적 동기부여 ⑥ 지적 자극 ⑦ 개별적 배려

① **자유방임**(laissez faire) **또는 비거래**(non transactional) 리더는 구성원들의 업무과정에 대하여 거의 개입하지 않는다. 또한 보상약속이나 처벌위협 등을 통해 구성원들을 이끌어가는 거래적인 동기부여 활동도 매우 미약하다.

② **성과와 연계한 보상**(contingent rewards) 구성원의 성과에 따라 상응한 보상을 준다. 리더는 구성원에게 과업을 명확히 제시하고, 성과에 따른 보상에 대해 거래적인 교환으로서의 계약적 합의를 한다. 거래적 리더십의 핵심요인이다.

---

37) Bass, B.M.(1985). Leadership and Performance beyond Expectations., NY: The Free Press.

③ **예외의 관리**(management by exception) 구성원의 성과가 목표에 도달하지 못하거나 업무과정이 적정범위를 벗어날 때 리더가 개입하여 바로잡는 것을 말한다.

④ **카리스마**(charisma) 리더의 카리스마적 매력은 변혁적 리더십의 핵심적인 에너지이며 필수불가결한 요인이다. 또한 카리스마 리더십과 변혁적 리더십을 동일시하는 요인이기도 하다. 리더가 어떤 카리스마로 구성원들에게 어필할 것인가는 리더마다 다르지만, 구성원집단의 욕구와 부합되어야 한다.

⑤ **영감적 동기부여**(inspirational motivation) 조직의 비전실현을 위하여 추종자들로 하여금 개인적 이익을 초월하여 헌신하도록 만드는 리더의 감성적 커뮤니케이션을 말한다. 상징의 활용이나 엄숙한 의식 및 호소력 있는 연설 등을 통해 정서적인 공감을 형성하며, 리더가 제시하는 이상적 가치의 실현에 참여하는 것에 자부심을 갖게 한다.

⑥ **지적 자극**(intellectual stimulation) 구성원들로 하여금 현실에 대해 의문을 갖게 하고 자신과 조직이 처한 상황을 이성적으로 인식하도록 하는 것이다. 구성원들이 현재 가지고 있는 신념과 가치관의 타당성에 대해 문제점을 부각시키고 새로운 시각을 갖도록 장려한다.

⑦ **개별적 배려**(individual consideration) 구성원들의 욕구와 희망에 대해 개별적으로 관심을 표명하고 배려함으로써 동기를 활성화한다. 리더의 개별적인 관심과 배려는 구성원들에게 각별한 대상이라는 느낌과 리더에 대한 의무감을 더욱 갖게 함으로써 책임감과 충성심 및 헌신의 행동을 증가시킨다.

배스는 보통수준의 리더십은 리더와 구성원 간에 거래적 교환관계에 기초하고 있다고 보았다. 즉 구성원이 성과를 내면 리더는 그 성과에 맞추어서 보상을 해주고 구성원은 받은 보상만큼 노력한다는 것이다.

변혁적 리더십이란 리더와 구성원간에 거래적 교환관계의 수준을 넘어서서,

미래의 비전을 향해 이해관계를 넘어서는 가치의 실현에 참여하고 내면적 동기수준을 높여 조직의 변화를 이끌어가는 리더십이다.

혁신에 성공한 조직의 구성원들은 조직의 성공을 자신의 성공과 동일시하고 조직의 비전실현에 몰입하였다. 그러므로 리더는 구성원들에게 어필할 수 있는 카리스마를 가지고 있으며 새롭고 희망적인 미래를 제시한다. 그리고 정서적 공감의 커뮤니케이션과 개별적인 배려를 통해 비전실현과정에 대한 몰입적 참여, 리더에 대한 충성, 직무에 대한 헌신을 이끌어내는 것이 변혁적 리더십이다.

3.2. 리더특성이론에 대한 정리

우수한 리더에게 요구되는 특성(자질과 역량요소 등)들은 매우 많고 다양하다. 모든 것을 갖출 수도 없고 정확하게 선별하기도 어렵다. 다만 리더특성에 관하여 몇 가지 유념할 점을 정리한다.

① 인간은 신이 아니므로 모든 자질과 능력을 완벽하게 갖춘 만능 리더가 될 수는 없다는 점을 수긍해야 한다. 그러므로 부족한 점에 대해서도 과도한 자책을 할 것이 아니라 장점을 길러나가려는 노력이 중요한 것이다.

② 리더의 바람직한 특성에 대해 견해가 다양하고 많아서 몇 가지로 집약하기는 거의 불가능하다. 일반적으로 용기, 신념, 열정, 도덕성, 집념, 주도성, 판단력, 친화력, 침착성 등이 추천되지만 사람과 상황마다 더욱 중요한 특성요인들을 가려서 볼 수밖에 없다.

③ 리더에게 요구되는 자질과 역량 등은 조직특성에 따라 달라진다. 가령 군대의 지휘관, 공공기관의 책임자, 회사의 경영자, 학교의 교장이나 담임교사, 학생회의 간부, 종교기관의 지도자, 체육지도자, 취미클럽의 리더 등에게 모두 동일한 자질과 역량이 요구되는 것이 아니라 그 상황에 더욱 적합한 자질과 역량이 요구되는 것이다.

④ 리더십은 몇 가지 특성이라도 강하게 가졌을 때 더욱 선명하게 발휘되는 경향이 있다. 철저하게 업무를 챙긴다든지, 배짱이 두둑하고 대범하다든지, 결단력이 있다든지, 포용력과 친화력이 강하다든지, 매우 엄정하다든지 하는 그런 특성들이다. 그런 강한 특성들이 그 사람의 카리스마가 될 수 있다. 그러므로 모든 요인들 다 갖추려고 하는 것보다 중요한 몇 가지 장점이 되는 개성적 특성을 강하게 배양하는 노력이 필요하다. 특히 결정적인 단점은 반드시 보완해야 하지만 장점을 더욱 강한 강점으로 배양하는 노력이 더욱 중요하다.

⑤ 군 초급간부와 관련해서는 세 가지 질문에 대해 생각할 필요가 있다. 첫째는 우수한 초급간부들에게는 어떤 리더십특성(자질과 역량)이 요구되는가? 둘째는 자신은 그러한 자질과 역량을 어떻게 개발할 것인가? 셋째는 자신의 카리스마적인 우수하고 강한 특성을 어떻게 정립하고 갖추어나갈 것인가? 군이나 병과 등에서 설정한 요인들에 대해 능력을 꾸준히 연마하고 자신의 리더십장점을 배양하는 노력을 지속해야 할 것이다.

스톡데일 패러독스

기업을 연구해보면 모두 한 결 같이 성장의 길목에서 심각한 역경을 겪는다. 성공한 기업의 경영진은 강력한 이중 심리로 대처했다. 한편으로는 냉혹한 현실을 받아들이고 다른 한편으로는 최종 승리에 대한 확고한 믿음을 다졌다. 우리는 현실인정과 성공믿음의 이중성을 '스톡데일 패러독스(Stockdale Paradox)라고 부른다.

미국 스톡데일(Jim Stockdale) 장군은 베트남 전쟁당시 '하노이 힐턴' 포로수용소에서 1965년부터 1973년까지 8년간 갇혀 고문을 당하면서 견뎌내고 살아남았다. 석방된 이후에 그의 생존과정은 큰 관심이 되었다. 그는 죽어간 포로들은 상황을 단순하게 낙관하였기 때문에 오래 견뎌내지 못했다고 했다. 단순한 낙관주의자들이란 크리스마스 때까지는 석방될 거라고 믿다가 크리스마스가 지나면 다시 부활절을 기다리고 다음에는 추수감사절을 기다리고... 그러면서 수용소의 형편없는 음식은 먹지도 않고 몸은 쇠약해지고 상심하다가 죽어간 것이다.

그렇다면 살아남은 사람들은 어떻게 하였는가? 두 가지 이유가 있는데, 하나는 결국에는 성공하여 살아남을 것이라는 승리에 대한 확고한 믿음이었다. 그들은 상황을 낙관하지 않았다. '크리스마스까지 나가지 못할 것이다. 부활절이라고 기약할 수 없다. 그러나 결국은 이길 것이다.'

다른 하나는 냉혹한 현실을 받아들이면서 대비하는 것이었다. 비위생적이고 영양가 없는 음식이라도 먹어야 하고 좁은 수용소에서나마 운동하며 체력을 유지해야 오래 견딜 수 있다는 것이다.

스톡데일 패러독스는 자신의 삶을 이끄는 경우이든 다른 사람들을 이끄는 경우이든 역경을 극복하는 위대함의 징표인 것이다.

- Jim Collins, 「Good to Great」 중에서-

리더특성 진단실습

리더의 특성을 진단해 보자. 가까이 관찰할 수 있는 상관, 대학생의 경우 학과나 동아리 대표 등을 대상으로 진단해볼 수 있다. 물론 자기 자신의 특성을 비추어보아도 좋을 것이다.

(1) 일반적인 리더십요소의 진단

※ 직접 경험한 사례 및 평소 언행을 판단하여 해당란에 점수를 부여한다.

측정하고자 하는 대상 (   )

매우 그렇지 않다	그렇지 않은 편	보통	그런 편이다	매우 그렇다
1점	2점	3점	4점	5점

번호	리더특성 설명	점수
1	(신념) 가치관에 대한 믿음이 확고하고 이루어내려는 굳은 의지가 있다.	
2	(추진력) 한 번 결심한 일은 어려움이 있더라도 끈질기게 이루어낸다.	
3	(도덕성) 법률적·사회적·윤리적으로 비난받을 일은 하지 않는다.	
4	(친화력) 사람들과 친밀한 인간관계를 만들고 유지하는 능력이 있다.	
5	(주도성) 인간관계/의사결정에서 자신의 의지대로 분위기를 이끌어간다.	
6	(침착성) 급박한 상황에서도 당황하지 않고 침착하며 사태를 파악한다.	
7	(열정) 하고자 하는 일에 흥미를 가지고 몰입하여 수행하는 에너지가 있다.	
8	(판단력) 복잡하거나 어려운 상황에서도 사태를 정확히 진단한다.	
9	(융통성) 고정관념에 사로잡히지 않고 상황에 맞게 새로운 대안을 실행한다.	
10	(책임감) 임무와 사람에 대해 할 바를 다하고 잘못에 대한 책임을 감당한다.	

총점 : ()점

☞ 판단

- 우수함(합산점수 41점 이상), 보통(30점~40점), 미흡함(29점 이하)
- 총점으로만 판단하지 말고 개별항목들의 점수에도 관심을 가지기 바람.

• 자료: 필자가 구성하였음.

(2) 카츠와 만의 리더십 역량 측정표

카츠와 만(Katz & Mann)의 연구에서 제시한 실무전문기술과 대인관계기술 및 개념적 기술을 진단한다. 주위의 리더나 자신을 대상으로 진단해 볼 수 있을 것이다. 아래 설문의 설명에 대해 가장 적합한 점수를 부여한다.

측정하고자 하는 리더 (　　　　　　)

매우 그렇지 않다	그렇지 않은 편	보통	그런 편이다	매우 그렇다
1점	2점	3점	4점	5점

번호	설문	점수
1	구체적이고 효과적인 직무수행방법을 배우는 것을 좋아한다.	
2	자신의 생각을 다른 사람들이 어렵지 않게 잘 받아들이도록 한다.	
3	추상적인 아이디어와 관련된 일들을 즐겨 수행한다.	
4	업무현장의 실무기술과 관련된 일은 즐겁게 수행한다.	
5	다른 사람들을 이해하는 것이 매우 중요한 일이라고 생각한다.	
6	'큰 그림'을 그리는 일(기획 등 포괄적 전망)을 어렵지 않게 해낸다.	
7	개념적인 일들보다 실제적인 현장의 일들이 잘 되게 하는 일을 잘 한다.	
8	주요 관심사는 원활한 의사소통을 위해 협력적 분위기를 조성하는 것이다.	
9	복잡하게 얽힌 조직문제를 풀어가는 일에 흥미를 느낀다.	
10	지시대로 일하고 서식대로 서류를 작성하는 일은 즐겁게 잘 해낸다.	
11	구성원 간에 교류하는 관계를 이해하는 것을 매우 중요하게 생각한다.	
12	조직성장을 위한 방안을 수립하여 실행에 옮기는 일을 좋아한다.	
13	자기에게 부여된 실제 업무상의 실천과제들을 능숙하게 잘 완수한다.	
14	구성원들이 협동적으로 일하도록 하는 것에 관심을 가지고 실행한다.	
15	조직의 사명/비전을 설정하는 일을 가치 있게 생각하며 실행한다.	
16	부여된 과제들을 수행하고 문제를 해결할 실질적인 방법들을 알고 있다.	
17	의사결정이 다른 사람들에게 미칠 영향을 고려하면서 의사결정을 한다.	
18	조직의 가치와 비전을 세우고 실천하는 일을 보람 있게 수행한다.	

☞ 판단 : 다음 표의 점수를 보고 역량을 진단한다.

역량구분	해당 문항	개수	총점	평균	판단
실무전문기술	1, 4, 7, 10, 13, 16	6			•높음; 3.5점 이상 •중간; 2.5점~3.5점 •낮음; 2.5점 미만
대인관계기술	2, 5, 8, 11, 14, 17	6			
개념적 기술	3, 6, 9, 12, 15, 18	6			

•자료 : P.G Northouse, Leadership, 4th ed, 김남현(역), 「리더십」, 2009, 85~87쪽. 측정의도에 맞도록 필자가 문장을 일부 수정하였음

(3) 서번트 리더십 진단

측정대상 리더 (   )

※ 인용한 자료에서 서번트 리더십의 중요 실천요인들은 정직, 겸손, 섬김, 배려 등인데, 이 중에서 '섬김' 요인만 진단함. 아래 설문을 읽고 가장 적절한 점수를 부여한다.

매우 그렇지 않다	그렇지 않은 편	보통	그런 편이다	매우 그렇다
1점	2점	3점	4점	5점

대상 리더 (   )

번호	진단설문	점수
1	하급자들이나 능력이 부족한 사람이라도 인격과 의견을 존중해 준다.	
2	구성원들이 자신을 이용하려 하더라도 그들이 일을 잘하게 도우려는 자세를 유지하려고 한다.	
3	구성원들 또는 다른 사람들과 일할 때 일이 잘 될 수 있다면 기꺼이 개인적 희생을 감수한다.	
4	구성원들이 부당한 비난과 반대를 하더라고 수용하고 감당해서 일을 잘 해내려는 자세를 갖추고 있다.	
5	리더의 자리는 높은 지위가 아니라 책임감이 막중한 자리라고 생각한다.	
6	남들의 봉사를 받는 것보다 남들에게 봉사하는 것을 편안하게 생각한다.	
7	자신의 이익보다 함께 일하는 사람들의 이익을 위해 일하려 한다.	
8	다른 사람들을 더 잘 섬기며 그들을 성공시키는 것을 보람으로 생각한다.	
9	다른 사람들에게도 서번트 리더가 되라고 영감을 준다.	
10	함께 일하는 사람들의 성별, 종교, 신분 등을 중요하게 생각하지 않는다.	

•자료: "서번트 리더십 체크리스트', 「리더피아」, 2007. 4.

☞ 판단 : 총점과 평균점수를 산출한다.

구분(문항수)	총점	평균	판단(평균점수)
10개 항목			• 매우 높음; 4.0 이상 • 높음; 4.0~3.5 • 보통; 3.5~3.0 • 낮음; 3.0~2.0 • 매우 낮음; 2.0 미만

(4) 변혁적 리더십 수준 진단

자신 또는 다른 리더를 대상으로 각 문항의 가장 적절한 점수를 부여한다.

매우 그렇지 않다	그렇지 않은 편	보통	그런 편이다	매우 그렇다
1점	2점	3점	4점	5점

측정대상 리더 (   )

번호	리더십 행동	점수
1	구성원들이 리더로서의 느낌을 멋지고 좋게 인식하도록 노력한다.	
2	우리가 무엇을 왜 해야 하는지를 정확하고 분명하게 표현한다.	
3	구성원들이 조직과 과업의 문제점을 새로운 방식으로 생각하도록 만든다.	
4	구성원들이 스스로를 개발해 나가도록 돕는다.	
5	구성원들이 성과에 따른 보상을 받기 위해 무엇을 해야 하는지 알려준다.	
6	구성원들이 업적기준을 충족하였을 때는 만족감을 표현한다.	
7	구성원들이 기존 방식이나 자기 방식대로 업무를 수행해도 개의치 않는다.	
8	구성원들이 리더를 완전히 신뢰한다고 믿도록 한다.	
9	구성원들에게 임무완수 등의 동기부여를 감성적으로 호소력 있게 표현한다.	
10	복잡하고 어려운 문제에 대해 새로운 시각으로 보는 방법을 알려 준다.	
11	구성원들의 직무수행상태에 대해 리더로서의 생각을 알려 준다.	
12	구성원들이 과업목표를 달성했을 때 인정해 주고 보상해 준다.	
13	일이 적정한 수준으로 되어가고 있다면 현행방식을 바꾸지 않는다.	
14	과업의 판단이나 수행방식 등 대체로 담당자에게 위임하고 맡기는 편이다.	
15	구성원들이 리더와 함께 일하고 있다는 것을 자랑스럽게 생각하게 한다.	
16	구성원들이 자신이 하는 일에서 의미와 가치를 찾도록 만든다.	
17	구성원들이 의문을 갖지 않았던 일에 대해서도 새로운 시각에서 생각하도록 한다.	
18	구성원들 개개인의 상태를 판단하여 개인적인 관심을 표명한다.	
19	구성원들이 업적에 대해 받는 보상이 적절한지에 대해 관심을 갖는다.	
20	구성원들이 업무수행에서 알아야 할 기준들을 미리 또는 사후에 알려준다.	
21	리더로서 구성원들에게 꼭 필요한 것만 최소한으로 요구한다.	

☞ 개별요인들의 진단

7요인	문항번호	측정점수	판단기준	판단
카리스마	1, 8, 15		강함; 15점~12점 보통; 11점~7점 약함; 6점~3점	
영감적 동기부여	2, 9, 16			
지적 자극	3, 10, 17			
개별적 배려	4, 11, 18			
업적-보상	5, 12, 19			
예외의 관리	6, 13, 20			
방임/비거래	7, 14, 21			

☞ 종합적 리더십 유형 진단

• 위 표의 해당요인들의 점수를 합산한 후 문항수로 나누어 평균값을 구한다.

리더십 유형	요인	문항수	평균값	판단기준	판단
변혁적 리더십	카리스마 ~ 개별적 배려	12		·강함; 3.5점 이상 ·약함; 2.5점 이하	
거래형 리더십	업적-보상, 예외의 관리	6			
방임형 리더십	방임/비거래	3			

자료: Bass, B.M. & Avolio, B.J.(1992), Multifactor Leadership Questionnaire, Center for Leadership Studies. 본 교재의 내용에 적절하도록 문장을 일부 구체화하고 수정하였음

제5장

리더십이론II 리더십 행동이론

1. 리더십 행동이론의 의미와 다양한 견해

1.1. 리더십 행동이론의 의미

사람들은 나름대로의 행동스타일이 있다. 그러한 스타일을 리더에게 적용하면 리더의 행동유형이 된다. 가령 의사결정을 할 때 구성원들과 협의하는 리더도 있고, 자기 판단대로 밀어붙이는 리더도 있다. 리더들의 행동스타일을 분류하고 어떤 행동유형이 조직성과에 바람직한가를 밝히고자 하는 이론을 리더십 행동이론(Leadership Behavior Theory) 또는 리더행동이론이라고 한다. 대략 1930년대부터 미국에서 연구되었는데 그 배경은 다음과 같다.

① 리더특성 중에 성격이나 가치관 등 인간 내면의 특성들을 정확하게 아는 것이 어렵다는 점이다. 외면적 언행을 통해 추정하는데 내면의 태도와 외적인 행동이 일치하지 않은 경우도 많기 때문이다.[38] 외면적인 행동은 관찰이 쉬우므로 이를 토대로 리더의 유형을 구분하는 것이 가능하다는 것이다. 또한 구성원들이 영향을 받는 것은 결국 리더의 외면적 언행이므로 리더십의 탐구에는 리더의 행동연구가 더욱 적절하다는 것이다.

38) '열길 물속은 알아도 한 길 사람 속은 알기 어렵다'라는 속담이 이를 대변하고 있다.

② 리더십개발에 도움이 된다는 점이다. 성격이나 가치관 등 사람의 내면적 특성은 한 번 형성되면 수정하기가 매우 어려운데 비해 행동은 상대적으로 수정하기가 쉽기 때문이다. 가령 내성적인 성격을 고치기는 어렵지만 상황에 따라 외향적인 행동을 하는 것은 덜 어렵다는 것이다.

③ 심리학에서 행동주의(Behaviorism)가 유행하면서 환경조건을 통해 행동을 변화시킬 수 있다는 이론적 기초가 제공되었기 때문이다.

리더십 행동이론이 밝히고자 하는 것은 다음과 같은 것들이다.

① 리더들의 다양한 행동들을 관찰하여 행동리스트를 만들고 이를 측정하는 척도를 만드는 것이다.

② 리더의 행동을 유형으로 분류하고 어떤 유형이 조직성과에 효과적인 유형인가를 밝히는 것이다.

③ 교육훈련 등을 통해 효과적인 리더행동을 개발하는 것이다. 그러므로 '리더는 선천성을 타고 난다'라는 가정에 무게를 두었던 특성이론에 비해 리더십 행동이론은 '리더는 교육훈련 등의 개발을 통해 만들어 질 수 있다'는 전제에 더 많은 무게를 두고 있다.

리더십 행동이론은 리더특성이론과 더불어 리더를 분석하는 가장 중요한 방법인데, 핵심은 리더의 어떤 행동스타일이 더욱 효과적인가를 규명하는 것이다. 그리고 모든 상황에서 보편적으로 효과적인 유형을 발견하고자 하였지만, 사실상 불가능하다는 것을 인식하면서 상황이론으로 발전된다.

1.2. 다양한 견해들

리더의 행동 유형에 대한 견해들은 매우 다양하다. 학술적인 연구에 의한 유형분류도 있고 사회적으로 특징을 말하는 유형분류도 있다. 몇 가지 유형분류의 예를 살펴본다.

- **아이오와 대학교의 연구** 권위형과 민주형 및 방임형 리더 등 세 유형으로

분류하였다.

- **오하이오 대학교의 연구** 구조주도(리더가 구성원들의 과업과 역할을 규정하고 표준을 설정하여 주도하며 이끌어가는 행동)와 배려(리더가 우호적인 태도로 구성원을 신뢰하고 지원하며 원만한 인간관계를 유지하면서 과업을 수행하는 행동)의 두 유형으로 분류하였다.
- **하우스(House, 1971)** 그의 경로-목표이론(Path-Goal Theory)에서 지시적 리더십(구체적 지침과 표준 및 직무를 명확히 하여 이끌어가는 리더십, 구조주도와 유사), 지원적 리더십(부하의 욕구와 복지에 관심을 쓰며 만족스런 인간관계를 강조하면서 후원적 분위기 조성에 노력하는 리더십, 배려 또는 종업원지향적 리더십과 유사), 참여적 리더십(구성원들과 정보를 공유하며 참여기회를 주는 리더십), 성취지향적 리더십(도전적 과업목표를 설정하고 성과개선을 강조하며 구성원들의 능력발휘를 격려하고 자율적 실행기회를 부여하는 리더십)으로 분류하였다.
- **허시와 블랜차드(Hersey & Blanchard, 1982)** 지시형(높은 과업행동-낮은 관계행동) 코치형(높은 과업행동-높은 관계행동), 지원형(높은 관계행동 - 낮은 과업행동), 위임형(낮은 관계행동-낮은 과업행동)의 네 유형으로 분류하였다.
- **LG경제연구원[39](2007)** 리더와 부하 직원 간에 인식의 차이를 만드는 네 가지 유형으로 유아독존적 귀머거리 리더, 정보를 숨기고 내면의 의도를 알 수 없게 하는 지나친 과묵형의 리더, 구성원들과 눈높이를 맞추지 못하는 리더. 소통이 부적절한 미스 커뮤니케이터형 리더 등으로 분류하였다.
- **비학술적 견해들** 학술적 연구는 아니지만 사회적으로 분류하는 유형들이 있다. 예를 들면 똑부형(똑똑하고 부지런한 리더), 똑게형(똑똑하고 게으른 리더), 멍부형(멍청하고 부지런한 리더), 멍게형(멍청하고 게으른 리더)과 같은 분류 등이다.

---

39) LG경제연구원, 한상엽, '인식의 차이를 만드는 리더의 유형', 2007. 2. 6.

2. 리더십 행동이론의 주요연구

2.1. 아이오와대학교의 연구 : 민주형·권위형·위임형

미국 아이오와(Iowa) 대학교의 레윈(Lewin) 교수팀은 초등학생들을 대상으로 교사의 지도스타일에 따라 어떠한 행동과 학습성과를 보이는가를 실험적으로 연구하였다.40) 이 실험에서는 3명의 대학생을 교사로 훈련시켜 각각 권위형(authoritarian)과 민주형(democratic) 및 방임형(laissez faire)의 리더십 행동을 하도록 하고 어떤 리더십이 가장 효과적인지를 탐색하였다.

- **권위형 리더십** 명령적이고 의사결정에 학생들의 참여를 허용하지 않는 독단적 스타일로서, 공작수업은 학생들이 교사의 지시에 복종하며 수행한다.
- **민주형 리더십** 수업진행에서 학생들의 의견을 반영하는 참여적인 집단토의와 의사결정를 권장하고 교사의 강제보다는 학생의 자발적 참여를 유도한다.
- **방임형 리더십** 수업진행에서 교사의 지시나 통제 등의 개입을 최소화하고 학생들에게 거의 완전한 자율권을 주는 유형이다.

학생들을 세 집단으로 나누어 6주마다 선생님이 바뀌는 순환교육을 받으며 세 유형의 교사의 지도를 경험하였다. 학생들에게 주어진 과제는 물건(가면, 모형비행기, 장식, 비누조각품 등)을 만드는 것이었고, 연구팀은 학생들의 과제수행성과와 만족도를 측정하였다. 세 리더십 유형의 효과에 대한 연구결과는 표 5.1과 같다.

---

40) ① Lewin. K., Lippitt R.(1938), "An experimental approach to the study of autocracy and democracy", Sociometry, 292-300. ② Lewin. K., Lippitt R., and White R. K.(1939), "Patterns of aggressive behavior in experimentally created social climates", Journal of Psychology, 271-301.

표 5.1 미국 아이오와 대학교의 연구결과

민주형	·교사(리더)에 대한 호감을 가짐 ·학생들간의 협동성과 의견교환 및 공동체 의식이 증가함 ·교사의 부재시에도 학생들의 작업계속, 자발성과 창의력의 증가 ·작업의 양이 권위형보다 많은 것은 아니나 질이 우수함
권위형	·교사(리더)에 대한 반감을 보이는 경향 ·협동성과 의견교환 및 공동체 의식 약화. 학생간의 적대감과 공격성 경향 ·학생들의 자발성은 약화되고 교사(리더)에 대한 의존성이 증가 ·교사 부재시에 좌절감을 느낌, 작업의 양은 많으나 질이 다소 떨어짐
방임형 (위임형)	·교사(리더)를 타인시함 ·협동성과 의견교환이 미약하며 독자적 행동이 증가함 ·낭비 및 파손품이 많고 정돈상태가 좋지 않음 ·개성은 표현하나 작업분위기가 산만하고 혼란스러움

학생들은 민주형 스타일의 교사에게 가장 만족하였다. 작업성과에서는 민주형 리더십이 우수한 성과를 보이는 경우가 많았지만, 상황에 따라 권위형과 민주형 리더십 간의 우열이 비슷하거나 엇갈리는 경우도 많았다.

이 연구는 민주적 리더십의 중요성을 퍼뜨리는 하나의 계기가 되었다. 그러나 민주형 리더십이 일반적으로 바람직하고 효과적이지만 모든 상황에서 가장 효과적인 것은 아니라는 점을 유념할 필요가 있다. 상황에 따라 각 유형이 더욱 효과적일 수 있는 경우들이 있다.(표 5.2 참조)

표 5.2 민주형·권위형·방임(위임)형 리더십의 효과적인 상황의 예

민주형	·조직문화가 개방적이고 구성원들은 유능하며 참여욕구가 강할 때 ·의사결정을 위해 중지를 모을 수 있는 시간적 여유가 있을 때 ·의사결정후에 구성원들의 적극적인 실천이 요구될 때
권위형	·구성원들의 판단능력이 낮아서 리더에게 의존적일 때 ·시간이 급박하여 중지를 모을 시간이 부족할 때 ·민주적 절차가 혼란과 갈등을 일으켜 상황을 악화시킬 수 있을 때
방임형 (위임형)	·구성원들이 업무영역의 전문적 지식과 경험이 풍부할 때 ·구성원들의 자율욕구가 강하고 자율팀이 형성되어 있을 때 ·구성원들의 자율역량을 배양하기 위해 자율경험이 필요할 때

자료 : 박유진과 김태형(2014),「리더십 이해·진단·개발」, 양서각, 87쪽.

2.2. 오하이오대학교의 연구 : 배려형 · 구조주도형

오하이오 주립대학교(OSU : Ohio State Univ.)의 경영연구소는 1945년부터 '리더들이 구성원들을 통솔할 때 어떻게 행동하는가?'를 연구하기 위해 다양한 조직에서 리더들의 행동들을 상세한 부분까지 직접 관찰하고 조사하였다. 이를 바탕으로 유사한 행동들을 분석하고 정리하여 리더행동유형을 구분하였다. 최종적으로 분류한 결과 과업의 주도에 중점을 두는 구조주도 행동과 인간관계의 유지와 증진에 중점을 두는 배려행동 의 두 범주로 유형화하였다.

- **구조주도(initiating structure)** 조직목표를 달성하기 위해 구성원들의 역할을 규정하여 이끌어가는 행동을 말한다. 리더가 표준을 설정하여 준수할 것을 강조하며, 목표와 과업을 할당하고 실행과정을 통제하는 등 리더가 업무수행을 주도하는 과업중심적 행동이다.

- **배려(consideration)** 리더가 우호적인 태도로 구성원을 신뢰하고 지원하며, 복지나 개인문제에 관심을 가지고 원만한 인간관계를 유지하면서 과업을 수행하도록 하는 인간중심적 행동을 말한다.

  리더들은 하나의 유형행동만을 선택하는 것이 아니라 동시에 두 유형의 행동을 할 수도 있다.

  (**참고** 미국 미시건대학교의 리커트교수팀은 유사한 연구를 하였다.[41]) 리더의 두 행동 유형은 과업지향적 행동과 종업원지향적 행동이었다.)

- **과업지향적 행동(job-centered behavior)** OSU의 구조주도행동과 유사하다. 핵심요소는 목표강조와 과업촉진 행동이었다.

- **종업원지향적 행동(employee-centered behavior)** OSU의 배려행동과 유사하다. 핵심요소는 리더의 지원과 상호작용의 촉진이었다.

---

41) Michigan대학교의 연구를 주도한 Likert가 연구결과를 정리한 New Patterns of Management (1961)는 리더십 행동이론의 중요한 연구업적으로 평가받고 있다.

구조주도형(과업중심형)과 배려형(인간중심형)의 효과성에 관한 연구결과는 다음과 같았다.

① 리더의 배려와 구조주도 행동이 모두 높을 경우 다른 경우에 비해 성과와 구성원의 만족이 가장 높았고, 두 행동이 모두 낮을 경우는 구성원의 만족과 성과가 가장 낮았다.

② 배려형의 리더 밑에 있는 하급자들은 리더 만족도가 상대적으로 높았다. 대체로 리더가 중간 정도의 배려적인 사람이면 만족하는 경향을 보였다.

③ 구조주도형 리더 밑에 있는 하급자들의 이직과 고충호소가 상대적으로 높았지만 상급자가 동시에 배려적인 경우에는 문제가 되지 않았다.

④ 전체적으로는 배려적인 리더가 부하의 만족도와 과업성과에서 더 나은 경향을 보였지만, 과업성과에서 일관된 것은 아니었다.

일반적으로 인간적인 배려를 통해 리더십을 발휘할 때 구성원들의 리더에 대한 만족도가 높았다. 그러나 리더가 우유부단하고 구성원들에게 지나치게 의존하거나 결단력이 부족하고 집단성과가 나빠지게 되면 만족도가 낮아진다. 오히려 과업중심으로 리더십을 발휘하더라도 집단성과가 우수하여 구성원들에게 보상이 증가하면 만족도가 높아지는 경우가 많다.

참고자료 : 상관이 부하의 체면을 손상하거나 세워주는 언행들

❍ 상관이 부하의 체면을 손상하는 행위

• 능력체면을 손상하는 언행

1. 공개적인 자리에서 업무능력을 질책함
2. 업무능력을 다른 사람과 비교하거나 직급과 학력 등에 빗대어 질책함
3. 대체적으로 업무와 관련한 능력이나 지식을 무시함
4. 업무의견을 반박하거나 묵살함
5. 업무에 관한 자율권을 잘 부여하지 않음
6. 업무결과를 잘 수용하지 않음
7. 납득할만한 이유 없이 업무에서 제외함

• 인격체면을 손상하는 언행

8. 인사할 때 답례를 건성으로 하는 등 바람직하지 않은 언행
9. 정식호칭 대신 "야", "너", 또는 불쾌한 별명을 부름
10. 인격모독적인 발언이나 욕설을 함
11. 외모나 음주 등과 업무와 무관한 문제에 불쾌한 언행을 함
12. 보고내용을 믿지 않거나 도덕성을 의심하는 언행을 함
13. 사적인 사항을 공개적으로 비방함
14. 도덕성을 가정교육이나 학력 등에 빗대어 질책함

• 권위체면을 손상하는 언행

15. 하급자들 앞에서 질책을 하거나 망신을 줌
16. 직급 등에 어울리지 않는 사적인 잔심부름이나 사소한 일을 시킴
17. 직급이나 직책에 맞게 존중해 주지 않음

❍ 부하의 체면을 세워주는 언행

• 능력체면을 세워주는 언행

1. 공개적인 자리에서 업무능력을 칭찬함
2. 직급이나 학력 등을 고려하여 능력이 우수하다고 칭찬함
3. 내가 담당하는 부서 혹은 부하들을 칭찬함
4. 업무능력을 신뢰하여 자율권을 최대한 부여함
5. 보고서 등에 대해서 신뢰하고 수용함
6. 중요업무를 우선적으로 부여하여줌

7. 의견을 존중하고 반영하여줌
8. 업무노력을 인정해 주고 격려해줌

• 인격체면을 세워주는 언행

9. 인사할 때 정중한 답례와 같은 좋은 언행을 보여줌
10. 함부로 말하지 않고 존중해서 말을 함
11. 사적인 애로사항이나 경조사에 대하여 잘 배려함
12. 다른 사람이 나를 비방하거나 질책할 때 나를 옹호하여줌
13. 실수에 대해 질책하지 않고 격려해줌
14. 공개적인 자리에서 도덕성이나 성격 등의 장점을 칭찬하여줌
15. 개인적으로 신뢰한다는 말을 자주하여줌

• 권위체면을 세워주는 언행

16. 부하들 앞에서 나를 자주 칭찬하여줌
17. 실수에 대해서 개별적인 자리에서 충고하여줌
18. 내가 부서에서 중요한 인물이며 나의 업무가 중요함을 언급함
19. 부하들 앞에서 나에 대한 호칭이나 용어를 가려 사용함
20. 나를 거치지 않은 부하의 보고를 수용하지 않고 나를 거치도록 함
21. 직급이나 직책을 고려하여 대체적으로 존중해줌

자료 : 박오수 외(2008), "부하체면에 영향을 미치는 상사행위의 구성개념 및 측정에 관한 연구", 한국인사조직학회.

2.3. 블레이크와 무튼의 관리격자와 다섯 유형

블레이크와 무튼(Blake & Mouton)은 OSU의 리더유형 분류를 기초로 하여 리더의 행동유형을 분석하는 '관리격자(Managerial Grid)모형'을 제시하였다.[42] 이 모형은 〈그림 5.1〉과 같이 수평축에 과업중심의 구조주도행동을 의미하는 '생산에 대한 관심(concern for production)'을, 수직축에 인간중심의 배려행동을 의미하는 '인간에 대한 관심(concern for people)'을 설정하고 그림 5.1과 같이 리더를 다섯 유형으로 분류하고 있다.

그림 5.1 관리격자와 리더 행동유형

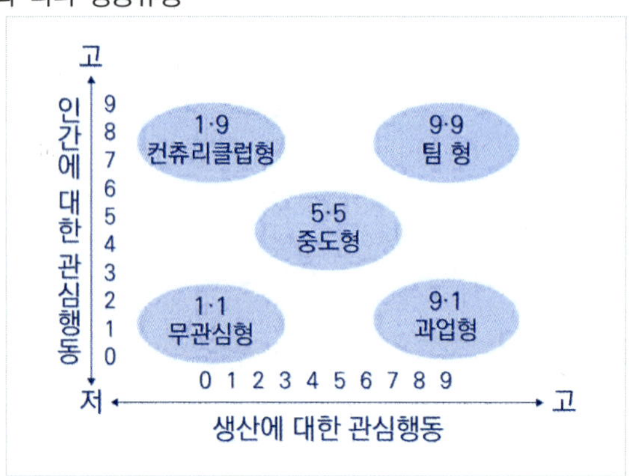

- **생산에 대한 관심행동** 구조주도 및 과업지향행동과 유사하며, 리더가 정책결정, 신제품개발, 생산과정상의 문제해결, 작업분담, 판매량 관리 등에 관심을 가지고 강조하는 행동을 말한다.

- **인간에 대한 관심행동** 배려 및 종업원지향적 행동과 유사하며, 리더가 헌신과 신뢰의 구축, 종업원들의 개인적 가치의 실현, 좋은 작업환경의 제공, 공정한 임금구조의 유지, 좋은 사회적 관계의 촉진 등에 관심을 가지고 강조하는 행동을 의미한다.

관리격자를 이용하여 분류한 리더유형들의 특징은 다음과 같다.

---

42) Blake, R.R. & Mouton, J.S.(1964), 「The Managerial Grid」, Houston, TX: Gulf Pub

① **무관심형(1·1)** 업무성과와 구성원과의 인간적 관계에 대한 양면 모두에 관심을 행동으로 거의 표현하지 않으며, 구성원들의 업무과정에 개입을 최소화하는 방임적 리더십 형태이다.

② **컨트리 클럽형(1·9)** 배려 및 종업원지향적 행동과 유사하다. 과업보다 구성원과의 인간적 관계에 관심을 많이 표현하고 인화중심의 조직분위기를 통해 과업목표를 달성하려고 한다.

③ **과업형(9·1)** 컨트리 클럽형과 반대의 유형으로 과업성과에 대한 관심을 집중적으로 보이면서 인간적 관심은 잘 표현하지 않는다. 구조주도 및 과업중심적 리더십 유형과 유사하다.

④ **중도형(5·5)** 과업성과와 인간관계의 두 측면에 대해 중간정도의 수준에서 관심을 표명하는 유형이다. 극단적인 행동을 지양하고 적정수준에서의 과업과 구성원관계를 관리하는 행동을 보인다.

⑤ **팀형(9·9)** 과업성과와 구성원과의 인간관계 양면에 모두 적극적인 관심을 보이고 행동하는 유형이다. 과업목표 달성을 적극적으로 강조하고 주도하면서도 구성원들과의 인간적 상호작용을 강화하고 신뢰와 지원을 통하여 업무를 추진해 나간다.

다섯 유형 중에서 어떤 유형이 가장 효과적일까? 연구초기에는 팀형(9.9)을 가장 바람직한 유형으로, 무관심형(1·1)을 가장 비효과적인 유형으로 보았다. 그러나 후속적인 연구에서 팀형이 바람직하지만 항상 가장 효과적인 것은 아니며, 다만 리더행동개발의 이상적인 유형으로 가정한다는 점을 밝혔다.

일반적으로 과업지향 행동과 인간지향 행동을 모두 강하게 하는 것이 바람직하지만, 모든 상황에서 항상 최선의 효과를 나타내는 것은 아니라는 점을 유념해야 한다. 가령 구성원들의 업무능력과 자율성이 모두 성숙한 높은 수준이라면 오히려 관심표명을 줄이고 자율에 맡기는 무관심형(위임형)43)이 효과적

---

43) 무관심형이라고 하여 리더가 구성원의 과업성과와 인간관계에 무관심한 방임형과 같은 경

일 수 있기 때문이다.

관리격자모형은 리더십 개발을 위한 진단에 도움을 준다. 팀형을 이상형으로 가정하였을 때, 리더의 행동유형을 측정한 후 좌표를 보면 리더가 어떤 행동을 보완해야 하는지를 쉽게 알 수 있기 때문이다.

3. 리더십 행동이론에 대한 평가

리더십 행동이론은 리더십에 대한 과학적 연구의 중요한 좌표를 만들었지만, 리더의 행동스타일이 사람마다 너무 다양한데 과연 유형화할 수 있는 것인가에 대한 견해도 있다. 유형화가 곤란하다는 견해와 리더십 행동이론의 긍정적인 평가와 아울러 문제점을 살펴본다.

(1) 리더유형화에 대한 이견

피터 드러커(Peter Drucker)는 리더십유형화가 사실상 불가능하다는 견해를 가지고 있다.[44] 그는 "리더십 스타일이나 일정한 특성이란 것은 존재하지 않는다고 생각한다. 내가 50여 년간 함께 일하며 겪어본 리더들 중에는 사무실에 매여 사는 사람, 사교적인 사람, 너그럽고 편한 사람, 규율을 강조하는 엄격한 사람, 즉흥적이고 충동적인 사람, 신중한 사람, 따뜻하고 친화적인 사람, 쌀쌀한 사람, 자신의 가족에 대해서도 말하는 사람, 업무 외에는 얘기하지 않는 사람, 허영을 가진 사람, 자신을 망각하는 사람, 개인적 삶이 진지한 사람, 허세를 부리고 법석을 떠는 사람, 남의 의견을 잘 듣는 사람, 자신의 말만 하는 독불장군… 리더마다 그 특징이 너무나 다르다는 사실이다."

우만을 말하는 것이 아니다. 관심을 가지고 지켜보면서 외적으로 표명하지 않을 수도 있는데, 이런 경우는 구성원의 자율능력을 인정하고 발휘하게 하는 위임형의 성격을 지닌다.

44) 「리더십 엔진」(Tichy, 이재규 외 역, 21세기 북스, 2004), "What Makes an Effective Executive"(HBR, 2004. 6), 「리더가 되는 길」(가모루, 남상진 역, 청림, 2004)

(2) 긍정적 평가

① 추상적 의미가 많은 리더의 특성에서 관찰가능한 리더의 행동으로 연구주제를 넓힘으로써 리더십의 연구영역을 확대하였다.

② 리더의 행동을 간명하게 유형화하여 쉽게 이해할 수 있도록 했다. 리더행동의 유형들의 명칭은 다르게 쓰고 있으나 내용은 유사한 경우는 많다. 배려, 인간에 대한 관심, 종업원중심, 구성원지향, 인간관계지향 등이 동질적인 의미이고 구조주도, 생산에 대한 관심, 과업지향, 생산중심 등이 같은 의미이다.

③ 리더의 유형분류는 실용성이 높다는 점이다. 리더들에게 효과적인 행동방향을 설정하는데 도움을 줄 수 있다.

④ 리더십훈련과 개발에 실용적인 도움이 된다. 리더행동을 측정할 수 있는 모형과 도구를 개발하여 활용함으로써 리더십개발을 돕는다.

(3) 한계와 문제점

① 모든 상황에서 효과적인 리더행동유형을 찾고자 했으나 어떤 상황에서나 효과적인 유형을 찾아낼 수는 없었다. 이는 리더십 상황이론이 대두하게 되는 계기가 되었다.

② 구성원의 행동과 성과에는 리더행동 외에도 많은 변수들이 작용하고 있음에도 이들의 영향을 충분히 고려하지 못하고 있다. 리더행동이 조직성과에 미치는 과정과 결론을 쉽게 단정하기 어렵다는 것이다.

③ 리더십은 리더와 구성원간의 상호작용의 문제임에도 리더십 행동이론은 리더행동의 일방적 효과만을 다루고 있어서 연구결과의 설명력이 약하다.

④ 대부분의 유형분류가 서구중심으로 개발되어 다양한 문화권에도 그대로 적용될 수 있는가 하는 타당성의 문제가 있을 수 있다.

(4) 실천적 시사점

우리가 현실에서 리더십 행동이론을 활용하는데 있어서 시사점은 무엇일까?

① 리더십연구들은 리더를 단편적이고 간명한 유형으로 구분하였는데 리더를 해당유형으로만 단정 짓는 것은 주의해야 한다. 가령, 리더들은 민주적인 면과 권위적인 면을 함께 가지면서 정도의 차이가 있을 수도 있고, 경우마다 다른 리더십의 모습을 보일 수도 있는데, "김 대위는 민주적이고 최 대위는 권위적이야" 이런 식으로 단정 짓는 것은 편견과 고정관념을 낳을 수 있다.

② 일반적으로 바람직한 유형은 민주형, 배려형, 코치형 등이다. 다만, 그러한 리더십만이 좋은 것이 아니라 평시와 전시 등 상황에 따라 더 효과적인 리더십스타일이 있다는 생각을 하고 다양한 리더십행동을 할 수 있도록 개발하는 것이 필요하다. 특히 과업행동과 인간관계행동은 리더로서 포기할 수 없는 양 날개이다. 구체적인 행동들을 다양하게 개발하자.

③ 자신은 부하들에게 어떻게 비추어지고 있는지 피드백을 받아보자. 일반적으로 상급자들은 하급자들로부터 훌륭한 리더로 평가받고 있을 것으로 기대한다. 그러나 부하들의 설문결과를 보면 기대와 다른 경우가 많다. 자신의 행동의 긍정적인 점과 문제점을 아는 것은 개선의 기초가 된다.

④ 군의 초급간부는 유형들의 내용을 숙지하여 차차 성격이나 외모 등 자신에게 적합한 스타일을 정립해가는 것도 필요하다. 멋진 리더를 흉내 내더라도 결국은 자신의 스타일에 어울리도록 변환하여야 한다. 우수하고 효과적인 리더십은 다른 사람들을 참고하더라도 자신의 모습으로 발전해 하는 것이다.[45)]

---

45) "자신만의 리더십을 만들자", 휴넷, 2005. 3. 25.

리더가 불필요하게 말이 너무 많으면…

• 이야기의 요점이 분산되어 말하고자 하는 취지가 흐려진다.

• 듣는 사람의 집중력이 떨어져서 핵심을 놓치고 혼란스럽게 한다.

• 같은 내용을 중언부언하고 불필요한 말을 하게 된다.

• 리더의 의중을 모두 밝혀서 구성원의 의견을 차단하게 된다.

• 비밀스런 내용이나 개인의 프라이버시를 발설할 수 있다.

• 잘못된 내용을 얘기하다가 이를 바로 잡으려고 하다보면, 더욱 문제가 생기는 내용을 덧붙여 문제를 확대시키게 된다.

• 경청하지 않는 부하들에게 강압적으로 이해시키려 한다.

• 리더가 부하들을 신뢰하지 못하고 강요한다고 느끼게 한다.

• 말이 가지를 치다보면 불필요한 업무들이 늘어나게 된다.

• 말에 모순되는 내용이 포함되면 견해의 일관성을 유지하기 어렵다.

• 리더의 무게감이 떨어져서 허풍쟁이나 가벼운 사람으로 비친다.

• 부하들을 리더에게 의존적으로 만들고, 참여와 자율성을 떨어뜨린다.

• 다른 사람이 오해하거나 감정을 건드리는 내용을 말할 수 있다.

• 부하들이 리더의 이야기는 대충 듣거나 무시할 수 있다.

• 리더 스스로 자만심과 자기논리에 빠져 점점 고립될 수 있다.

-현실의 사례에서 느끼는 저자들의 생각-

리더십행동유형의 진단

(1) 민주형·권위형·방임형 리더 진단

※ 자신 또는 다른 사람을 대상으로 가장 적절한 점수를 부여한다.

매우 그렇지 않다	그렇지 않은 편	보통	그런 편이다	매우 그렇다
1점	2점	3점	4점	5점

측정대상 리더 (   )

번호	설문 내용	점수
1	사람마다 다른 개성을 지니고 있고, 존중받아야 하는 존재라고 생각한다.	
2	조직에서는 계급과 직책에 의한 위계질서를 엄격하게 세워야 한다.	
3	의견충돌이나 감정을 상하게 하는 것이 싫어서 남에게 간섭하지 않는다.	
4	여러 사람들의 의견을 들으면서 참여를 통해 합의를 이루는 것이 좋다.	
5	구성원들의 의견을 듣다보면 일이 복잡해져서 내가 결정하는 것이 낫다.	
6	사람들은 자기가 살기 위해 그냥 두어도 스스로 잘 하려는 본능이 있다.	
7	혼자 결정권한을 가지기보다는 구성원들에게 적절히 권한을 위임한다.	
8	구성원들에게 권한을 주면 내 뜻대로 안되거나 일을 그르칠까봐 불안하다.	
9	자신이 결정하면 결과에 대해 책임을 져야 하므로 각자의 판단에 맡긴다.	

☞ 판단

- 문항번호의 점수를 아래 칸에 합산한다. 단, 2, 5, 8은 역점수를 부여. (예; 5점→1점)
- 합산점수를 기준점수에 비교하여 리더유형을 판단한다.

문항번호	합산점수	기준점수	판단
1, 2(R), 4, 5(R), 7, 8(R)		21점 이상	민주형
		15점 이하	권위형
1, 3, 6, 9		14점 이상	방임형

- 기준점수로부터 편차가 클수록 해당 리더십이 강한 것임.

• 자료 : 박유진과 김태형(2014), 「리더십 이해.진단.개발」, 양서각, 92쪽.

(2) 구조주도형 및 배려형 리더유형 진단

※ 자신 또는 다른 사람을 대상으로 각 문항에서 가장 적절한 점수를 부여한다.

매우 그렇지 않다	그렇지 않은 편	보통	그런 편이다	매우 그렇다
1점	2점	3점	4점	5점

측정대상 리더 (   )

번호	설문 내용	점수
1	구성원들에 대해 업무방침이나 요구사항을 분명하게 강조한다.	
2	구성원들에 대하여 개인적인 호감을 표현하는데 주저하지 않는다.	
3	구성원들로 하여금 성과를 높이는 업무구상을 끌어내도록 노력한다.	
4	구성원들과 기쁨을 나눌 수 있는 일에 관심을 잘 쓰는 편이다.	
5	구성원들을 규정과 지시 및 감독에 의해 엄격하게 통제한다.	
6	구성원들의 문제를 구성원들의 입장에서 잘 이해해 준다.	
7	대화중에 구성원들이 자유롭게 질문하는 것을 허용하지 않는다.	
8	구성원들과의 관계를 위해 그들에게 귀 기울일 시간을 할애한다.	
9	구성원들이 잘못한 일에 대해서는 지적하고 교정하려고 한다.	
10	혼자 있기보다는 가능한 구성원들과 함께 어울리려고 노력한다.	
11	구성원들이 과업을 선택하게 하기 보다는 할당한다.	
12	구성원들의 개인적 입장과 복지에 관심을 가지고 돌본다.	
13	업무를 치밀하게 계획하며 이를 기준으로 통제하며 추진한다.	
14	구성원들에게 리더로서의 결정과 행동의 이유를 설명해 준다.	
15	구성원들의 성과를 측정하는 분명한 평가기준을 가지고 있다.	
16	어떤 문제를 결정하거나 행동하기 전에 구성원들과 논의한다.	
17	업무가 추진되고 완료되어야 할 일정의 준수를 강조한다.	
18	구성원들이 자신의 업무를 잘 수행하도록 후원하고 격려해 준다.	
19	개인보다 조직을 중시하며 표준절차에 따른 업무추진을 강조한다.	
20	구성원들을 차별하지 않고 최대한 동등하게 대우한다.	
21	조직에서 관리자 역할의 중요성을 확실히 알고 준수한다.	
22	구성원들의 업무과정이 상황에 따라 변화할 수 있음을 인정한다.	
23	구성원들에게 조직의 요구와 규정을 먼저 지킬 것을 강조한다.	
24	구성원들이나 업무관련자들에 대해 우호적이고 친근하게 대한다.	
25	구성원들에게 기대하고 있는 것이 무엇인지 명확히 알려준다.	
26	구성원들과 대화를 할 때 그들이 편한 마음을 갖도록 배려한다.	

번호	설문 내용	점수
27	구성원들이 조직목표달성을 위해 최선의 노력을 하도록 요구한다.	
28	구성원들의 제안을 장려하고 그들의 제안을 성의 있게 다룬다.	
29	구성원들의 업무가 목표달성을 지향하여 조정되기를 강조한다.	
30	구성원들에게 영향을 미칠 문제에 대해 그들의 입장을 듣는다.	

☞ 계산 및 판단

- 홀수문항과 짝수문항(각 15개)의 점수를 각각 합산한다. (점수분포:15점~75점)
- 홀수문항; 구조주도형(과업지향), 짝수문항; 배려형(인간지향) 점수임
- 강한 성향(53점 이상), 중간 성향(52~38), 약한 성향(37점 이하)

•자료: R.M. Stogdill & Coons A.E., eds.(1957), 「Leader Behavior」, Ohio State University.(김성국, 「조직과 인간행동」, 명경사, 1999). 본서의 목적에 맞게 용어 등 일부를 수정하였음.

(3) 블레이크와 무튼의 리더십 유형 진단

※ 자신 또는 다른 사람을 대상으로 각 문항에서 가장 적절한 점수를 부여한다.

• 리더유형의 관리격자 좌표진단

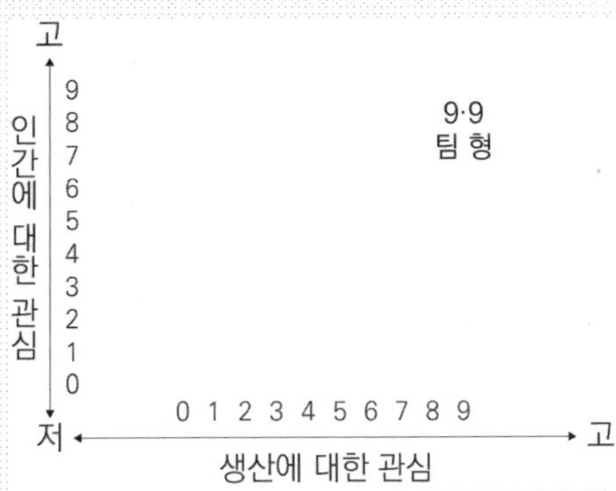

☞ 계산 및 판단

• 위 구조주도형 및 배려형 점수를 각각 확인한다. (점수분포 : 15점~75점)
• 각각에 대해 45점 이상이면 8.5를 나누고 45점 이하이면 9를 나누어 환산한다.
예 : 60점이면 60/8.5=약 7점, 27점이면 27/9=3점)
• 환산점수 : 구조주도형 점수는 '생산에 대한 관심'축에, 배려형 점수는 '인간에 대한 관심'축에 표시하여 좌표를 표시한다.
• 좌표에 표시된 위치가 리더십 행동유형의 위치이다.
• 팀형(9.9)을 향해 어떤 리더행동의 강화되어야 할 것인지를 판단한다.

☞ 참고 : 리더십유형을 간편하게 판단할 수 있도록 필자가 구성하였음.

제6장

리더십이론Ⅲ 리더십 상황이론

1. 상황이론과 상황변수의 의미

1.1. 리더십 상황이론의 의미

리더의 특성과 행동에 관한 연구는 모든 상황에서 조직성과를 높여주는 리더의 특성과 행동유형을 찾으려고 했지만, 상황에 따라 효과성이 높은 리더요인이 달라질 수 있다는 점을 인식하게 되었다.

가령 민주형과 권위형을 비교하면, 민주형이 더욱 바람직한 리더십으로 평가받지만 항상 효과적인 것은 아니라는 것이다. 가령 구성원들의 능력이 뛰어나고 시간도 넉넉한 상황이라면 민주형 리더십이 적합할 수 있지만, 구성원들의 능력수준이 낮고 시간적 여유가 부족한 상황이라면 권위형 리더십이 적합할 수 있다는 것이다. 이와 같이 상황이론은 리더에게만 초점을 두는 것이 아니라 리더십을 발휘하는 상황과의 적합성을 중시한다. 즉 리더십상황연구는 상황에 따라서 최적의 리더십유형을 찾고자 하는 것이다.

리더십 상황이론의 주된 기반은 리더십 행동이론이다. 대부분의 상황이론은 리더의 어떤 행동유형이 어떤 상황에서 더욱 효과적인지를 규명하고자 하는 것이다. 그러므로 이론의 형식은 대개 리더의 행동유형과 상황변수를 제시한

다음에 각 상황에 적합한 리더유형을 연결하는 논리로 구성된다. 상황이론은 리더와 구성원 외에 상황을 고려함으로써 특성이론이나 행동이론보다 설명력이 우수한 것으로 평가된다.

1.2. 상황변수의 이해

상황변수란 리더의 특성이나 행동의 영향력을 증가시키거나 감소시키는 변수를 말한다. 부하의 업무경험과 리더십의 효과성을 예로 들어보자. 가령, 부하의 업무경험이 풍부할 때는 위임형 리더십이 더욱 효과적이고, 부하의 업무경험이 적을 때는 지시형 리더십이 더욱 효과적이라고 한다면 '부하의 업무경험'이 상황변수가 되는 것이다. 부하의 업무경험에 따라서 효과적인 리더십이 달라지기 때문이다.

상황이론에서 고려되는 상황변수는 일반적으로 구성원의 특성(구성원의 태도, 업무경험과 숙련도, 심리적 성숙도 등)과 과업의 특성(과업의 난이도, 명확성 등), 그리고 조직의 특성(공식성, 의사결정 구조, 보상체계, 응집력 등) 등이다. 그러므로 리더십 상황이론의 연구들은 모든 상황변수를 고려하는 것은 사실상 불가능하므로 대개 한 개 또는 두 개의 상황변수를 설정하여 리더십 효과성을 연구하고 있다.

리더십 상황이론을 이해하는데 도움이 되는 몇몇 연구를 살펴보기로 한다.

2. 상황이론의 주요연구

2.1. 경로-목표이론

리더가 어떤 상황에서 어떻게 행동을 하는 것이 부하의 과업수행 동기와 만족감을 높여서 높은 성과로 연결시킬 수 있을까? 이를 설명하고자 하는 경로-목표이론(Path-Goal Theory)은 하우스(House)가 정립하였다.[46] 이 이론은 동기부

46) House, R.J.(1971), A path-goal theory of leadership effectiveness, Administrative

여이론의 하나인 기대이론(Expectancy Theory)에 기반을 두고 있다. 편의상 네 단계로 구분하여 이론의 내용을 살펴본다.

(1) **기대이론의 이해** 동기유발에 관한 기대이론의 요점을 살펴보자. 조직의 구성원들은 과업수행의 대가로 보상을 얻기를 바라면서 노력을 한다. 과업수행에서 보상은 두 단계를 거쳐 이루어진다. 즉 업무수행을 통해 성과를 달성하는 첫 단계와 과업성과를 바탕으로 보상이 주어지는 두 번째 단계이다. 즉 과업성과를 달성해야 보상이 주어진다는 것이다.

과업을 수행하면 성과를 이룰 수 있을 것이라고 믿는 과업수행자의 주관적 확률을 기대(expectancy)라고 하는데, 노력하면 확실하게 성과가 나타난다고 믿으면 기댓값은 올라가고, 노력해도 성과가 나타나지 않을 것이라고 생각하면 기댓값은 낮아진다. 가령, 중대장이 중대원들에게 사격성적 90점 이상을 획득하면 외출을 주겠다고 약속했다고 하자. 어떤 병사가 사격연습을 하면 90점을 충분히 넘을 수 있다고 생각하면 동기가 생길 것이고, 아무리 연습해도 90점이 안 될 것이라고 생각하면 동기가 잘 생기지 않을 것이다.

그리고 과업성과가 보상의 수단이 될 것이라고 믿는 과업수행자의 주관적 확률을 수단성(instrumentality)이라고 한다. 즉 사격성적 90점을 넘으면 중대장이 확실하게 외출을 보장한다고 믿을수록 동기가 커지고, 90점을 넘어도 중대장이 약속을 지키지 않을 것이라고 생각하면 동기가 작아질 것이다.

또한 제시된 보상에 대해 과업수행자가 느끼는 매력을 유인가(valence)라고 한다. 즉 외출을 나가고 싶어 하는 병사에게 외출의 유인가는 클 것이고, 외출에 대한 관심이 별로 없는 병사에게 외출의 유인가는 낮을 것이다.

그러므로 구성원의 동기수준은 $M = f$(기대치×수단성×유인가)로 표시된다. 즉 과업을 수행하면 성과를 달성할 수 있다고 믿을 때, 과업을 수행하여 성과를 달성하면 보상이 주어질 것이라고 믿을 때, 보상이 내가 얻고

Science Quarterly, 16, 321-338.

싶은 것일 때에 동기수준은 높아지고, 그 반대이면 동기수준이 낮아진다고 보는 것이다.

(2) **리더유형 분류** 경로-목표이론에서는 리더십유형을 지시형(과업주도적 리더십), 지원형(인간관계 및 배려적 리더십), 참여형(참여적 리더십), 성취형(성취지향적 리더십)의 네 유형으로 구분하였다. 네 유형의 의미는 다음과 같다.

① **지시형(directive leadership)** 구체적 지침과 표준 그리고 작업스케줄을 제공하고 규정과 직무를 명확히 해주는 리더십이다. 이는 구조주도 또는 과업지향적 리더십과 동일하다.

② **지원형(supportive leadership)** 구성원들의 욕구와 복지에 관심을 쓰며, 이들과 상호 만족스런 인간관계를 강조하면서 후원적 분위기 조성에 노력하는 리더십이다. 이는 배려 또는 종업원지향적 리더십과 동일하다.

③ **참여형(participative leadership)** 구성원들과 정보를 공유하면서 의사결정에 참여시켜 의견을 구하고 제안을 이끌어내는 등 전반적인 임무수행과정에서 참여를 통해 동기를 부여하는 리더십이다.

④ **성취형(achievement oriented leadership)** 도전적 과업목표를 설정하고 성과를 낼 수 있도록 구성원들에게 자율적 실행기회를 부여하여 적극적인 능력발휘를 격려하는 리더십이다.

리더는 이러한 네 가지 스타일 중 하나로 분류되며, 어떤 리더십 행동이 효과적인가 하는 것은 부하와 과업 등의 특성에 따라 달라진다.

(3) **상황변수의 설정** 상황변수는 두 범주인데 하나는 부하특성으로 자율성과 참여욕구, 과업능력, 도전성 등의 성격 등이다. 다른 하나는 과업특성으로 과업의 명료성과 난이도 등이다.

(4) **효과적 리더십 판단** 상황변수를 고려하였을 때 어떤 리더십이 부하들의 기대치를 높여주는가를 탐색하여 연결하는 것이다.

① 부하가 업무능력이 부족하고 과업도 분명하지 않아 일을 어려워하는 경우를 생각해 보자. 부하에게 자율적으로 과업을 수행하라고 하면 부하는 어떨까? 열심히 해도 잘 될 것 같지도 않고 성과에 자신이 없으니 보상에 대한 기대도 떨어질 것이다. 이런 상황에서는 리더가 과업의 내용을 명확히 설명하고 목표를 설정해 주며 과업수행방법을 지도하고 수시로 확인하면서 이끌어주는 **지시적 리더십**이 효과적일 것이다. 부하의 과업성과 달성에 대한 자신감이 증대될 것이기 때문이다.

② 부하가 자율의지는 다소 부족하지만 능력은 구비되어 있고 과업은 감당 가능한 수준이라면, 리더가 인간적인 격려와 후원 등의 지원적 리더십을 발휘하면서 동기부여를 할 때 부하의 자신감과 과업성과달성의 확신은 증가할 것이다. 이런 경우는 **지원적 리더십**이 효과적일 것이다.

③ 부하가 과업능력과 의지가 있고 과업은 감당할 수 있으며 의사결정과정에 능동적으로 참여하고 자기과업에 대한 결정을 스스로 하고자 하는 욕구가 강하다면 **참여적 리더십**이 부하의 과업성과달성에 대한 기대치를 높일 수 있을 것이다.

④ 부하의 과업능력이 우수하고 도전적이며 성취감을 얻고 싶어 하면서 과업은 다소 어려워도 새로운 영역이어서 도전할 가치가 있다면 **성취지향적 리더십**을 발휘하는 것이 적합할 것이다. 이런 부하에게 지시적 리더십을 발휘한다면 과업의욕을 떨어뜨리게 될 것이기 때문이다.

이상의 내용을 종합적으로 요약하면 표 6.1과 같다.

표 6.1 경로-목표 이론의 요약

<table>
<tr><th colspan="3">상황의 특성</th><th>바람직한 리더십</th><th>예상효과</th></tr>
<tr><td rowspan="2">상황 1</td><td>부하</td><td>•업무능력 저조, 경험 부족
•자신감 결여, 리더의 지도 선호</td><td rowspan="2">지시적 리더십</td><td rowspan="2">•과업수행방법 이해와 자신감 증진
•보상에 대한 기대감 증가</td></tr>
<tr><td>과업</td><td>•비구조화되고 공식적 절차 미흡
•다소 어려움</td></tr>
</table>

<table>
<tr><th colspan="3">상황의 특성</th><th>바람직한 리더십</th><th>예상효과</th></tr>
<tr><td rowspan="2">상황 2</td><td>부하</td><td>•기본적인 업무능력, 자신감 결여
•친화욕구가 강함</td><td rowspan="2">지원적 리더십</td><td rowspan="2">•리더에 대한 책임감과 친밀감을 통한 성과증진 노력
•자신감과 내적 동기 증진</td></tr>
<tr><td>과업</td><td>•구조화된 반복적 과업
•어려움보다는 과업동기 유지 필요</td></tr>
<tr><td rowspan="2">상황 3</td><td>부하</td><td>•기본적인 업무능력과 의지 구비
•결정에 참여한 일 선호</td><td rowspan="2">참여적 리더십</td><td rowspan="2">•결정참여의 책임감 증가를 통한 성과증진 노력
•성과와 보상 기대 증진</td></tr>
<tr><td>과업</td><td>•다소 비구조화 및 모호
•도전적이지는 않더라도 흥미로움</td></tr>
<tr><td rowspan="2">상황 4</td><td>부하</td><td>•자율의지와 도전적 자세
•책임감과 자신감 구비, 능력우수</td><td rowspan="2">성취 지향적 리더십</td><td rowspan="2">•자기능력발휘의 기대감 증진
•자아실현적/헌신적인 과업수행</td></tr>
<tr><td>과업</td><td>•비구조화, 어려움, 새로운 영역
•불확실성, 다른 사람들이 회피</td></tr>
</table>

자료 : 박유진(2011), 리더십 마인드&액션, 양서각, 180쪽.

2.2. 허시 등의 상황이론

허쉬와 블랜차드(Hersey & Blanchard)는 상황적 리더십이론을 발표하였다.[47] 편의상 세 단계로 나누어 살펴본다.

(1) 리더유형의 분류 리더의 유형을 그림 6.1과 같이 관계행동(relationship behavior)과 과업행동(task behavior)을 조합하여 지시형, 코치형, 지원형, 위임형의 네 유형으로 나누었다.

그림 6.1 과업 및 관계행동에 따른 리더의 네 유형

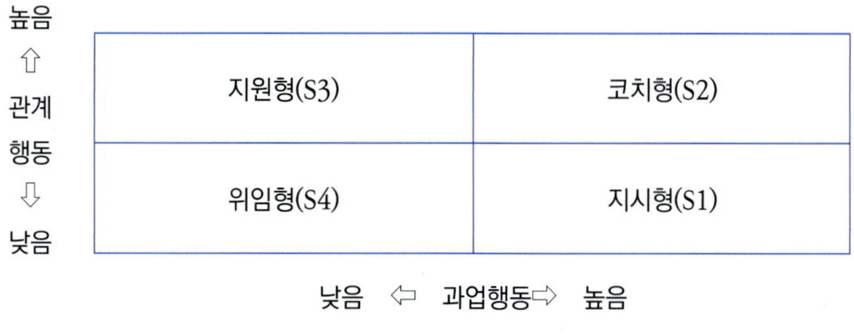

높음 ⇧ 관계행동 ⇩ 낮음

지원형(S3)	코치형(S2)
위임형(S4)	지시형(S1)

낮음 ⇦ 과업행동⇨ 높음

47) Hersey, P. & Blanchard, K.H., Life cycle theory of Leadership; Management of Organization Behavior : Utilizing Human Resource(4th ed. 1982)

① 지시형(directing/telling) '높은 과업행동 - 낮은 관계행동'을 하며, 구조주도 또는 과업지향적 리더십과 동일한 유형이다.

② 코치형(coaching) '높은 과업행동-높은 관계행동'을 하며, 블레이크와 무튼의 팀형(9.9)과 동일한 유형이다.

③ 지원형(supporting) '높은 관계행동 - 낮은 과업행동'을 하며, 배려형 또는 종업원지향적 리더십과 동일한 유형이다.

④ 위임형(delegating) '낮은 관계행동 - 낮은 과업행동'을 하며, 과업지향행동은 물론 인간관계의 지원적 행동도 적극적으로 하지 않는 유형이다.

(2) 상황변수의 설정 상황변수는 구성원의 성숙도(maturity)이다. 구성원의 성숙도는 업무능력을 의미하는 직무성숙도(job maturity)[48]와 자발적 업무의지를 의미하는 심리성숙도(psychological maturity)[49]로 구성된다.

부하의 성숙도는 직무성숙도와 심리성숙도로 구분할 수 있다. 직무성숙도는 부하가 과업수행과 관련하여 이미 많은 정보와 경험을 갖고 있는 정도를 말한다. 어떤 부하가 직무성숙도가 높다면 그 부하는 해당 업무를 능숙하게 처리할 수 있는 능력을 가지고 있는 것이다. 반면 심리성숙도는 부하의 과업 수행능력과 관계없이 그 일을 기꺼이 감당하려는 정도, 적극적으로 수행할 준비가 되어 있는가 하는 정도를 의미한다. 심리성숙도가 높은 부하는 과업수행에 대한 자발적 의지가 높아 어떤 어려움이나 장애도 잘 극복해 나갈 수 있게 된다.[50]

구성원들은 성숙도에 따라 그림 6.2와 같이 네 개의 유형으로 구분된다.[51]

48) 직무성숙도의 구성요소는 직무경험과 직무숙련 및 직무요구 이해도이다.
49) 심리성숙도의 구성요소는 책임의식과 성취동기 및 직무전념도이다.
50) 박유진 외(2012), 리더십과 상담, 91쪽~95쪽 정리
51) 구성원 유형의 명칭은 이해의 편의상 저자가 붙인 것이다.

그림 6.2 성숙도에 따른 구성원의 유형

높음 ⇧ 심리 성숙 ⇩ 낮음		
	심리성숙형(M2)	통합성숙형(M4)
	미성숙형(M1)	직무성숙형(M3)

낮음 ⇦ 직무성숙 ⇨ 높음

① M1(낮은 직무성숙, 낮은 심리성숙) 여기에 해당되는 부하는 다루기 가장 어렵다. 해당직무에 대한 경험이나 지식, 기술이 모자라고 열심히 하고자 하는 의지도 부족하기 때문에 적극적인 교육 훈련과 동기부여가 필요하다.

② M2(낮은 직무성숙, 높은 심리성숙) 이런 부하는 업무수행의지는 있으나 효과적으로 직무를 수행하는데 필요한 정보와 지식, 기술이 부족하여 성과를 잘 내지 못하는 경우가 많다. 매사 긍정적으로 열심히 하는데 성과를 가져오지 못하는 부하들이 해당된다.

③ M3(높은 직무성숙, 낮은 심리성숙) 여기에 해당되는 구성원은 과업에 대한 지식과 기술정도는 뛰어날지 몰라도 하고자 하는 열정이 부족하여 적극적인 동기부여 활동이 요구된다. 실제 입대하는 병사들 가운데 교육과 사회경험이 풍부하여 얼마든지 뛰어난 역량을 발휘할 수 있음에도 병사로 입대하였다는 것으로 소극적인 경우가 많다. 이들에게는 반복적인 업무지시가 일을 하기 싫게 만드는 부정적 영향을 미칠 수 있다.

④ M4(높은 직무성숙, 높은 심리성숙) 이 수준에 속하는 부하는 과업에 대한 지식, 경험, 기술 등이 풍부하며 열심히 하고자 하는 의지, 집중, 몰입 정도가 높은 특징이 있다. 자신의 임무에 성심을 다하고 결과까지 우수한 부하는 성숙수준 M4에 이르렀다고 볼 수 있다. 비록 병사들이 국방의무 때문에 입대했어도 나름대로 목표와 의지, 열정과 동기부여가 있다면 모두 높은 성숙도를 지닐 수 있을 것이다.

리더의 입장에서 가장 바람직한 구성원은 어떤 유형일까? 당연이 M4 유형이고 가장 바람직하지 않은 유형은 M1이다.

(3) **효과적인 리더십유형 판단** 리더의 유형은 지시형, 코치형, 지원형, 위임형이다. 리더의 유형과 구성원의 유형이 각각 네 개다. 그렇다면 성숙도에 따른 네 유형의 구성원에 각각 적합한 효과적인 리더십은 무엇일까?
허시와 블랜차드는 표 6.2와 같이 M1수준의 구성원에게는 지시형이, M2형의 구성원에게는 코치형이, M3형의 구성원에게는 지원형이, 그리고 M4형의 구성원에게는 위임형 리더십이 가장 효과적이라고 보았다.

표 6.2 구성원의 성숙도와 효과적인 리더유형

부하유형(상황변수)		리더유형
미성숙형(M1)	⇨	지시형(S1)
심리성숙형(M2)	⇨	코치형(S2)
직무성숙형(M3)	⇨	지원형(S3)
통합성숙형(M4)	⇨	위임형(S4)

① M1형의 구성원은 과업수행의 자발적 의지와 능력이 모두 부족하기 때문에 리더가 과업목표를 설정해주고 수행방법을 지도하여 주기적으로 확인하고 통제하는 지시형 리더십이 성과달성에 바람직하다.
② M4형은 스스로 과업을 수행할 의지와 능력이 있으므로 리더가 지나치게 개입하는 것이 오히려 방해요소가 될 수 있다고 보아 위임형 리더십이 적합하다고 본다.
③ M2형은 직무수행의 자발적 의지는 있으나 직무능력이 미흡하므로 적극적으로 과업을 지도하고 동시에 인간적으로 격려하는 코치형의 리더십이 바람직하다고 본다.
④ M3형은 직무능력은 있으나 자발적 의지가 약하므로 자발적 의지를 북돋

을 수 있는 인간적이고 관계지향적 행동으로서의 지원형 리더십이 적합하다고 보는 것이다.

허시와 블랜차드의 견해는 구성원들을 성숙수준에 따라 융통성 있게 리드해야 한다는 점을 알려주고 있다.

2.3. 리더십 대체이론

리더가 리더십을 발휘하지 않고 가만히 있으면 어떻게 될까? 조직성과가 전혀 나타나지 않을까? 혹은 리더십을 대체하는 요인은 없을까? Kerr & Jermier는 부하와 과업 및 조직의 특정한 조건들이 특정한 리더십 행동의 효과를 대체하거나 중화시킬 수 있다는 데에 착안하여 리더십 대체이론을 제안하였다.52)

초기 대체이론에서는 대체요인(substitutes)과 중화요인(neutralizers)이라는 두 종류의 상황변수를 제시하였다.

- **대체요인** 과업성과의 창출에 있어서 리더의 특정한 행동을 대체할 수 있는 변수로서 리더의 특정한 행동이 없더라도 성과를 나타나게 하는 요인이다. 가령 하급자의 업무능력이 충분히 우수하다면 리더의 과업지향적 행동은 불필요하거나 무의미한 것이다.
- **중화요인** 리더십의 효과가 나타나지 않게 만드는 요인이다. 가령 리더의 조직내 영향력이나 보상능력이 미약하다면 부하들에 대한 리더십 효과가 제대로 작용하지 않는다는 것이다.

그러므로 조직에서 대체요인이 풍부하다면 리더가 특정한 리더십행동을 적극적으로 하지 않더라도 성과를 낼 수 있고, 반면에 중화요인이 많다면 리더가 애를 쓰더라도 그 효과가 제대로 나타나지 않는다. 표 6.3은 11가지의 상

52) Kerr, S., & Jermier, J.M.(1978), "Substitute for leadership: Their meaning and measurement", Organizational Behavior and Human Performance, 22(4), 375~403.

황요인들이 두 유형의 리더십에 대해 대체요인 또는 중화요인으로 설정된 관계를 보여주고 있다.

표 6.3 리더십 대체 및 중화요인

상황요인		지원적 리더십 (관계지향, 배려)	수단적 리더십 (과업지향, 구조주도)
하급자 요인	1. 업무관련 능력과 경험이 풍부함		대체
	2. 전문성의 자격 구비 및 능력	대체	대체
	3. 조직이 주는 보상에 무관심함	중화	중화
과업 요인	4. 잘 구조화되고 명확하며 일상적임		대체
	5. 과업결과에 대해 피드백이 제공됨		대체
	6. 내재적인 만족을 줌	대체	
조직 요인	7. 집단의 유대감과 응집력이 강함	대체	대체
	8. 조직에서의 리더의 권력지위가 약함	중화	중화
	9. 공식화(과업절차와 역할 등이 잘 정립)		대체
	10. 비융통성(규칙과 절차의 엄격한 준수 요구)		중화
	11. 리더와 하급자간 공간적 거리가 멈	중화	중화

한편, Howell 등(1986)은 조직에는 리더십 발휘를 더 북돋는 요인들도 존재한다고 보고, 강화요인(enhancers)과 보완요인(supplements)을 추가하여 대체이론을 더욱 정교하게 발전시켰다.

- **강화요인** 리더와 과업성과 사이의 긍정적 관계를 상승시켜 주는 요인이다. 가령 권력이 강한 리더는 권력이 약한 리더에 비해 종업원들에게 더 많은 영향력을 미칠 수 있다. 이 경우에 리더의 권력은 강화요인이 된다. 강화요인과 중화요인은 서로 반대의 작용을 한다. 중화요인은 리더십 효과성에 부정적인 영향을 미치지만 강화요인은 긍정적 영향을 미친다.

- **보완요인** 리더의 역할을 대신할 수는 없으나 리더십 발휘에 도움을 주는 수단적인 요인이다. 가령 컴퓨터 의사결정지원시스템은 리더의 활동을 도와

서 리더십 효과성을 높이는데 도움을 줄 수 있으며, 동료들과의 원만한 관계도 리더역할의 보완요인이 된다.

리더십 대체이론은 기존의 리더십이론들이 착안하지 못한 부분을 보완하고 있다는 점에서 대체로 긍정적인 평가를 받고 있다.

① 리더십 연구사에서 신선한 접근으로 평가된다. 기존 이론들은 리더의 역할 강화를 전제로 하였는데 대체이론은 리더역할의 대체요인을 제시하였다.

② 실용적으로도 유용하다. 임파워먼트된 구성원이나 자율관리팀과 같이 자율성을 높여 리더에 대한 의존을 줄이는 방향을 제시하고 있는 것이다.

③ 대체, 중화, 강화, 보완의 네 요인은 리더십 효과성을 증진시키는 맥점을 알게 하여 효과적인 리더역할 수행에 도움을 준다.

그러므로 군의 초급간부들은 대체요인과 강화요인 및 보완요인을 많이 발굴하여 활용하고 중화요인을 적극적으로 제거하도록 노력하는 것이 중요하다. 리더십의 여유를 가지면서도 부대지휘의 효과성을 높이는 데 도움이 되기 때문이다.

3. 리더십 상황이론에 대한 평가

리더십 상황이론은 넓은 지지를 받고 있다. 상황에 맞도록 리더십을 발휘하는 것이 바람직하다는데 대하여 반론을 제기하기 어려운 것이다. 다만 상황을 정확히 진단하고 그에 적합한 리더십을 타이밍에 맞게 실천하는 것이 어려울 뿐이다.

군의 초급간부 입장에서 리더십 상황이론에 대해 실천적인 시사점을 살펴보기로 한다.

① 리더들이 상황을 판단하여 그에 적절한 리더십 스타일을 발휘해야 하는

데, 다양한 스타일을 모두 수행하는 것은 현실적으로 쉬운 일이 아니다. 블랜챠드의 견해를 보더라도 구성원들의 성숙도에 맞추어 네 가지 유형의 리더십을 자유롭게 발휘할 수 있는 사람은 매우 적다고 한다. 약 절반 정도의 리더들이 두 가지 내지 세 가지 한 가지 스타일을 병용하며, 절반 정도는 한 가지 스타일을 발휘한다고 보고 있다.[53)]

그러므로 초급간부들은 나름대로 효과적이고 개성적인 자기 스타일을 만들어서 리더십을 발휘하되 너무 융통성 없이 하지 말고 행동의 폭을 다양하게 넓히는 노력을 병행하는 것이 중요하다고 본다.

② 부하의 특성에 따라 다른 리더십을 발휘하는 것을 발전시키는 것이 좋다. 가령 소대장의 입장에서 보면, 자율적으로 잘 하고 있는 분대(병사)에는 위임형의 리더십을, 감독과 지도가 필요한 분대(병사)에는 지시형 리더십을 발휘하는 것 등이다.

53) 월간 「리더피아」, (2007. 4). 20쪽

진단설문

리더의 특성을 진단해 보자. 가까이 관찰할 수 있는 상관, 대학생의 경우 학과나 동아리 대표 등을 대상으로 진단해볼 수 있다. 물론 자기 자신의 특성을 비추어보아도 좋을 것이다.

Hersey & Blanchard의 상황적 리더십

***유의사항 : 가장 바람직한 대응방안을 찾는 것이 아니라 당신이 그렇게 할 것 같은 방안을 선택한다. 너무 신중하게 생각하지 말고 직감적으로 솔직하게 답한다.**

항목	상 황	당신의 대응방안
1	부하들은 최근에 당신의 부드러운 태도나 발전을 위한 지적에 대하여 반응을 보이지 않고 있다. 그들의 업무실적은 떨어지고 있다.	A. 업무절차를 일관되게 따를 것과 목표달성의 중요성을 강조한다. B. 부하들과 대화를 시도하지만 강요하지는 않는다. C. 부하들과의 대화를 통해서 목표를 조정한다. D. 상관하지 않는다.
2	당신이 관리하는 부서의 성과는 향상되고 있다. 당신은 구성원들이 각자의 책임과 주어진 업무의 기준을 확실히 이해하고 있다고 확신한다.	A. 우호적인 관계를 유지하면서, 각자의 역할과 업무달성 기준을 재차 강조하고 인지시킨다. B. 특별한 조치를 취하지 않는다. C. 구성원들이 중요하고 모두 관심의 대상이 되어 있다는 것을 느낄 수 있는 무엇인가를 한다. D. 업무추진일정 및 완료시간의 중요성을 강조한다.
3	당신의 부하들이 문제를 스스로 해결 못하고 있다. 이제까지의 업무추진실적과 부하들과의 인간관계는 좋은 편이다.	A. 부하들에 관여해서 함께 문제해결에 동참한다 B. 부하들이 자체로 해결하게 한다. C. 강력한 조치를 취해서 조정하고 방향을 수정한다. D. 부하들이 그 문제를 해결하도록 격려를 하고 언제든지 상의할 수 있도록 대화의 장을 열어 둔다.
4	당신은 큰 변화를 고려하고 있다. 부하들은 이제껏 좋은 업무수행 능력을 가지고 있다. 그들도 역시 변화의 필요성을 인식하고 있다.	A. 변화를 계획하는데 부하들을 참여시키지만 강요하지 않는다. B. 변경된 사항을 단독으로 발표하고 그 실행 정도를 세밀하게 관리한다. C. 부하들의 제안을 참고하지만 당신이 변화를 주도한다. D. 부하들로 하여금 스스로 방향설정을 하도록 한다.

항목	상 황	당신의 대응방안
5	당신의 조직은 몇 달 동안 성과가 떨어지고 있다. 부하들은 목표달성에 관심이 없다. 과거에 역할과 책임을 재조정하면 도움이 되었었다. 임무를 계획일정에 완수해야 함을 계속 강조할 필요가 있다.	A. 부하들로 하여금 스스로 방향 설정을 하도록 한다 B. 부하들의 제안을 참고하며 목표달성 여부를 주시한다. C. 목표를 재정립하고 관리를 강화한다. D. 목표재정립에 부하들을 참여시키지만 강요하지는 않는다.
6	전임자는 상황을 엄격하게 통제했다. 당신은 조직이 효과적으로 운영되도록 부하들의 참여를 고려하고 있다. 당신은 생산적이며 부드러운 분위기로 시작하고 유지되기를 원한다.	A. 부하들이 중요하고 모두 관여되어 있다는 것을 느낄 수 있도록 하는 조치를 취한다. B. 업무추진 및 목표일정 준수의 중요성을 강조한다. C. 변화를 꾀하지 않고 현행대로 둔다. D. 구성원으로 하여금 의사결정에 참여하게 하지만목표달성여부 등은 파악한다.
7	당신은 조직의 획기적인 변화를 고려하고 있다. 구성원들은 필요한 변화에 대해서 의견을 제시하면서 업무를 원만하게 처리하여 왔다.	A. 당신이 방안을 정립하고 세밀하게 관리해 나간다. B. 당신의 방안에 대해 부하들의 동의를 얻고 구성원들로 하여금 그것을 추진하도록 한다. C. 제안된 대로 변화를 기꺼이 시도하지만 이행상태는 잘 관리한다. D. 대립을 피하고 모든 것을 그대로 놔둔다.
8	조직의 업무실적과 인간관계는 좋다. 그러나 당신은 자신이 조직에 방향제시를 제대로 하지 못하고 있다고 생각하고 있다.	A. 그냥 놔둔다. B. 구성원들과 상황을 논의하고 변화를 시도한다. C. 부하들이 정리한 방법으로 업무를 수행하게 한다. D. 지나친 방향제시로 부하들과의 관계를 망치지 않도록 주의한다.
9	당신의 상관이 완료목표일이 이미 지난 과업의 팀장으로 당신을 임명했다. 팀원들은 자신들의 목표에 확신이 없지만 충분한 잠재력을 갖고 있다.	A. 팀 스스로 해결하도록 한다. B. 팀의 안을 참고하되 목표추진상태를 관찰한다. C. 목표를 재정립하고 감독을 강화한다. D. 목표재정립에 부하들을 참여시키지만 강요하지는 않는다.

항목	상 황	당신의 대응방안
10	당신은 새 보직에 영전했다. 전임자는 구성원의 의견을 반영하여 업무를 수행하고 추진방향을 설정했다. 구성원간의 관계는 좋다.	A. 새로운 업무방식을 재정립하는데 구성원들을 참여하도록 하지만 강요하지 않는다. B. 업무방식을 재정립하고 관리를 강화한다. C. 강요하지 않고 갈등요인을 피한다. D. 구성원들의 제안을 참고하지만 당신의 새로운 업무방식이 달성되는지 주시한다.
11	당신은 새 보직에 영전했다. 전임자는 구성원들의 업무에 직접 관여하지 않았고, 구성원들은 스스로 적절하게 업무를 수행하고 추진방향을 설정했다. 구성원간의 관계는 좋다.	A. 구성원들로 하여금 그들이 정한 방법과 절차를 따르도록 한다. B. 부하들을 의사결정에 참여시켜 기여하도록 한다. C. 부하들과 함께 과거의 업무방식에 대해 토론하고 새로운 업무방향의 필요성을 분석한다. D. 구성원들을 계속 그대로 놔둔다.
12	최근 우리 조직의 구성원간 내부 갈등이 있는 것으로 나타났다. 구성원들은 목표를 잘 유지하고 잘 협력해서 일해 왔다. 모두 충분한 업무수행 자질을 가지고 있다.	A. 당신의 새로운 해결책에 대한 필요성을 타진한다. B. 부하들 스스로 해결하도록 한다. C. 빨리 강력한 조치를 취해 조정 및 업무방향을 설정한다. D. 대화의 문을 열어 놓지만 부하들과의 관계를 망치지 않도록 조심한다.

☞판단 : 아래의 분석표를 보고 해당 유형의 숫자를 합계에 기록한다.

설문항목 (상황)	리더십 유형 분석표			
	코치형	지시형	위임형	지원형
1	C	A	D	B
2	A	D	B	C
3	A	C	B	D
4	D	B	C	A
5	B	C	A	D
6	D	B	C	A
7	C	A	D	B
8	B	C	A	D
9	B	C	A	D
10	D	B	C	A
11	C	A	D	B
12	A	C	B	D
합계				

자료 : 박경록, 한국MIT전략연구소, 『e-리더십박사.com』, 을지문덕 출판사, 2001. 81-88쪽. 문장 등 일부 수정

•합계 숫자가 가장 많은 유형이 자신의 리더십유형의 성향이다. 합계의 숫자가 클수록 해당유형의 성향이 강하고 숫자가 작을수록 성향이 약하다.

* 부하의 성숙도 측정 척도 이름( ) 아래 표에서 가장 적합한 점수를 부여한다.

성숙도		높음 중간 낮음 8 7 6 5 4 3 2 1 M4M3M2M1
직무 성숙 (능력)	직무경험	직무에 충분한 경험을 가지고 있다. 가지고 있지 않다. 8 7 6 5 4 3 2 1
	직무지식	충분한 직무지식을 가지고 있다. 가지고 있지 않다. 8 7 6 5 4 3 2 1
	직무요구	직무의 요구를 완전히 이해한다.거의 이해하지 못한다. 8 7 6 5 4 3 2 1
심리 성숙 (의지)	책임의식	매우 책임지려함 매우 꺼려함 8 7 6 5 4 3 2 1
	성취동기	성취하려는 욕구가 높음성취하려는 욕구가 낮음 8 7 6 5 4 3 2 1
	직무전념도	매우 헌신적임 헌신적이지 않음 8 7 6 5 4 3 2 1

자료 : Hersey, P. & Blanchard, K.H.(1988), *Management of Organization Behavior: Utilizing Human Resource(5th ed.)*, Englewood Cliffs, NJ.: Prentice-Hall.

• 측정결과의 분석

직무성숙도(3문항) : 합계점수가 18점 이상이면 직무성숙도가 높음.

합계점수가 9점 이하이면 직무성숙도가 낮음.

심리성숙도(3문항) : 합계점수가 18점 이상이면 심리성숙도가 높음.

합계점수가 9점 이하이면 심리성숙도가 낮음.

• 판단 : 직무성숙도와 심리성숙도의 결합에 의해 부하유형 분류

- 둘 다 높으면 통합성숙형
- 심리성숙도만 높으면 심리성숙형
- 직무성숙도만 높으면 직무성숙형
- 둘 다 낮으면 미성숙형

제7장

리더십 효과성 진단의 이해

1. 리더십 효과성 진단의 내용

1.1. 리더십 효과성 진단의 의미

군의 간부들은 자신이나 다른 리더들이 리더십을 효과적으로 발휘하고 있는지 리더십 효과성의 평가에 관심을 가지고 있어야 한다. 리더십을 평가해야 하는 이유는 다음과 같다.

① 나의 리더십이 효과적으로 발휘되는지를 스스로 알아야 장점을 발전시키고 단점을 보완하여 더욱 훌륭한 지휘를 할 수 있기 때문이다.

② 나의 하급지휘자㈜들의 리더십 상태를 알고 있어야 부대지휘에 참고하면서 지도를 할 수 있기 때문이다.

③ 인접지휘자㈜이나 다른 리더들의 리더십을 관찰하여 배울 점을 찾기 위해서이다.

사람의 건강상태를 어느 한 가지 방법으로 진단하여 알기가 어렵듯이 리더십도 그렇다. 다양한 방법들을 통해 종합적으로 진단해야 정확한 평가를 내릴 수 있다. 가령 어떤 리더는 부대의 임무수행성과는 좋은데 부하들로부터는 신뢰를 받지 못하는 경우가 있고 또한 그 반대의 경우도 있다. 그러므로 다각적인 면에서 리더십을 진단하는 안목이 필요하다.

리더십이 효과적으로 발휘되고 있는지를 일상에서 진단해볼 수 있는 여러 기준들을 살펴본다. 대체로 리더십의 영향이 큰 기준부터 제시한다.

1.2. 다양한 진단기준

(1) 리더에 대한 부하들의 만족도

리더십에서 가장 중요한 평가기준이 된다. 리더십이 잘 발휘되면 부하들은 리더에 대해 만족도가 상승한다. 리더 만족도가 높을 경우 나타나는 현상들은 다음과 같다.

- **리더에 대한 몰입과 동일시의 증가**

  부하들이 리더에게 빠져드는 것이다. 리더십은 유혹과 같은 성질을 가지고 있다. 그러므로 부하들이 리더에게 빠져들수록 리더십의 영향이 크다고 보는 것이다. 대체로 리더에게 몰입이 되는 부하들은 리더의 가치관에 동조하고 리더와 동일시하려는 성향을 보인다.

- **리더에 대한 신뢰와 추종 및 헌신의 증가**

  리더를 신뢰하고 추종하며 헌신한다. 리더를 위한 일이고 리더가 바라는 일이라면 자신의 시간과 땀과 생명까지도 기꺼이 바치려고 한다. 그러므로 부하들이 리더에게 대가를 바라지 않고도 얼마나 따르며 무엇을 얼마나 바칠 수 있는가를 보면 리더십의 효과성을 알 수 있는 것이다.

  만일 부하들이 대가가 있어야 지시에 따르고, 자기가 가진 것을 리더를 위해 자발적으로 헌신하려고 하지 않는다면 그 리더십 효과성은 낮다고 할 수 있다.

- **리더와의 관계지속 욕구 증가**

  조직에서의 리더십은 일회성이 아닌 연속적 활동이기 때문에 좋은 리더십은 구성원들이 리더를 호의적으로 추종하며 리더와의 관계가 지속되기를 바라는 것이다. 리더와의 관계가 상생적이지 않고 좋지 않으면 "이번 보직만 끝나면 우리 ***님과는 더 이상 함께 일하고 싶지 않아!"와 같이 리더-구성원의 관계가 끝나기를 바라게 된다. 구성원들이 리더와 계속 관계를 유지하고 싶어 할수록 좋은 리더십이고 관계유지의 의지가 약할수록 나쁜 리더십으로 볼 수 있다.

구성원들의 입장에서 볼 때 "그 분이 있어서 좋고 도움이 된다. 계속 우리와 함께 있었으면 좋겠다."라고 평가받는 리더들은 대체로 좋은 리더십을 발휘한 것이고, "그 사람 때문에 힘들고 행복하지 않다. 차라리 없었으면 좋겠다."라고 생각하면 나쁜 리더십을 발휘한 것이다.

(2) 구성원들의 직무에 대한 만족도

부하들의 직무만족은 리더에 대한 만족도가 높을 때 나타나는 경우가 많다. 부대구성원들의 자기 직무수행에 대한 만족도는 리더십 효과성을 진단하는 중요한 기준이다. 중요한 지표는 직무만족과 직무몰입이다. 물론 직무만족이나 몰입에 영향을 주는 요인은 리더십 뿐만 아니지만, 리더십과 연계하여 보았을 때 대체로 리더가 효과적으로 리더십을 발휘하면 구성원들은 리더에 대한 만족도가 높아지고 더불어 자기직무에 대한 만족도와 몰입도는 상승하는 경향이 있다. 자기역할을 충실하게 수행하는 것을 통하여 리더에게 긍정적으로 호응하는 것이다. 가령, 가정에서도 남편이 좋으면 아내는 역할을 신나고 충실히 하게 되고, 남편이 싫으면 가사일도 하기 싫게 되는 것과 같다. 조직생활에서 인간의 심리가 비슷한 경우들은 일반적인 현상이다.

(3) 구성원들의 조직에 대한 만족도

군의 경우 구성원들의 부대생활 만족은 리더십 효과성을 진단하는 기준이 된다. 부대란 해당 리더가 지휘하는 제대를 의미한다. 물론 부대생활 만족에 영향을 주는 요인은 리더의 영향뿐만이 아니라 시설이나 복지 및 직무여건 등도 있으나 일반적으로 리더에 대한 만족도가 높고 리더십에 대한 호응도가 높으면 부대생활에 대한 만족도가 높아지고 부대에 대한 긍지도 높아지는 경향이 있다. 또한 리더를 중심으로 단결력도 강해진다.

(4) 구성원들의 행동변화

리더의 리더십이 효과적일수록 구성원들의 임무수행 행동이 긍정적이고 적극적으로 변화하며 조직시민행동이 증가하는 경향이 있다. 직무와 관련해서는 임무수행의 적극적 행동, 자발적 참여, 태만 등의 자제, 어려운 임무의 지원과 인내 및 극복 등의 행위가 나타나고 증가한다. 또한 시간준수, 질서존중 및 예절, 공동체 문화 준수, 쓰레기 줍기, 공동장소 청소, 어려운 동료 돕기, 다양한 선행 등의 조직시민행동이 증가하고, 쓰레기 버림이나 규칙위반 등의 행동이 감소하는 것이다.

(5) 자율역량 발휘 정도

구성원들이 동일한 일에 대해 좋은 성과를 나타냈을 때 자율역량(Empowerment)을 많이 발휘하도록 한 리더십이 더욱 효과적이다. 리더십이란 본질적으로 부하들을 움직이는 것이므로 부하들의 역량과 책임감, 즉 자생력을 길러 셀프 리더십을 발휘하게 하는 것이 중요하다. 리더에 대한 의존도를 낮추고 능동적으로 직무를 수행할 수 있게 하는 것이다. 이것이 슈퍼리더십과 임파워먼트의 요체이다.

임무수행과정에 리더의 힘이 많이 개입되면 리더의 짐이 무거워질 가능성이 크다. 구성원들의 자율역량 발휘정도를 기준으로 보았을 때, 리더의 힘이 많이 개입된 것일수록 비효과적인 리더십이고 구성원들의 힘이 많이 발휘된 것일수록 효과적인 리더십이다.

임파워먼트 : 두 중대장의 리더십

리더십의 방법은 다르지만 우수한 평가를 받는 두 명의 중대장의 사례를 보자.

K중대장은 매우 적극적이고 진두지휘하는 스타일로 중대의 임무에 관해 목표설정-계획수립과 실행방안 도출-임무할당과 교육-보고서 작성 등 소대장 등 부하들의 수행하는 과업의 거의 모든 과정에 관여하여 결심하고 일일이 지도한다. 대부분의 결정은 중대장이 직접 하므로 팀원들은 K중대장의 결정이 없으면 일을 자율적으로 수행하기 어렵지만, 중대는 K중대장의 주도적 능력으로 우수중대로 평가받고 있다.

P중대장은 대조적인 스타일이다. 임무수행의 단계마다 소대장의 의견을 듣고 여러 역할 중에서 그들에게 맞는 역할이 무엇인지를 협의하여 맡도록 한다. 업무추진과정에서 부하들의 행동을 통제하는 것이 아니고 소대장이나 부하들에게 주도적으로 수행할 기회를 주고 실행방안을 이끌어낸다. 전체적으로는 소대장들로 하여금 능력발휘를 하도록 하면서 큰 방향이 틀어지지 않도록 코치한다. 중대는 우수한 평가를 받고 있다.

위 두 경우는 독단적 또는 민주적 리더십에 관한 문제가 아니다. 과업수행에서 구성원의 힘이 얼마나 실리는가에 관한 문제이다. 동일한 수준의 성과를 낸다면 어느 중대장의 리더십이 바람직할까?

(6) 임무완수와 목표달성 여부

과업의 목표 달성여부로 진단하는 것이다. 전투에서 승리와 패배, 사업의 성공과 실패, 지시된 과업의 수행과 좌절, 단체경기의 승패 등이다. 특히 군의 경우에는 전장에서 전투의 승패는 가장 결정적인 리더십의 평가기준이다. 또한 평시에 부여받은 임무의 달성여부도 중요한 기준이 된다.

즉 전투에 승리하고 임무를 완수했다고 해서 모두 리더십이 좋았기 때문이라고 볼 수만은 없다. 물론 리더십은 성패의 중요한 원인 중의 하나이지만, 화력이나 장비 및 기상여건과 상급부대의 지원 등 다양한 요소들이 성패에 작용한다. 그럼에도 리더십은 이러한 여러 여건들을 종합적으로 고려하여 부하들을 통솔하는 능력이기도 하기 때문에 리더십의 평가기준이 되는 것이다.

전투에서 패배하고 임무를 완수하지 못했다면 아무리 부하들을 열심히 통솔했다고 하더라도 그것은 실패한 리더십이다. '모로 가든 서울만 가면 된다.'라는 우리 속담이나 '검은 고양이든 흰 고양이든 일단 쥐를 잘 잡아야 좋은 고양이다.'라는 중국속담이 이러한 의미를 담고 있다. 일단 임무를 성공적으로 완수하는 것이 중요한 것이다.[54)]

(7) 직무성과의 수준

성과의 수준도 리더십의 효과성을 진단하는 중요한 기준이다. "유능한 리더는 사랑받거나 존경받는 사람이 아니라 구성원들이 제대로 일을 하게 하여 성과를 내는 사람이다. 리더십은 인기가 아니라 성과다."라는 피터 드러커의 이야기는 성과의 중요성을 강조하고 있다.

즉 임무수행의 성과를 기준으로 보았을 때 성과가 좋으면 리더십을 효과적으로 발휘한 것이고 성과가 좋지 않으면 제대로 발휘하지 못한 것으로 평가할 수 있는 것이다.

부대에서는 여러 가지 임무들을 수행하고 훈련을 한다. 임무수행의 완수여부와 더불어 어느 정도까지 성과를 내었는가가 리더십을 진단하는 기준이 된다.

(8) 리더활동 전후의 비교

리더들은 그들이 활동하기 이전과 이후를 비교해 보면 조직에 어떤 차이를 만들게 된다. 리더로 인해서 더 좋아지는 경우도 있고 오히려 더 나빠지는 경우도 있다. 가령, 군의 지휘자(관)가 부임하여 일정한 기간이 지난 후에 부대의 전투력과 장병들의 사기를 높였다면 좋은 차이를 만든 것이고, 그 반대의 경우라면 나쁜 차이를 만든 것이다. 회사의 경영자가 취임 후에 회사의 이익

54) 다양한 방법을 활용하여 어려움을 극복하고 목표를 달성하는 것을 강조한 것이지 비윤리적이거나 포악한 리더십 등의 나쁜 리더십도 괜찮다는 의미가 아니다. 목표달성여부와 성과의 수준에 관하여 리더십의 효과성을 판단한 것이다.

을 늘리고 사원들의 직무만족을 높였다면 좋은 차이를 만든 것이며, 학교의 선생님이 학생들의 성적과 인성을 높였다면 역시 좋은 차이를 만든 것이다.

그러므로 '좋은 리더'란 '구성원들에게 긍정적 영향을 끼치며 좋은 차이를 만들어 조직발전에 도움이 되는 리더'라고 할 수 있다. 반면에 '나쁜 리더'란 '구성원들에게 부정적 영향을 끼치며 나쁜 차이를 만들어 조직발전에 도움이 되지 못하거나 발전을 저해하는 리더'이다.

(9) 종합적 인식

소대장으로 부임하여 6개월 정도 지났다고 하자. 리더십을 얼마나 효과적으로 발휘하였다고 볼 수 있을까? 소대원들의 소대장에 대한 추종과 충성스러운 헌신, 자신의 임무에 대한 충실성, 소대에 대한 자부심과 단결, 분대 및 소대원간의 자율적 임무수행분위기와 수행능력, 건전한 행동의 증가, 전투력측정 우수소대, 전반적으로 높은 임무수행수준 등을 보면 할 수 있을 것이다.

그러나 모든 것이 좋은 경우도 있지만 어떤 부분은 좋고 다른 부분은 저조한 경우도 많다. 리더십 효과성에서 가장 중요한 것은 부하들이 리더를 얼마나 신뢰하고 따르며 헌신하는가를 보는 것이다. 그러한 리더-부하간의 긍정적이고 상생적인 관계를 바탕으로 임무를 성공적으로 수행해나가는 것이 리더십의 핵심이다.

2. 리더십 효과성 진단의 방법

앞의 항에서 리더십의 효과성을 진단하는 내용과 기준 등을 살펴보았다. 그렇다면 그러한 내용들을 어떻게 알 수 있을까? 가령 신체적 건강진단을 할 때 뼈의 건강정도는 골밀도 검사, 혈관의 건강성은 혈액검사, 폐의 건강은 X-레이로 보는 것과 같다. 그러나 리더십의 정확한 진단은 신체적 건강검진이나 자동차검사보다 훨씬 더 어렵다. 인간의 내면적인 심리상태와 외면적인 행동을 함께 보아야 하며 심리와 행동은 서로 다를 수 있기 때문이다. 가령 마음으로는 리더를 존경하지 않으면서 겉으로는 존경하는 듯한 행동을 할 수 있고 그 반대의 경우도 있기 때문이다.

이러한 어려움은 인간심리와 행동을 측정하고 진단하는 모든 연구들의 공통적인 문제이다. 그러므로 한 가지 방법으로만 진단하기보다는 여러 가지 방법을 복합적으로 사용하여 진단하는 것이 정확도를 높이는 길이다. 그런데, 야전의 일선부대에서 전문적인 리더십진단을 할 수 있는 여건이 아니므로 보편적으로 사용할 수 있는 몇 가지 방법을 살펴보자.

(1) 객관적 성과지표를 분석한다.

객관적으로 집계되는 성과지표를 보고 판단하는 방법을 말한다. 일반적으로 사용할 수 있는 지표로는 부대전투력 평가성적, 훈련성적, 규정위반 및 군기사고율, 휴가 및 외출(외박) 정시복귀율, 지시과업 추진진도 등의 지표 등이다. 가령 부대전투력 평가나 훈련성적이 우수하고, 규정위반이나 군기사고 등의 매우 적은 경우는 그렇지 않은 부대에 비해서 리더십이 효과적으로 발휘되고 있다고 보는 것이다.

객관적 성과지표들은 각급 부대에서 예하부대들의 전투력 등을 비교·평가하기 위하여 다양하게 사용하고 있으므로 이를 통해 리더십을 추정하는 것이다. 다만, 부대전투력이나 훈련성적 등이 리더십의 영향에 의해서만 결정되는 것은 아니므로 리더십의 장점과 문제점을 잘 가려서 보아야 한다.

(2) 진단설문지를 활용한다.

현재 각군 및 부대에서도 활용하고 있는 가장 보편적인 방법이다. 리더십요인들을 선정하여 각 요인에 대해 리더들을 평가하여 리더십의 효과성을 판단하는 방법이다.

예를 들면, 리더의 책임감, 부하존중, 창의성, 도덕성, 판단력 등을 진단하려고 한다면, 표 6.4의 예와 같이 이러한 요인들의 수준을 측정하는 설문지를 구성하여 부하 또는 상급자 등으로부터 의견을 수렴하여 진단하는 방법이다.

표 6.4에서 본다면 다수의 부하들로부터 의견을 수렴하였을 때 높은 점수를 받은 리더가 낮은 점수를 받은 리더에 비해 리더십이 우수하다고 평가할 수 있다.

표 6.4 리더십진단설문의 예

설 문 문 항		매우 저조	저조	보통	우수	매우 우수
부하추종	1.부하들은 소대장을 잘 따르며 충실하게 복종한다.	1	2	3	4	5
	2.소대장이 지시한 일에 대해 헌신적으로 수행한다.	1	2	3	4	5
책임	1.부여받은 임무를 주도적인 자세로 최선을 다해 수행한다.	1	2	3	4	5
	2.일의 결과에 대해 책임을 회피하지 않고 감당한다.	1	2	3	4	5
존중	1.부하들을 무시하지 않고 인격적으로 대우한다.	1	2	3	4	5
	2.남들의 견해와 특성이 자신과 다르더라도 인정하고 대한다.	1	2	3	4	5
창의	1.고정관념에 집착하지 않고 현실을 진단한다.	1	2	3	4	5
	2.새로운 발상으로 문제를 해결하고 업무를 수행한다.	1	2	3	4	5
도덕성	1.도덕적 품성이 훌륭하여 부하들의 모범이 되도록 행동한다.	1	2	3	4	5
	2.직무상 권한을 이용하여 불의나 부정과 타협하지 않는다.	1	2	3	4	5
	3.공직자로서 공사를 구분하고 법규와 행동강령을 준수한다.	1	2	3	4	5
판단력	1.상황과 문제의 핵심을 정확하게 파악한다.	1	2	3	4	5
	2.합리적인 기준에 의해 최적의 문제해결방안을 제시한다.	1	2	3	4	5
	3.부하들의 역량을 정확하게 판단하여 임무를 부여한다.	1	2	3	4	5
종합적 판단(해당란에 √)						

이러한 설문지법을 사용할 때에는 주의할 점들이 있다.

① 설문지의 개발은 용어를 먼저 정의하고 용어에 담긴 의미를 문장으로 구

성하는 절차를 체계적으로 거쳐야 한다. 모든 리더십요인들은 사람마다 의미를 다르게 해석하기 때문에 진단목적과 대상에 따라 진단하고자 하는 내용을 정의와 설문문장에 정확하게 담아야 하는 것이다. 그러므로 동일한 리더십요인이라도 진단목적과 대상에 따라 설문내용이 달라질 수 있다.

그러므로 각 군에서 공식적으로 사용하는 설문지를 활용하고, 추가적으로 필요할 때는 학술적으로 검증이 된 논문이나 리더십서적에 소개된 설문지를 사용하는 것이 바람직하다.

② 전체점수가 높아서 평균점수가 높다고 하더라도 리더십이 우수하다고 단정하는 것은 유의해야 한다. 가령, 어떤 리더가 자질과 역량이 전체적으로 우수하여 점수가 높지만 도덕성이나 공정성 좋지 않아서 종합적으로는 부하들의 신뢰와 존경을 받지 못하고 부하들이 따르지 않는다면, 전체적인 평균점수보다 개별적인 한두 개 요인이 더욱 중요한 영향을 미치기 때문이다. 그러므로 개별적인 요인도 함께 살펴야 한다.

③ 설문으로 의견을 수렴할 때는 설문에 응답하는 사람들을 잘 선정하고 응답의 시간과 여건을 잘 보장해주어야 한다. 일반적으로 리더십설문지의 분량이 많을 경우 시간이 바쁘거나 결과에 대해 관심이 없는 사람들은 불성실하게 응답할 가능성도 크다.

④ 점수를 판정할 때 비상식적인 응답은 제외하는 것이 좋다. 가령 리더에 대해 불만이 있는 경우 전체적인 점수를 모두 0점이나 1점 등으로 매우 낮게 매길 경우 전체 평균이 비합리적으로 하락하게 된다. 또는 동일한 질문을 순문항과 역문항으로 제시하였는데 동일한 점수로 응답하였거나 수십개 이상의 문항에 대하여 모두 동일한 점수로 응답한 경우 등은 잘 검토하여 문제가 분명한 응답들을 제외하여 평가하고 특이한 응답들은 별도로 진단에 참고하는 것이 바람직하다.

(3) 특정한 주요상황에 대한 대응을 관찰한다.

리더십은 표준에 의해 발휘되는 것이라기보다는 리더의 개성에 의해 발휘되는 성향이 강하다. 그리고 특정한 주요상황에 대한 대응력이 매우 중요하다. 특히 리더십은 평소 안정된 상황보다 긴급하거나 불안정한 상황에서 더욱 선명하게 드러난다. 그러므로 리더십 효과성에 결정적 영향을 주는 주요한 상황에 대한 대응을 보아 리더십을 진단하는 방법이다.

가령 다음과 같은 장면을 상상해보자.

- 전장에서 포탄이 떨어지는데 리더가 공포심 때문에 참호에 숨어서 벌벌 떨고 있다.
- 훈련장을 방문한 고급지휘관이 훈련상황 등에 대해 질문하였을 때, 고급지휘관을 너무 어려워하거나 또는 질문내용에 대해 모르고 있어서 아무 대답도 못하는데 대답을 다그치자 공황이 온 듯 얼어붙어 있다.
- 리더 본인이 지시한 일에 대해 부하들이 열심히 했는데, 상급자가 잘못되었다고 질책하자 부하들에게 책임을 전가하여 벌을 준다.

위와 같은 경우가 발생한다면 회복하기 어려운 리더십의 손상을 입게 된다. 부하들 앞에 자신 있게 서기도 어렵거니와 부하들이 더 이상 리더를 신뢰하지 않게 되는 계기가 될 수 있기 때문이다. 리더가 부하들에게 대한 자신감과 신뢰를 잃으면 리더십은 더 이상 정상적으로 발휘되기 어렵다.

위 상황과 반대가 되는 긍정적인 예를 보자.

- 전장에서 포탄이 떨어지는 상황에서 부하들이 당황하고 공포심 때문에 참호에 숨어서 대응사격도 제대로 하지 못하고 있을 때 소대장은 의연한 태도로 부하들의 용기를 북돋으며 침착하고 용기 있는 대응을 하고 있다.
- 훈련장을 방문한 고급지휘관이 훈련상황 등에 대해 질문하였을 때, 소대장은 고급지휘관 앞에서도 질문내용에 대해 당당하고 차분하면서도 자신감

있게 설명한다.

- 리더 본인이 지시한 일을 부하들이 잘못 실행해서 상급자로부터 질책을 받을 때, 리더가 상급자 앞에서 부하들의 잘못이 아님을 설명하며 감싸주고 다시 업무에 대해 정확하게 지침을 주며 열심히 하자고 격려한다.

부하들은 이러한 경우에 평소에 리더에 대한 인식을 바꾸어 리더를 신뢰하고 존경하게 된다. 리더십은 결정적인 한두 번의 상황대응으로 추락하기도 하고 상승하기도 하는 것이다.

리더십의 주요한 상황들이란 주로 긴박하고 위험한 상황에서의 대처행동, 자신의 입장이 곤란한 경우에 책임과 부하사랑 행동, 공과 사의 처신이 어려운 상황에서의 도덕적 행동 등 다양한 장면이 있을 수 있다. 이러한 장면들이 리더십의 효과성을 좌우하는 주요상황이며 주요상황에 대응하는 것을 관찰해 보면 리더십을 알 수 있는 것이다.

(4) 부하들의 행동을 관찰하여 진단한다.

앞 항에서 리더십 효과성을 진단하는 중요한 기준으로, 부하들이 리더에게 얼마나 만족하고 충실하게 복종하며 헌신하는가? 자신의 직무를 얼마나 충실하게 수행하는가? 부대생활에 얼마나 만족하고 부대긍지를 가지는가? 조직시민행동으로 공동체에 긍정적인 행동을 얼마나 하는가? 등을 제시하였다.

이러한 기준들에 관해 부하들의 행동들을 보고 리더십을 진단하는 것이다. 위와 같은 행동들이 긍정적이며 왕성하면 리더십이 효과적인 것으로 판단할 수 있고, 부정적인 행동들을 많이 보일수록 리더십에 문제가 있다고 보는 것이다.

(5) 상관이나 동료 및 부하들에게 의견을 물어 진단한다.

리더들은 자신의 리더십 상태에 관하여 정확하게 인식하지 못하는 경우가 많다. 사람들은 대개 자기 모습을 자기가 잘 보지 못하는 것이다. 그러므로 상관이나 동료들은 객관적으로 조언을 해 줄 수 있는 사람들이다.

군의 초급간부들의 경우에도 대화가 될 수 있는 상관이나 동료들에게 자신의 리더십에 대한 객관적인 의견을 묻고 자문을 구할 수도 있다. 또한 적절하고 긍정적인 여건이라면 부하들에게도 개인적인 대화나 설문 등을 통해 자신의 리더십 장단점과 보완점 등을 솔직하게 물을 수도 있을 것이다.

3. 진단의 오류가능성과 유의점

3.1. 진단의 불완전성

의사가 환자를 진료할 때에 오진이 있을 수 있듯이 리더십진단에도 오류의 가능성이 있다. 더군다나 인간의 내면을 아는 것은 더욱 어렵다. 부모가 자식의 생각을 얼마나 정확하게 알 수 있을까? 교수가 학생들의 성적을 얼마나 정확하게 평가할 수 있을까? 상관이 부하의 심리를 얼마나 정확하게 이해할 수 있을까?

상관과 자신 및 부하의 리더십을 정확하게 파악하는 것은 매우 어려운 것이다. 다만 정확도를 높여가는 방법들을 찾아서 오류의 가능성을 줄이고자 노력하는 것이 필요하다.

3.2. 인간의 지각오류 가능성

지각(知覺, perception)이란 인간이 감각기관을 통해 외부의 사물을 의식하는 과정을 말한다. 대인지각의 경우 상대방의 외모나 언행 등 다양한 신호로부터 상대방의 성격, 의도, 욕구, 능력 등 내면의 특성을 추정하는 것이다. 그런데 사람의 감각과 지각기능은 완전하지 않으므로 정보판단과 해석에 오류가 발생하여 사람의 본모습을 잘못 보는 경우가 나타나는 것이다.[55]

---

55) 지각오류가능성에 대한 참고자료. 박유진 「리더십 마인드&액션」, 35~38쪽.

가령 새로 부임한 상관에 대해 그의 외모, 태도, 전공 등으로 인해 어떤 이미지가 생기고 그러한 이미지로 그를 평가할 수도 있다. 만일 그 상관의 실제의 모습이 당신이 갖게 된 이미지와 다른 것이라면 지각의 오류를 범하는 것이다. 부하에 대한 지각도 마찬가지이다. 본 항에서는 지각의 오류들에 대해 살피고자 한다. 리더나 구성원에 대한 판단에 있어서 오류를 줄여 정확성을 높이는 것이 올바른 리더십행동의 전제가 된다.

- **현혹효과(Halo Effect)** 인상이나 외모 등 어느 한 특성이 전체의 이미지에 영향을 미치는 것을 말하며 후광효과라고도 한다. 가령, 예의를 중시하는 리더는 어떤 부하가 예의바른 것을 보고 능력이나 다른 면들도 좋을 것이라고 생각하는 오류이다. '하나를 보면 열을 안다'는 속담이 있지만 리더십에서는 단편적인 관찰에서 오는 부정확한 평가를 경계해야 한다. 리더는 부하의 어느 한 부분을 보고 전체를 평가하면 안 되며, 각각의 요소들마다 그 부분을 정확히 평가해야 한다는 것이다.
- **첫 인상 효과(First Impression Effect)** 첫 인상은 고정화되어 그 후의 관계에 큰 영향을 미치는 것을 말하며 현혹효과의 일종이다. 첫 인상을 좋게 받은 사람에게는 계속 호감을 갖게 되고 좋지 않은 인상을 받은 사람은 꺼리는 경향이 있다. 첫 인상이 정확할 수도 있지만 사람을 겪으면서 변하는 경우가 많다. 허풍쟁이인줄 알았는데 진실한 사람이고, 배려심이 많은 사람인줄 알았는데 이기적인 사람이고... 그래서 믿는 도끼에 발등을 찍히고 열 길 물속은 알아도 한 길 사람 속은 모른다는 속담이 있는 것이다. 리더는 구성원들에 대해 첫 인상의 판단을 미루어두고 겪어가면서 사람을 평가하는 여유를 가지는 것이 좋을 것이다.
- **고정관념(Stereotyping)** 특정한 사람이나 집단에 대하여 가지는 고정된 견해나 태도를 말하며 상동적(常同的) 태도 또는 선입견이라고도 한다. 인종, 지역성, 직업, 혈액형, 외모, 전공, 종교 등 고정관념의 요소들은 많다. '그 사람

은 전공이 $$이니까 ***할거야.', '그 친구는 혈액형이 A형이므로 성격이 ** 할거야.' 이런 유형의 선입견들이다. 인간이 고정관념을 갖는 이유는 경험과 학습의 효과 등 여러 가지가 있다. 고정관념은 맞는 부분도 있지만 사람마다 개성과 특성이 달라서 틀리는 경우가 더 많다. 리더는 구성원들을 고정관념으로 바라볼 것이 아니라 구체적인 행동과 성과로 판단해야 할 것이다.

- **선택적 지각(Selective Perception)** 정보를 객관적으로 받아들이지 않고, 자신의 취향이나 가치관과 일치하거나 유리한 것만 선택적으로 받아들이는 것이다. 종교, 정치적 견해, 가치관 등이 선택적 지각에 영향을 준다. 흔히 자기합리화나 유사성(Similarity)효과와 비슷한 의미이다. 자신과 동일한 종교나 가치관을 가졌거나 유사한 배경 등 공통점이 많은 사람을 더욱 선호하는 경향이 있는 것이다. 리더는 자신의 특성과 일치하는 사람을 높이 평가할 가능성이 있다. 판단의 오류가 발생할 수 있으므로 유의하여야 할 부분이다.

- **대비효과(Contrast Effect)** 평가대상을 독립적으로 지각하지 않고 다른 대상과 비교하여 평가하는 것을 말한다. 평가의 시점이 지각오류를 낳을 수 있다. 면접시험을 볼 때 앞 사람이 매우 우수하였다고 하자. 뒷사람도 우수한데도 앞 사람의 영향 때문에 보통수준으로 평가받는 경우 등이다.
  불합리한 기준으로 대비하는 것도 지각오류를 낳는다. 행정직과 기술직 부하에 대해 장비를 정비하는 능력으로 우열을 비교해서는 안 되는 것이다. 리더는 인사관리를 위해서 구성원들을 평가해야 하는 일이 많다. 리더십을 평가할 때도 절대적 기준으로 보아야 할 부분도 대비효과로 말미암아 상대적으로 불리하거나 유리하게 평가하는 오류를 낳을 수 있음을 유의해야 하는 것이다.

- **시간적 근접효과(Proximity effect)** 시간적으로 최근에 접한 정보가 그 이전에 접한 정보보다 더 크게 영향을 미친다는 것이다. '끝이 좋으면 다 좋다'는 말도 이러한 효과의 표현이다. 줄곳 잘못하다가도 마지막이 잘하는

것이 계속 잘하다가도 마지막에 못하는 것에 비해 더욱 좋은 이미지를 줄 수 있다. 리더는 리더십을 평가함에 있어서 최근의 일만이 아니라 장기적인 과정을 고려해야 하는 것이 맞지만, 상대적으로 보면 지나간 일을 그 당시에 영향을 주었지만 현재는 현실상황이 더욱 중요하다는 것을 말해준다.

어떠한 지각과정을 거치든 일단 형성된 이미지는 상대방을 인식하고 대하는데 영향을 끼친다. 사람은 불완전성으로 인해 사람이든 사물이든 대상을 완전하게 지각할 수 없고 인지능력은 개인차가 있게 마련이다. 리더는 특히 사람을 평가할 때 지각의 오류를 줄이는 것이 올바른 리더십발휘를 위해 필요한 일이다.

지각오류를 줄이기 위한 몇 가지 유의점을 생각해보자.

① 사람을 판단할 때 객관적인 성과와 행위의 원인을 잘 살피며 공정성의 마음을 유지하는 것이다.

② 상대방의 입장에서 생각해보는 것이다. 왜 저렇게 했을까? 상대방의 입장에서 생각해보는 역지사지(易地思之)에서 좋은 교훈을 얻을 수 있다.

③ 다양한 상황을 종합적으로 본다. 한 번의 잘잘못이나 첫 인상의 이미지도 중요할 수 있지만 다양한 경우의 행동과 성과를 보고 관찰하여 평가를 내리는 것이다.

④ 비교의 덫을 경계한다. 리더십의 진단에서도 불공정한 비교의 덫이 늘 존재한다. 문제 있는 부하들이 많고 여러 가지 악조건에도 80%정도의 성과를 달성한 리더와 자질이 우수한 부하들과 좋은 조건에서 90%의 성과를 달성한 리더를 비교할 때 결과만을 두고 우열을 평가한다면 불공정한 평가가 될 것이다. 잘못된 비교 때문에 B급 수준이 A급도 되고 C급도 될 수 있다. 특히 인사평가나 포상 등에서 특히 유의할 일이다.

⑤ 리더 자신의 가치관이나 평가기준을 평소부터 공정하고 합리적으로 설정하여야 한다.

제8장

리더십에 관한 격언과 명언

8장은 대학 학사일정에서
중간시험 주간에 해당하므로
강의를 진행하지 않고 참고하는 내용입니다.

1. 리더와 한 인간으로서의 삶에 대한 태도

- 공직을 맡은 자는 스스로를 공공재산으로 생각해야 한다. -제퍼슨
- 운명은 그 사람의 성격에 의해서 만들어진다. 그리고 성격은 그 사람의 일상의 습관에서 만들어진다. 그러기 때문에 오늘 하루 좋은 행동의 씨를 뿌려서 좋은 습관을 들이도록 해야 한다. 좋은 성격과 습관은 그때부터 새로운 운명의 문을 열 것이다. -데커
- 눈물과 함께 빵을 먹어보지 않고서는 생의 맛을 알지 못 한다. -괴테
- 인간은 항상 시간이 모자란다고 불평을 하면서 마치 시간이 무한정 있는 것처럼 행동한다. -세네카
- 자살은 살인의 최악의 형태다. 그것은 후회할 수 있는 기회를 전혀 남기지

않기 때문이다. -존 C. 콜린스

- 아무도 보고 있는 사람이 없을 때의 당신이 당신의 참다운 모습이다.
- 몇 가지 꿈이 실현되지 않았다고 해서 자신을 불행하다고 생각하지 말라. 꿈이라는 것을 가져보지 못한 사람들이야말로 정말 불행한 사람들이다.
- 사는 게 지겹다면 그것은 당신이 그렇게 만든 것이다. -부스카글리아
- 가난하게 태어난 것은 당신의 잘못이 아니지만 가난하게 죽는 것은 당신 책임이다. -빌 게이츠
- 삶에서 속도보다 중요한 것은 방향이다.
- 마음의 평화란 생의 갈등이 없는 데서 오는 것이 아니라 그 갈등을 이겨내는 능력에서 온다.
- 명예롭지 못한 성공은 양념을 하지 않은 요리와 같은 것. 그건 배고픔을 면하게 해주지만 맛이 없다. -조 파테어노
- 한 인간의 됨됨이를 정말 시험해 보려거든 그에게 권력을 줘 보라. -에이브러햄 링컨
- 좋은 생각은 좋은 열매를 맺고, 나쁜 생각은 나쁜 열매를 맺는다. 사람은 누구나 자기 자신을 가꾸는 정원사이다. -J. 앨런
- 친구를 찾겠다고 나서면 친구는 드물다. 그러나 친구가 되겠다고 나서면 어디에나 친구가 있다. -지그 지글러
- 세상을 사는 데에는 두 가지 방법이 있다. 하나는 기적을 없다고 믿고 사는 것과 다른 하나는 모든 일이 기적이라고 믿으며 사는 방법이다. 나는 후자를 택하기로 했다. -아인슈타인
- 아무도 뒷걸음질을 해서 미래로 갈 수는 없다. -조셉 허거샤이머
- 사람의 마음은 낙하산과 같은 것! 펴지 않으면 쓸 수가 없다. -오스몬
- 비관주의자는 바람이 분다고 불평하고 낙관주의자는 바람이 방향을 바꾸기를 기대하며 현실주의자는 바람의 방향에 돛을 조정한다. -W.A.워드

- 마음은 극히 주관적인 장소이므로, 그 안에서는 지옥도 천국이 될 수 있고 천국이 지옥으로 될 수도 있다. -존 밀튼
- 주머니에 손을 넣고 성공이란 사다리를 올라갈 수는 없다. -미국 속담
- 태만은 천천히 움직이므로 가난이 곧 따라잡는다. - 프랭클린
- 가장 위대한 에너지源의 하나는 자기가 하는 일에 대한 긍지. -스포크
- 남의 인생에만 반하지 말고 스스로의 인생에 반할 수 있는 삶을 살라! -저자
- 겸손한 지휘관은 부하들을 곁에 머물게 하고, 칭찬하는 지휘관은 부하들을 가깝게 하고, 용서하는 지휘관은 부하들을 따르게 하고, 배려하는 지휘관은 부하를 감동케 한다.
- 인격은 리더십의 모든 것이다. - 아이젠하워

2. 리더의 도덕성과 올바른 품성

- 깨끗한 양심처럼 더없이 폭신한 베개는 이 세상에 없다. -프랑스 속담
- 잘못을 고치지 아니하는 것, 이것을 잘못이라고 한다. -논어
- 덕행은 가장 값진 유산이다. -사마광
- 인격을 수단으로 삼지 말고 항상 목적으로 대우해야 한다. -칸트
- 잘못을 정당화하다 보면 잘못이 갑절로 늘어난다. -프랑스 속담
- 거짓말을 한 그 순간부터 뛰어난 기억력이 필요하게 된다. -코르네이유
- 실수의 변명은 늘 그 변명 때문에 또 하나의 실수를 범하게 된다. -세익스피어
- 한두 사람을 항상 속일 수도 있고, 여러 사람을 한두 번 속일 수는 있을지 모르나 수많은 사람을 항상 속일 수는 없다. -링컨

- 겸손이 없어지면 덕의 울타리가 무너져 버린다.
- 벼슬자리 없는 것을 걱정하지 말고, 벼슬에 올라 설 수 있을 만한 자기의 학식이나 능력에 대해 걱정하라. 또 남이 나를 몰라주는 것을 걱정 말고, 남들에게 알려질 만한 일을 하려고 애써라. -논어
- 옛 사람들이 함부로 말을 입 밖에 내지 않은 것은, 자기의 실천이 말을 따르지 못할까 두려워했기 때문이다. -논어
- 가장 고약한 감옥은 닫힌 마음이다. -교황 요한 바오로 2세
- 다른 사람들이 들어오지 못하도록 울타리를 치면 자기도 그 안에 갇히게 된다. -빌 코플랜드
- 옹졸한 사나이는 벼슬을 얻지 못하였을 때에는 얻으려고 걱정하고, 벼슬을 한번 얻었을 때에는 그것을 잃을까 걱정한다. 참으로 벼슬을 잃을까 걱정하는 사람은 그 수단으로 무슨 짓이라도 한다. - 이이
- 잘못을 저지르고도 후회할 줄 모르는 자는 下等의 사람이요. 후회하면서도 고칠 줄 모르는 자도 下等의 사람이다. -소학
- 겸손한 사람에 오만하지 말고, 오만한 자에게 겸손하지 말라. -제퍼슨 데이비스
- 자신의 칭찬을 부정하는 자는 다시 한 번 그 칭찬을 듣기 위해서이다. -라 로시푸코
- 자신의 모습보다 과장하는 것은 아직도 철이 덜 들었다는 증거이다.
- 남을 시궁창에 붙잡아 두려면 자기도 시궁창 속에 있어야 한다. -부커 T. 워싱턴
- 남을 밑으로 끌어내리려면 자기 자신도 불가불 그와 함께 끌어내려야만 한다. 그러니 남을 끌어내림으로써 자기 자신을 끌어올릴 수 있는 기회도 놓치고 만다. -매리언 앤더슨
- 자기 자신도 지킬 수 없는 자기의 비밀을 남이 지켜주길 바라는가? - 라

로슈푸코

- 기쁨은 나누면 배가 되고 슬픔은 나누면 반이 된다.
- 칼에 맞은 상처는 치유 할 수 있어도 입에 맞은 상처는 치유하기 어렵다. - 페르시아 속담

3. 임무수행에 대한 성실성과 도전적 자세

- 항구에 정박해 있는 배는 안전하다. 그러나 배는 항구에 묶어 두려고 만든 것이 아니다. -존 A.세드
- 우리의 영광은 한 번도 실패하지 않는 것이 아니고 넘어질 때마다 일어서는 것이다. -골드 스미스
- 결정을 내리기 전에 모든 것을 완벽하게 알고자 고집하는 사람은 결코 결단을 내리지 못한다. -앙리 F.아미엘
- 삶에는 내가 들 수 있는 만큼의 무게가 있다.
- 일이란 즐기지 않으면 곧 노역으로 바뀐다.
- 대기를 오염시키는 가장 나쁜 것은 스모그가 아니라 사람들이 내뱉는 불평들이다. -움베르토 사바
- 그림자를 두려워 말라. 그것은 가까운 곳에 빛이 있다는 것을 의미하는 것이다.
- 불평과 잔소리의 한 마디 한 마디는 당신 집안에 무덤을 한 삽씩 한 삽씩 파들어 가는 것이다. -나이트
- 실패를 함구하는 건 성공을 뽐내는 것 보다 더 위험하다. -케네
- 인생에 있어 실패를 한 번도 안 해본 사람은 새로운 시도를 한 번도 해 보지 않은 사람이다. -아인슈타인

- 포기한 자보다 더 비열한 자는 시작도 하지 않는 자다.
- 지나치게 숙고하는 인간은 큰 일을 성취하지 못한다. -실러
- 위험에 대한 공포는 위험 그 자체보다 천 배나 무겁다. -디포
- 운명은 용기 있는 자 앞에 약하고 비겁한 자 앞에는 강하다. -윌콕스
- 위험이 다가왔을 때 도망치려고 생각해서는 안 된다. 그렇게 되면 도리어 위험이 배가된다. 그러나 결연하게 맞선다면 위험은 반으로 줄어든다. 무슨 일을 만나거든 결국 도망쳐서는 안 된다. -윈스턴 처칠
- 위험이 있는 곳에 기회가 있고 기회가 있는 곳에 위험도 있다. 이 둘은 분리될 수 없다. 이 둘은 함께 한다. -얼 나이팅게일
- 천재란 천부적인 1%의 영감과 99%의 땀으로 이루어진다. -에디슨
- 이 세상에서 성공할 수 있는 길은 두 가지 길이 있다. 하나는 자신이 남보다 근면 성실하면 되고, 또 하나는 타인의 어리석은 점을 이용해서 이익을 취하면 된다. -라 르뷔에르
- 평화의 시기에 땀을 흘리면 전투시에 피를 적게 흘린다.
- 게으른 사람의 혀가 게으름을 피는 것을 본 일이 없다. - 바운드
- 습관은 처음에는 손님이다. 그러나 그대로 두면, 손님이 그 집 주인이 되어버린다. -탈무드
- 우리는 대개 습관이라고 하는 쇠사슬을 느끼지 못하고 있다가 그것이 끊을 수 없을 정도로 강해진 다음에야 비로소 그 존재를 깨닫게 된다. - 새뮤얼 존슨
- 악마가 사람을 방문하기에 너무나 바쁠 때에는, 대신 술을 보낸다. -탈무드
- 브라질에 있는 작은 나비의 날개짓이 미국 텍사스에 토네이도를 발생시킨다.
- 아주 작은 변화가 결과에서는 매우 큰 차이를 만들 수 있다. - 나비효과

- 변화를 거부하는 사람은 이미 죽은 사람이며 안정성이란 시냇물에 떠내려 가는 죽은 물고기와 같다. - 핸리 포드
- 양의 지휘를 받는 사자들로 이루어진 군대보다는 사자가 이끄는 양떼로 구성된 군대가 전쟁에서 이기기 마련이다. - 마키아벨리

4. 부하들에 대한 신뢰와 동기부여

- 칭찬은 선한 자로 더 나은 자 되게 하고, 악한 자로 더 나쁜 자 되게 한다. -휼러
- 사교적인 사람이 되려면 남이 자기가 이미 알고 있는 것을 가르쳐 주더라도 아무 소리 말고 배울 것.
- 한 사람의 지원자는 억지로 끌려온 열 사람보다 낫다. -아프리카 속담
- 근심이 들어오면 믿음이 달아나고 믿음이 생기면 근심이 달아난다.
- 의심스러운 사람은 쓰지 말고, 사람을 썼거든 의심하지 말라. -명심보감
- 현명한 사람은 자신에게 의문을 품고 어리석은 자는 남들만 의심한다.
- 당나귀는 긴 귀로 구별할 수 있으며 어리석은 자는 긴 혀로 구별할 수 있다. -유태 격언
- 아무나 믿는 것은 위험한 짓이지만, 아무도 못 믿는 것은 더욱 위험한 짓이다. -링컨
- 질투는 천 개의 눈을 가지고 있다. 그러나 한 가지도 올바로 보지 못한다. -탈무드
- 상대방에게 한번 속았을 땐 그 사람을 탓하라. 그러나 그 사람에게 두 번 속았거든 자신을 탓하라.
- 사람들을 때려서 지도할 수는 없다. 그것은 폭력행사이지 지도력의 발휘는

아니다.

- 잘못을 고쳐주는 것도 좋은 일이지만, 잘하도록 북돋우는 것은 더욱 효과가 있다. -괴테
- 부하들을 늘 꽃처럼 대하고 반겨라, 나쁘게 보면 뽑아야 할 잡초 아닌 것이 하나도 없고 좋게 보면 모든 것이 꽃이 되어 내게 돌아오느니라. - 추사 김정희

5. 리더로서의 배움과 자기발전노력

- 모진 고생보다 더 나은 교육은 없다. -디즈레일리
- 사색 없는 독서는 소화되지 않는 음식을 먹는 것과 같다. -에드먼 버크
- 읽지 않고 덮어둔 책은 휴지 뭉치에 불과하다. -중국 격언
- 기억을 증진시키는 가장 좋은 약은, 감탄하는 것이다. -탈무드
- 반드시 1등만이 아니라 전보다 더 잘하는 것도 진정한 승리이다.
- 어리석은 자의 특징은 타인의 결점을 드러내고, 자신의 약점은 잊어버리는 것이다. -키케로
- 목마르기 전에 미리 우물을 파 두어라. -중국 속담
- 사람의 표정이란 타고나는 것이 아니다. 표정은 연륜이 우리 얼굴에 남기는 서명일 뿐. -도로시 C.피셔
- 인내심 없는 인간은 기름 없는 등잔불과 같다. -앙드레스 세고비아
- 거친 바다가 유능한 선원을 만든다. -영국 속담
- 한 가지 일을 경험하지 않으면 한 가지 지혜가 자라지 않는다. -명심보감
- 싸움에 있어서는 한 사람이 천 사람을 이길 수도 있다. 그러나 자기에게 이기는 자야말로 가장 위대한 승리자다. -석가(釋迦)

- 가장 위대한 예술가도 한때는 초심자였다. -파머스 다이제스트
- 실수와 패배는 우리가 전진하기 위한 훈련이다. -채닝
- 인간은 패배했을 때 끝나는 것이 아니라 포기할 때 끝나는 것이다.
- 모든 사람이 영웅이 될 수는 없다. 영웅이 지나갈 때 박수쳐 줄 사람도 있어야 하니까.
- 성공하는 사람이란 남들이 자기에게 던지는 벽돌로 든든한 기초를 쌓아가는 사람이다.
- 얼마나 열심히 일하는가를 말하지 않고, 얼마나 많이 해냈는가를 이야기하라. -제임스 링
- 모두들 세상과 남들을 바꾸려 들지만 스스로를 바꾸려는 생각은 하지 않는다. -톨스토이
- 지식이 전쟁의 중심이 되고, 특히 미사일·레이저·유도탄 등 고도정밀무기를 다루는 상병들의 정신력을 포함하여 계량하기 힌든 요소들에 의해 전쟁의 승패가 좌우 된다. - 앨빈 토플러
- 지휘관이 훌륭한 리더십을 발휘하기 위해서는 50%를 자신의 업무수행에, 50%를 자신을 발전시키는데 더 투자해야 한다. - 나셜

제2부

제2부는 〈군 리더십〉으로써 4개의 장으로 구성하였으며 군 리더십의 개념과 특성 및 발휘 방법, 전장 리더십 등을 다룬다.

9장은 군 조직의 특성과 환경변화를 소개하고 있다.
10장은 군 리더십에 대한 이해와 외국군 리더십 등을 소개하였다.
11장은 군 초급리더의 바람직한 모습과 역할을 제시하였다.
12장은 전장과 전투의 특성을 이해하고 전장심리와 전장리더십 발휘원칙 및 전장리더십 사례를 제시하였다.

군 리더십

제9장

군 조직과 환경변화의 이해

1. 군의 임무와 조직특성

1.1. 군의 수행임무

군이 존재하는 목적은 평시에는 전쟁을 억제하고 유사시에는 전투에서 승리하는 것이다. 우리 군의 임무도 정치, 경제, 사회, 문화 등 여러 분야에서 다양한 영향을 받아서 임무수행의 영역이 확대되고 있다. 아울러 국민의식 수준의 성장과 선진 시민사회로의 변화, 군 구성원의 다양화, 입대 장병들의 의식구조의 변화, 개인의 인권이 존중되는 인간존중의 가치가 확산되어 국민들로부터 많은 변화를 요구받고 있다.

앨빈 토플러[56]는 '제3의 물결'에서 21세기를 지식정보화 시대라고 하였다. 변화를 채 이해하기도 전에 새로운 변화의 물결이 밀려오고 있으며 세계의 모든 국가, 모든 기업, 모든 군대들은 미래의 생존전략으로 변화와 혁신을 추구하고 있다고 하였다. 특히 인류의 생존을 위협하는 전쟁양상은 대량살상무기의 확산과 더불어 테러 등 비군사적 위협의 증대와 과학기술의 발달로 사거

---

56) 엘빈 토플러는 '제3의 물결'에서 "지식이 전쟁의 중심이 되고, 특히 미사일·레이저·유도탄 등 고도정밀무기를 다루는 장병들의 정신력을 포함하여 계량하기 힘든 요소들에 의해 전쟁의 승패가 좌우 된다."고 하였다.

리, 정밀도, 파괴력이 증가된 무기체계가 출현하고 실시간 정보·지휘·통제능력이 획기적으로 발전됨에 따라 새로운 모습으로 발전하고 있다. 따라서 군의 모든 간부들은 이러한 변화하는 환경에 적극적으로 대처하여 바람직한 리더십을 발휘함으로써 군의 임무 및 목표 달성에 기여해야 한다.

(1) 육군의 임무

대한민국 헌법 제5조 2항, "국군은 국가안전 보장과 국토방위의 신성한 의무를 수행함을 사명으로 하며, 그 정치적 중립성은 준수된다." 라고 국군의 사명을 명시하고 있다. 그리고 1항에는 "대한민국은 국제평화의 유지에 노력하고 침략적 전쟁을 부인한다."라고 명시하고 있다. 국군 조직법 3조 1항은 "육군은 지상작전을 주 임무로 하고 이를 위하여 편성·장비되며 필요한 교육훈련을 한다."라고 육군의 임무에 대해 명시하고 있다. 육군은 임무 완수를 위해 전쟁 억제뿐만 아니라 유사시 모든 지상작전에서 승리해야 하며, 국가의 제반 위기사태 시 효과적인 대응과 국민 편익증진뿐만 아니라 국제평화유지에도 기여하는 등 다양한 임무를 성공적으로 수행할 수 있어야 한다.

(2) 육군목표

육군의 목표는 '육군의 존재 이유, 곧 존립 목적'이며 육군의 역량을 집중해야 할 지향점이다. 육군의 목표는 국군조직법에 명시된 임무에 기초를 두고 있으며 국가안보 목표와 국방목표 구현을 지향하는 변하지 않는 가치이다. 육군은 주어진 임무의 성공적인 완수를 위하여 표 9.1과 같아 육군목표를 제시하여 전 육군의 구성원이 노력을 지향할 바를 분명히 하고 있다. 이러한 목표는 싸워 이길 수 있는 정예화된 강군으로 육성되어 강한 전투력을 갖추었을 때 달성 가능하다.

표 9.1 육군의 목표

대한민국 육군은 국가방위의 중심군[57]으로서 1. 전쟁억제에 기여한다 2. 지상전에서 승리한다 3. 국민편익을 지원한다 4. 정예강군을 육성한다

여기서 국가방위 중심군으로서 의미는 아래와 같다.

- 국민의 생명과 재산의 기반인 영토를 수호하는 중추전력이다.
- 전쟁수행의 주체로서 군사력운용의 기준이다.
- 북한군 지상군에 대응할 핵심전력이다.
- 국가 재해·재난복구와 국민편익 지원을 주도하고 평화유지에 기여한다.

(3) 육군의 역할

육군은 국가방위의 중심군으로서 국민의 생명과 재산을 보호하고 영토를 수호한다. 또한 미래에 증가할 것으로 예상되는 테러·재난과 같은 비군사적 ·초국가적 위협에 대처 가능하도록 역할이 더욱 확대되고 있다.

따라서 급변하는 안보환경과 우리나라의 국제적 위상 변화는 군이 보다 확대된 영역에서 보다 더 많은 역할을 수행할 것을 요구하고 있다. 육군의 역할은 다음과 같다.

- **현존위협에 대비** 국지도발 및 전면전 등 다양한 유형의 도발에 대한 최상의 대비태세를 확립하여 북한의 군사적 도발을 억제한다. 적이 도발시는 이를 격퇴하며 지상전에서 승리하여 전쟁 종결에 기여한다.

---

57) 국가방위의 중심군은 군의 기본 임무이면서 육군의 핵심임무이다. 대한민국의 군 대표 이미지와 정체성을 강조하고 있다.

- **잠재적 위협에 대비** 분쟁을 억제하고 전력을 확보하여 군사적 대치나 충돌, 국지전 발발시 승리하여 평화유지에 기여한다.
- **국가이익 증진에 기여** 정부의 세계평화 유지활동을 적극 지원하고 군사교류를 다변화하여 국익증진과 국위선양에 기여한다.
- **국민 편익증진에 기여** 재난복구, 질병예방, 치안질서 유지, 국가적 행사지원 등 확대된 영역에서 국민의 안전보호와 편익증진에 기여한다. 민주시민을 육성하는 국가적 교육기관으로서 역할을 담당한다.

(4) 군의 수행임무와 상황

군은 전투를 기본 임무로 하는 조직이지만, 전쟁이 항상 지속되는 것이 아니기 때문에 군 조직은 많은 시간을 평시 상태에서 보내고 있다. 평시에는 전시를 대비한 훈련을 하면서 조직이 일상적으로 문제가 없도록 관리를 하는 관계로 평시의 군 조직은 민간조직과 크게 다를 바가 없다. 따라서 군 리더는 평시 임무를 수행하면서 전시 임무에 대비해야 하므로 전투지휘와 평시지휘를 모두 잘 할 수 있도록 훈련되어야 한다. 군 조직이 당면하는 위험의 정도에 따라 전시와 평시에 군 조직이 수행하는 임무를 그림 9.1과 같이 제시할 수 있다.58)

58) 남기덕(2009), 전승보장을 위한 전투임무중심의 리더십 연구, 437쪽 정리

그림 9.1 전·평시 군의 임무수행

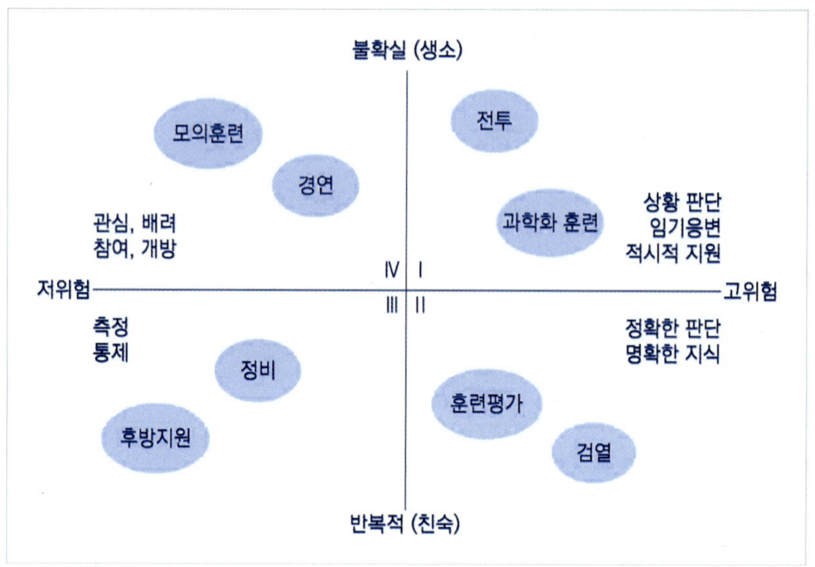

군 조직과 민간 사회 조직에서 리더십의 가장 큰 차이점은 군 조직은 그 임무가 구성원의 생명이 걸려있는 전투를 수행하는 것이다. 군의 조직은 8명 전·후의 인원으로 구성된 분대로부터 시작하여 500~600명에 이르는 대대, 수천 명의 연대, 만여 명의 사단 등 차이가 많은 조직으로 구성되어 있다.

1사분면은 불확실성이 높고 생명의 위협으로 인하여 위험성이 높은 상황으로서 전투상황이 그 대표적인 경우이다. 실제 전투상황은 아니지만 불확실성과 위험성이 높은, 현재 육군에서 실시하고 있는 과학화전투훈련도 여기에 해당되는 수행임무라고 볼 수 있다.

2사분면의 전술훈련평가나 지휘검열은 주기적으로 시행되는 임무이므로 무엇을 준비해야 하는지가 명확하여 불확실성은 낮지만, 이 평가나 검열결과는 부대와 지휘관의 평가에 중요성이 높은 것이므로 위험도가 높은 임무이다.

3사분면의 경계지원, 정비와 후방지원 업무 같은 것은 일상적으로 시행하고 있는 기본업무로서 위험성이 없는 경우이다.

4사분면은 모의훈련이나 각종 부대별 경연대회를 들 수 있는데, 일상적으로 이루어지는 수행업무가 아니므로 불확실성은 높지만 생명의 위협이나 업무의 결과가 부대나 지휘관의 평가에 별반 중요성이 높지 않은 경우이다.

특히 불확실성과 위험도가 높은 임무(1사분면)는 리더의 상황파악 및 상황판단 능력이 중요하고, 순간순간 닥치는 과제를 순발력 있게 대처하는 임기응변 능력이 필요하다. 또한 지원부대나 상급부대의 적시 적절한 지원을 이끌어내는 역할을 잘 할 수 있어야 한다. 불확실성은 낮지만 위험성이 높은 임무(2사분면)는 업무성과의 극대화를 위해 정확한 판단과 명확한 지시로 업무를 추진해야 한다. 불확실성과 위험성도 낮은 임무(3사분면)는 구성원들이 나태해질 수 있기 때문에 부하들의 행동과 성과를 꼼꼼히 측정 및 기록하고 적절하게 통제를 해야 한다. 불확실성은 높지만 위험성은 낮은 임무(4사분면)는 구성원의 창의성과 자발적인 참여가 가장 많이 요구되는 상황이므로 관심과 배려를 통하여 부하들의 참여를 유도해야 한다.[59]

1.2. 군 조직의 특성

군이 존재하는 목적은 외부의 군사적 위협과 침략으로부터 국가를 방위하는데 있으므로 군은 일반사회의 조직과는 달리 국가로부터 부여받은 사명과 임무를 완수하기 위해 명령이나 지시에 대한 절대적인 복종이 요구된다.

따라서 군은 전쟁의 불확실성과 극한상황에서 일사불란한 지휘체제를 유지하기 위해 희생정신, 명령에 대한 복종심, 강한 전우애와 단결심, 동일체의식 등을 함양해야 된다. 평시에는 국민의 군대로서 국민들로부터 깊은 신뢰를 받아야 하며 또한 국민교육(國民教育)의 도장(道場)으로서 훌륭한 국민으로서의 자질을 배양 하는데 진력해야 한다.

59) 오상택(2012), "육군 조직의 리더십 유형이 조직효과성에 미치는 영향에 관한 연구", 27~29쪽

군 조직의 리더들은 일반적인 리더십 이론에 바탕을 두면서 군 조직의 특성에 맞는 융통성 있는 리더십을 발휘해야 하며 군 조직의 특성을 다음과 같다.60)

(1) 조직의 이념과 목표의 특성

군 조직은 국민의 군대로서 국가를 방위하고 자유민주주의를 수호한다는 이념을 갖고 있으며, 전투행위와 전쟁억제의 수단으로서 전투역량을 구비해야 한다는 목표를 갖는다. 군 조직의 구성원들에게는 민주주의 사회의 시민에게 부여되는 권리가 제한되는 반면에 상대적으로 절대적인 복종이 요구된다.

(2) 조직의 구조적 특성

군 조직은 다른 조직에 비하여 공식적 위계, 집권화 정도가 높은 구조를 갖고 있으며 그 구성원의 특징은 매우 다양하다. 즉 학력, 성격, 성장배경, 직업 등 심리적, 사회적, 인구학적 측면에서 이질성이 높다. 직업 군인을 선택한 장교 집단은 자발적이고 의욕적인 태도로서 조직 활동에 참여하며 스스로 조직을 이끌어 나간다. 병사 집단은 단순한 의무복무로서 일정 기간만을 군에 봉사하도록 되도록 되어 있기 때문에 집단 내에서 동질성이나 자기실현, 소속감 등을 갖기가 어렵다. 군대조직은 강력하고도 철저한 상하서열의 위계질서에 의한 명령체계 조직이다. 직책과 계급에 따른 권한과 책임이 부여되고, 조직 내의 직무역할이 명확하다. 동일 계급일지라도 직책과 진급일자에 따라 서열이 존재하는 특성이 있다. 군대 조직의 목표와 가치는 규범적 성격을 가지고 있지만, 임무완수의 절대성에 있어서는 강제적 성격을 갖고 있다.

60) 오상택(2012), "육군 조직의 리더십 유형이 조직효과성에 미치는 영향에 관한 연구", 26쪽

(3) 조직 구성원의 특성

군 조직은 장교, 부사관, 병사, 군무원으로 구성되어 있다. 대부분 병사는 의무복무자로 일정기간 육군·해군·공군에서 국방의 의무를 수행하게 된다. 전문 직업의식으로 복무하는 간부 집단과 의무 복무하는 병사 집단과는 사명의식, 가치관, 국가관 등이 다를 수 밖에 없다. 따라서 초급간부와 병사들의 군대 조직 구성원의 특성은 매우 이질성(檑質性)이 높다. 즉 개인의 학력, 성격, 연령, 종교, 사회적 지위와 경제적 수준, 생활습성과 가정교육 등에서 서로 다른 배경을 가진 이질적인 인격체들로 구성된 조직이다. 그러나 군대는 개인적인 욕구(欲求)보다는 조직의 요구(要求)가 우선하므로 명령과 통제가 일반사회보다 강하다.

(4) 군 조직의 환경적 특성

군 생활은 엄격한 조직과 규율이 요구되며 명령 복종에 대한 절대성과 단체원으로서의 행동이 요구된다. 특히 병사들은 군 입대가 자발적인 동기에 의해서 이루어진 것이 아니라 병역 의무에 의해 이루어진 것이기 때문에 군 생활에 대한 태도가 간부들과는 달리 수동적이고 소극적인 성격을 띠고 있다. 병사들이 자칫 잘못하면 군 생활을 자기 인생의 공백 기간이나 퇴보기간으로 생각하는 피해의식을 갖게 될 수 있다. 군 생활은 생명을 위협하는 요소가 많고, 미래를 정확히 예측하기 어려운 상황에 처할 수도 있기 때문에 조직 구성원이 느끼는 불안과 긴장은 사회생활에서보다 더 심하다. 비슷한 연령과 사고방식 그리고 동료의식에 의해 집단적 성격이 강하게 나타난다. 특히 내무생활을 통해 새로운 인간관계를 형성함으로써 구성원 간에는 강한 친화력이 형성된다.

군대는 임무수행을 위해 일정한 지역에 상주하여 조직적이고 통일된 행동을 요구하고 있기 때문에 생활환경면에서 일반사회와는 많은 차이점이 있다.

주거환경은 군대의 특성상 일반사회보다는 상대적으로 열악(樵惡)한 상태이다. 업무환경은 지휘관 주도하 일사불란한 지휘체제하에 이루어지고 정해진 시간에 완료해야 하는 신속성과 정확성이 요구된다. 문화환경은 군 복무를 통해 국가와 민족의식의 고양, 권위와 질서의 존중, 희생, 봉사정신 등 사회발전을 이룩하는 긍정적 측면과 획일적이거나 형식주의적인 성향 등의 부정적인 측면도 있다. 군 조직의 목표, 구조, 구성원, 환경을 종합적으로 고려해볼 때 한국군 조직의 특성은 표 9.2와 같다.

표 9.2 한국군 조직의 특성

구 분	내 용
환경적 특성	사회적·경제적·정치적·교육적 특성이 다른 곳에서 군 조직으로 입대하게 되므로 문화적 차이가 존재하는 환경
이념과 목표의 특징	군 조직의 모든 활동은 전투행위와 전쟁억제의 수단으로서 국토를 방위하는 목표에 집중
구조적 특징	공식적 위계와 집권화 정도가 높은 조직, 엄격한 계급과 직위를 바탕으로 지휘계통에서 상급자의 명령에 복종 요구
구성원 특징	개인의 욕구보다 조직의 욕구가 우선시, 명령과 통제가 보편화되어 있어 탈 개성적 집단, 구성원의 특징은 다양(장교, 부사관, 병, 준사관 등 계급에 따라 역할과 권한, 책임이 다름)

자료 : 김기훈(2009), "야전부대 리더십 교육 향상방안", 87쪽 재정리

1.3. 군 조직의 구성요소

군의 구성원은 상·하 관계가 연령, 학력 등과는 무관하게 계급과 직책에 의해 부하는 상관의 명령에 복종하여야 하며, 상관은 부하에 대하여 솔선수범과 희생정신을 발휘해야 한다. 군 조직은 그림 9.2와 같이 임무·구조·인원·전투기술 등의 구성요소로 이루어진다고 볼 수 있다.

그림 9.2 군 조직의 구성요소

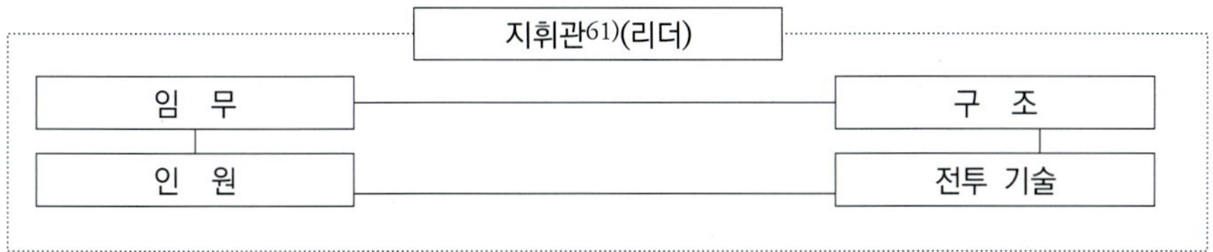

자료 : 강경표 외(2012), 군 리더십 길라잡이, 12쪽

(1) 임 무

군 조직은 전투에서 승리하기 위하여 부하의 교육훈련은 물론이거니와 부대원의 단결, 군기, 사기 등을 향상시키며 시설·장비 등을 효율적으로 관리함으로써 항상 고도의 전투태세를 유지하는 것을 주요한 임무로 삼고 있다.

(2) 구 조

군 조직은 지휘관과 직접적인 상·하 관계를 형성하는 종적 구조인 지휘계선과 지휘관의 과업 수행을 보좌하는 횡적 구조인 참모조직이 있으며, 단위부대 내에서도 전투 임무를 수행하는 전투부대와 이를 지원하는 행정 및 기술 부대 또는 부서가 있다. 군 조직은 엄격한 계급구조와 명령과 복종을 전제로 하여 일사분란한 지휘체계에 의하여 조직이 운영된다는 것이다. 군 조직은 제대별 계층조직으로서 상급부대는 다수의 하급부대의 결합으로 구성되며, 하급부대는 상급부대의 임무, 지시, 요구 등에 보다 직접적이면서도 절대적인 영향을 받게 된다.

61) 지휘관이란 중대이상의 단위부대의 장과 함선부대의 장 또는 함정 및 항공기를 지휘하는 자를 말한다.

(3) 인 원

군대 집단의 구성원은 크게 전문적 직업 군인으로 복무하는 장교 및 부사관 집단과 의무적으로 국방 임무를 수행하는 사병 집단으로 양분된다. 이들 요소 중 장교는 군 조직체 내에서의 두뇌와 심장 같은 위치로서 군 조직의 편성, 각종 업무의 계획과 집행, 부대지휘와 관리 등 전반적인 업무를 수행한다. 부사관은 군 조직에 있어 허리와 같은 위치로서 장교를 보좌하여 병사를 직접 지도 감독하는 역할을 수행한다. 병사는 군 조직에 있어서 지시와 명령을 직접 수행하는 군 조직의 최말단 구성원이다. 장교와 부사관으로 구성된 직업군인 집단은 비록 상이한 성장 배경과 경험을 가졌으나 군 복무 동기나 가치관의 측면에서 어느 정도의 동질성을 갖는다.

(4) 전투기술

군 조직에 있어서 전투기술의 개념은 전투에서의 승리를 보장하는 전투력과 이를 지원하는 제반 요소가 모두 포함된다. 즉 교육훈련, 군기, 사기 등 전투력 요소와 적절한 능력을 발휘할 수 있는 편제와 무기체계, 부대운영 및 지휘, 각종 군사지식과 행정능력 그리고 이들 여러 가지 요소를 고려하면서 운영하는 총체적인 관리 시스템을 모두 포함한다.

(5) 지휘관(리더)

지휘관(리더)은 군 조직에 있어서 핵심적인 역할을 하는 요소로서 지휘권[62]을 사용하여 부대를 지휘, 관리하며 부대의 성공이나 실패에 대하여 전적으로 책임을 지고 있다. 지휘관은 부대의 운영에 있어서 자신의 군 생활, 경험, 지식 및 독창력을 발휘하여 주어진 임무를 수행한다.

---

62) 지휘권이란 지휘관이 계급과 직책에 의해 예하 부대에 합법적으로 행사하는 권한을 말한다. 특히 지휘권은 헌법과 법률에 근거하여 군 최고 통수권자로부터 위임되는 권한으로서 군 지휘관들이 보유하는 특별한 권한이다. 이것이 일반적인 리더십과 군대의 지휘개념의 차이점이다.

2. 군의 임무수행 환경 변화

2.1. 임무수행 환경의 급격한 변화

지구상의 모든 조직은 생존과 발전을 위하여 변화와 혁신을 끊임없이 꾀하고 있다. 인류의 역사를 돌이켜보면 금속활자 발명으로 인한 지식의 혁명(혁신 1.0, 1440년), 산업혁명으로 농업사회에서 공업사회로의 사회·경제구조 변혁(혁신 2.0, 18세기 후반), 컴퓨터 출현과 디지털혁명으로 지식정보화시대로 진입(혁신 3.0), 현재는 모든 기술의 네트워크 융·복합, 빅데이터와 인공지능 등 전혀 새로운 것을 창출하는 파괴적인 차세대 혁명(혁신 4.0)이 현실화 되고 있다.[63].

오늘날 우리는 스마트폰, SNS, 모바일 등 다양한 소통의 수단을 가지고 살아가는 정보화시대의 중심에 있다. 특히 인터넷, IT기술의 발달로 군의 리더십 환경도 급속도로 변화하였다. 환경변화의 속도는 매우 빠르고 역동적이다. 이러한 변화에 효과적으로 적응하고 대응하는 것은 개인과 조직의 생존 및 발전에 있어 매우 중요하다.

군대조직도 사회 환경변화에 많은 영향을 받는다. 군대는 유사시에 생명의 위험을 무릅쓰고 전투임무를 수행해야 하는 조직이다. 평시는 실전과 같은 훈련을 하고 전시에는 고난과 위기의 순간을 자주 접하게 된다. 군 조직 환경은 개인의 행위 및 가치관, 태도뿐만 아니라 조직의 활동 및 기본 원칙에 영향을 미치는 물리적·심리적 제 환경으로서 병영생활, 근무조건, 각종제도, 의식을 포함하여 무기체계와 전쟁운영 방식 등이 이에 해당된다.

우리 사회는 급속한 정보화와 고도의 경제성장으로 생활방식에 커다란 변화를 가져왔으며 장병들의 지적수준도 높아졌고 의식구조도 자율적, 개방적이며 개인주의적으로 변화 되었다. 이러한 장병들을 지휘하기 위해서는 다양하면서도 합리적인 리더십이 발휘되어야 한다.[64]

---

63) 현재는 지식, 산업, 디지털혁명을 넘어 산업간 융합이 활성화되는 차세대혁명 단계이다.
64) 육군교육사령부(2014), 국가와 안보, 5-36쪽

뛰어난 리더십은 전투에서 오는 스트레스에도 불구하고 조직을 단결시키는 접착제이다. 효과적인 군 리더십은 섬세하다. 전시에 유능하지 못한 군 지휘자들이 평시에는 높이 존경받았던 경우도 흔히 있었다.[65]

군 리더십에 영향을 미치는 환경도 전쟁양상의 변화, 군 임무의 글로벌화, 군 입대 장병의 다양화, 장병들의 의식 성향의 변화 등 다차원적으로 변화되고 있다. 이러한 리더십의 환경은 크게 외부환경 요인과 내부 환경 요인으로 구분할 수 있다. 외부환경 요인은 사회, 경제, 문화, 교육의 변화와 전쟁양상의 변화 등이 있다. 내부환경 요인은 군 조직의 특성과 구성원의 의식구조, 병영생활의 변화, 첨단장비와 교리의 발전에 따른 교육훈련 방법의 변화 등이 있다. 따라서 무엇보다도 변화하는 환경을 효과적으로 주도하기 위해서는 리더십에 대한 관점 변화와 통합된 리더십을 발휘할 수 있어야 한다.[66]

> "끊임없이 밀려오는 새로운 변화를 수용하지 못하는 리더는 조직의 발전을 저해하게 된다." (아이젠하워)

2.2. 외부환경 변화

(1) 신세대[67](Z 세대) 장병의 의식성향

군 구성원의 대부분인 병사, 초급간부가 신세대이다. 이들은 비교적 풍요로운 환경에서 자라고 사회적으로 자유분방한 분위기속에서 성장하였다. 요즘 대다수의 장병들은 인터넷, 게임, 영상, SNS에 익숙한 Z세대 젊은이들이다. Z세대란 글로벌 마인드로 무장하고 성장한 글로벌 세대를 지칭하는 용어이다. 이들은 글로벌 마인드와 미래지향적이고 자유분방한 성향을 지니고 있으며,

---

65) 김병관 역(2008), HOW TO MAKE WAR, 447쪽
66) 육군본부(2012), 군 리더십, 1-7쪽
67) 신세대(Z세대)는 1990년 중반~2000년대 초반에 출생하여 디지털 경험에 익숙한 세대이다. 인터넷과 IT, 스마트폰 등 모바일에 친숙하며 기존세대와는 다른 경제관념, 소비패턴, 결혼관을 가지고 있다.

긍정적이고 적극적인 동시에 당당하게 자기주장을 펴는 세대로서 가정적으로는 외동 아들, 인터넷을 주로 사용하며 조기유학, 해외연수, 해외여행이 보편화 된 세대이다. 특히 Z세대는 집단보다는 개인의 행복을, 소유보다는 공유를, 상품보다는 경험으르 중시하는 소비 특징을 보이는 세대이다. 이러한 의식을 가지고 있는 장병들은 군 복무 중에 많은 변화를 겪게 된다. 입대전의 가치관, 인격, 개성, 생활습관 등은 군 조직의 특수성, 리더의 지휘방식, 병영생활 등에 의해 직·간접적으로 영향을 받게 된다.

특히 전문적인 직업의식으로 복무하는 간부들과 달리 병사들은 일정기간만 복무한다는 의식이 강하기 때문에 집단 내에서 수동적이며, 소극적으로 복무하는 경향이 있을 수 있다. 장병들의 의식성향은 우리 사회가 전통사회 및 산업사회에서 지식·정보화 사회로 전환되면서 많은 변화를 가져왔다. 오늘날 변화된 신세대 장병의 국가관, 군인관, 사회관, 행동양식 측면에서 나타난 신세대병사와 초급간부들의 긍정적 요소와 부정적 요소는 표 9.3과 같다.

표 9.3 신세대 병사와 초급간부의 특징

구분	특징
부정적 요소	• 개인주의가 만연, 단체생활에 적응이 어렵고 주변 동료와 갈등 • 가정의 소중한 존재로 성장, 강한 자존심과 개인주의가 강함 • 물질 만능주의를 경험하여 절약하고 아끼는 습성이 부족 • IT, 한류 등 다양한 경험을 통하여 소통과 정보공유에 민감 • 미래 비전과 꿈보다는 눈앞의 현실적 목표를 추구하는 경향 • 물질적 만족에 큰 가치를 둠(고가명품에 주저없이 지갑을 연다)
긍정적 요소	• 자신감, 당당하고 실력이 뛰어남, 해외경험과 어학능력 우수 • 우수한 능력과 창의성 등 강한 잠재력을 소유, 세계 여러나라 젊은이와 비교해도 위축되지 않고 자신감을 발휘 • 인권의식이 높고 각종 자원봉사, 사회운동에 자발적으로 참여하는 등 성숙한 시민의식을 보유 • 사회의 제 문제에 대하여 사회적 감시자 역할을 수행 • 국가에 위기 발생시 안보의식 점진적으로 향상

자료 : 육군본부(2009), 초급간부지도지침서, 4쪽 정리

이들 젊은 세대들의 특징은 능력이 다재다능하고 컴퓨터·전자기기를 잘 사

용하며 기성세대에게는 예의가 부족하다. 그리고 상사 앞에서는 서슴없이 노(NO)라고 말하기도 한다. 또한 순진하고 착하다는 평과 함께 쉽게 좌절하고 포기하며 개인주의 성향이 농후하다. 이들의 강점은 외국어와 글로벌 감각, 창의성, 인터넷 활용이 돋보이며 부족한 점은 성실성과 끈기의 부족, 조직에 대한 충성심과 친화력이 떨어진다는 것이다. 최근 장병들의 확 달라진 안보관, 군인관, 사회관 등 행동양식은 다음 사례에서 볼 수가 있다.

북 도발시 장병의 팔로워십(사례) 2010년 이후 천안함 폭침, 연평도 포격, DMZ 지뢰 도발, 경기도 연천 포격도발 등 북한의 도발로 국가안보에 위기가 발생하였을 때 애국심을 발휘한 장병들은 대다수 20대 초반의 장병들이다. 북한 도발이 터지자 전역을 연기한 장병이 줄을 이으면서 신세대들의 안보관을 미덥지 않게 보던 우리사회의 시선을 바꾸어 놓았다. 2015년 8월 북한 DMZ 지뢰 도발시는 무려 장병 87명이 전역을 미루고 전선을 지켰다. 이들 장병들의 한결같은 소감은 "나라가 위급할 때 나 자신에게 부끄러워지기 싫었다, 뭘 바라고 전역을 미룬게 아닌데...."라고 하였다. 이는 맡은바 임무에 헌신하는 팔로워십을 실천한 장병들의 진정한 모습이었다.[68]

따라서 리더는 이들의 의식성향을 고려하여 주어진 임무완수에 기여할 수 있도록 해야 한다. 그러나 아무리 조직의 환경이 변화되고, 장병의 의식성향이 변화되었다 하더라도 군의 존재 목적은 변화될 수 없음을 인식시켜야 한다. 이러한 신세대 장병의 양면적 의식성향과 능력을 고려하여 강점을 강화하기 위한 리더십, 즉 신뢰와 배려의 관계 형성, 개인의 가치와 개성의 존중, 통제의 최소화, 합리적인 임무부여 등 리더십의 새로운 패러다임이 요구된다.

(2) 국민의 대군 인식의 변화

경제성장에 따른 국민의 생활수준 향상과 사회제반 이슈에 대한 관심도가 높아지고 저출산이 일반화 되면서 자녀들의 군 생활에 많은 관심을 가지게 되

---

68) 조선일보(2016. 2. 25), A11 면

었다. 군내 발생하는 각종 사고에 민감하게 반응하고 국민의 알권리를 주장하는 등 부대운영의 투명성을 요구하고 있다. 또한 개인의 재산권, 기본권 침해 시 새로운 갈등요소가 되고 있다. 이처럼 군에 대한 다양한 시각과 인식은 민군관계에서 보다 높은 수준의 리더십을 요구하고 있다.

(3) 안보의식의 변화

국민의 안보문제에 대한 관심은 군사적 위협에 대응하는 전통적 안보에서 재해·재난·테러·질병·환경 등에 관심을 갖는 포괄적 안보영역69)까지 확대 되었다. 군 임무수행 영역이 글로벌화 되어 해외파병과 군사장비의 해외 수출이 활발히 진행되고 있다. 따라서 정부, 언론, 국회, 지방자치단체, 유관기관과의 긴밀한 협력은 물론 군사외교 분야까지 리더의 관심과 능력이 요구되고 있다.

2.3. 내부상황의 변화

(1) 군의 기본적 임무 확대

군의 임무수행 범위는 점점 글로벌화 되고 그 형태도 다양화 되었다. 국가의 위상과 국력의 신장으로 국제평화 유지와 초국가적 위협에 대한 국제사회에 참여와 협력, 기대에 부응하는 방향으로 임무가 확대되고 있다. 군의 존재 목적은 전투승리에 있다. 군은 국가방위를 위해 평시에는 실전적인 교육훈련과 군사대비태세를 유지하고 유사시에는 적과 싸워 승리해야 한다. 군사작전은 피아 의지의 싸움이며 무력충돌을 수반하므로 불확실성과 위험성이 매우 높다. 이러한 새로운 임무를 수행하기 위해서는 보다 효과적이고 헌신적인 리더십이 요구된다.

(2) 군 조직에 대한 다양한 요구

---

69) 포괄적 안보는 군사적 안보를 중시하는 개념에서 안보위협이 다양화됨에 따라 국간안보에 영향을 미치는 정치, 군사, 경제, 환경, 자원, 에너지, 사회, 기아, 영토, 인간 등 모든 분야에서 야기되는 제반 문제에 대처하는 종합적인 안보개념이다.

군은 계급에 의한 명령체계 조직이다. 직책과 계급에 따른 권한과 책임을 부여되고 조직 내의 직무와 역할이 명확하며 하급자는 법과 규정에 의해 상관에게 복종해야 한다. 육군은 다양한 제대[70] 및 부대[71], 병과로 구성되어 있고 정책부서도 부, 실, 처, 과 등으로 구성되어 있어 다단계 의사결정 구조를 가지고 있다. 따라서 조직의 질서를 유지하면서 가용자원과 전투력을 효율적으로 운용할 수 있는 능력이 무엇보다도 많이 요구된다.

(3) 군 구성원의 다양화

오늘날 한국사회는 국제결혼 증가, 이민자 증가, 노동시장의 국제화에 따른 인구의 유입으로 인종적 다양성이 증가 되고 있다. 특히 군은 개인의 성격, 연령, 성별, 성장환경, 학력, 종교 등의 서로 다른 인격체로 구성되어 있다. 다문화가정[72] 자녀의 군 입대가 본격화 되면서 다양성은 더욱 증대 되고 있다. 복무형태도 다양하다. 간부들은 자의적으로 군을 선택하여 복무하지만 장·단기복무자로 구분되어 있고, 병사들은 대부분 의무복무를 위해 입대하고 있다. 여성의 군 입대도 점점 증가 하고 있다.

이러한 다양성은 구성원들의 수만큼 많은 능력을 활용할 수 있는 장점도 있지만 서로 다른 개인의 욕구도 많아져서 이해관계에 따른 갈등을 야기할 수도 있다. 이러한 현상은 군에 입대하고 전역하는 구성원의 다양성 증대를 초래하여 군 리더들이 발휘해야 할 리더십에도 영향을 미칠 것이다. 따라서 리더는 구성원의 다양성을 이해하고 수용하면서 그들의 관심과 잠재력을 발휘 할 수 있도록 해야 한다.

(4) 군대문화의 이해

70) 육군의 제대는 분대, 소대, 중대, 대대, 연대, 여단, 군단으로 구성되어 있다.

71) 군대구성은 육군, 해군, 공군, 해병대로 구분된다.

72) 다문화가정: 해외에서 유입된 가족공동체로서 국제결혼가정, 외국인 근로자가정, 북한 탈주민가정 등을 말한다. 2011년 1월부터 외관상 명백한 혼혈인도 군에 입대 하게 되었다.

문화는 구성원들의 사고와 행동에 영향을 미치고 모두가 공유하는 공통된 행동양식이다. 한국사회는 국제화에 따른 문화의 다양성이 증가되고 있다. 군은 일사분란한 임무수행을 위해 전통적으로 상명하복과 공동체 문화가 형성되어 있다. 상명하복은 명령과 지시를 반드시 이행하고 완수하겠다는 영향력으로 작용한다. 공동체의식은 부대와 구성원의 강한 일체감과 응집력을 조성하여 개인의 이익보다 부대의 이익을 우선적으로 생각하게 한다. 따라서 문화의 다양성을 인정하고 기존의 전통적인 군대문화를 바람직한 방향으로 유지·발전시키기 위해서는 엄정한 군기가 확립된 상태에서 군인정신을 고취시키고 전투력을 창출할 수 있는 리더십이 점점 중요해지고 있다.

2.4. 과학문명의 발전과 전쟁양상의 변화

(1) 과학문명의 발전

전쟁에 대비한 상시 전투력 유지와 전쟁 발발 시 성공적인 전쟁 수행이라는 군 조직의 목표는 예나 지금이나 변함이 없다. 사회조직의 일부분인 군대조직에서도 사회의 발전에 따라 그 다양성과 기술적 전문화의 변화가 가속화되고 있다. 인류의 전쟁은 농업시대, 산업시대, 지식정보화 시대에 따라 변화하여 왔다. 오늘날 5차원의 지식정보화 시대는 과학기술의 획기적인 발달로 무기체계는 훨씬 복잡하고 과학화·정밀화되어 가고 있다. 인류문명의 원동력이 그림 9.4처럼 노동력에서 기술·자본력, 지식정보력으로 변화됨에 따라 각 시대별로 전쟁수행방법도 백병전, 기동·화력전, 지식정보전으로 변화 되었다.

그러한 변화에 얼마나 성공적으로 적응하느냐에 따라 조직의 생존이 결정되기도 하였다. 원시 수렵사회에서 농경사회로 변화에 성공했던 이집트나 산업시대의 영국, 지식정보시대의 미국 등은 변화에 적극 대응 할 수 있어서 세계 최강국이 되었다.73) 과학기술의 발달이 무기발달과 직결되어 국가 간의 전쟁

---

73) 육군본부(2009), 육군리더십, 1-29쪽

으로 연결됨으로써 과학기술과 무기체계는 상호불가분의 관계로 발전해 왔다. 일반적으로 과학기술의 산물들이 조직, 군수, 전략, 전투개념까지도 좌우 할 만큼 전쟁에 많은 영향을 미쳐왔다. 과학기술이 자동화시대로 발전하면서 전쟁개념과 무기체계도 비약적으로 발전하고 있는 것이다.[74] 오늘날 군 조직은 과학문명의 발달과 더불어 다변화되고 전문화 되어 가고 있으며 리더십에 영향을 주는 환경도 다양하게 변화되었다.

그림 9.4 문명의 원동력과 전쟁양상

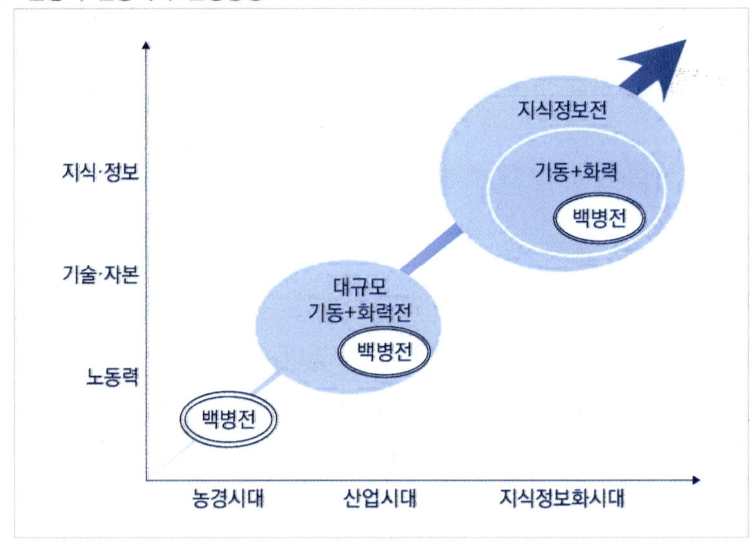

자료 : 육군본부(2009), 육군리더십, 1-29 정리

(2) 전쟁양상의 변화

군과 리더십에서 빼놓을 수 없는 또 하나의 중요한 주체는 바로 전쟁양상에 대한 이해이다. 미래 전쟁의 공간과 성격은 첨단 과학기술의 발전으로 지상·해상·우주·사이버 공간까지 점점 확장되고 있다. 미래의 전쟁양상은 5차원의 전쟁으로서 네트워크 중심전, 정보사이버전[75], 정밀타격전, 마비중심의 신

74) 김철환 외(2015), 전장기능별 무기체계, 7쪽, 11쪽

속기동전, 무인로봇전[76], 비살상전 등으로 더욱 변화 될 것이다.[77]

특히 정보사이버전은 컴퓨터와 네트워크를 통해 상대방을 무력화시킴으로서 군사·행정·전력·금융·교통 등을 마비시킬 수도 있다. 또한 전자장치와 GPS 신호를 교란시키는 공격기술을 지속적으로 발전시키고 있다. 사이버전은 해킹이나 디도스 공격으로 지휘통제, 네트워크를 와해시키고 GPS 교란으로 무기체계의 정상적인 작동을 방해하는 등 전쟁양상을 획기적으로 변화시키고 있다.

표 9.4 인류문명 발전과 전쟁양상 변화

구 분	농 경 사 회	산 업 사 회	지식정보화 사회
변화시기	BC7000년 경	1760년대	1990년대
변화동인	농업혁명 : 도구발명	산업혁명 : 증기기관차 발명	인터넷 혁명 : 디지털 기술 혁명
핵심요소	노동력, 토지	기술력, 경제력	지식, 정보
전쟁 양상	병력에 의한 십단 백병진	기계, 조직에 의한 대규모 기동 화력전	지식, 정보네트워크에 의한 통합지식정보전
전력구조	병력 집약형	기계, 자본집약형	정보집약형
지휘구조	장수중심 구조	수직적 다중적 구조	수평적 네트워크 구조
파괴, 피해	노획, 포로	대량파괴, 대량살상	정밀파괴, 소량피해
전장공간	1차원 (지상)	3차원 (지·해·공)	5차원 (지·해·공·우주·사이버)
전투형태	선형	선형·비선형 (대부대, 집중)	비선형 (소부대, 분산)

자료 : 강경표 외(2012), 군 리더십 길라잡이, 151 정리

표 9.4에서 보듯이 인류 문명의 발전과 전쟁양상은 많은 변화를 가져왔다. 지식정보화 시대는 디지털 기술혁명으로 정밀파괴와 소량피해를 주면서 다차

---

75) 사이버전은 컴퓨터와 인터넷을 통해 상대방을 교란, 파괴, 무력화 시키는 전투행위이다. 북한은 1990년대부터 사이버전 인력을 양성하여 현재는 6000명에 이르고 있다.
76) 향후 로봇이 전투원을 대신하여 전투임무를 담당하는 전쟁양상이 전개될 것이다.
77) 조영갑 외(2014), 현대무기체계론, 343쪽, 349쪽

원의 전장공간 확장과 비선형 전투가 이루어지고 있다. 오늘날의 첨단화된 무기체계 및 정보·통신기술의 발달은 광범위한 지역에서의 분권화작전 실시를 가능하게 하고 있다. 또한 전장상황도 시시각각으로 급변하여, 실시간 상황조치의 중요성이 점점 증가하고 있다. 그러나 임무를 부여한 상관과 이를 실행하는 부하는 과거보다 공간적으로 더 이격된 곳에 위치하게 되어 부하에 대한 상관의 적시 적절한 명령하달과 조치가 어렵게 되었고 현장 지휘관이 스스로 판단하여 주도적으로 대처하는 임무형 임무수행이 요구되고 있다.

3. 군 구성원의 이해

3.1. 군의 인력구성

'국방조직'이란 국방목표를 달성하기 위한 임무·기구·기능·정원 등이 유기적으로 결합된 부대[78] 또는 기관의 체계적 총체를 말한다. 우리나라 군대조직은 기계적 구조의 형태를 띠고 있으며 그 규모는 60만 명 정도로 외국에 비해서도 매우 크다. 우리나라의 국방조직의 근간이 되는 군대는 육·해·공군과 해병대의 4개 군종으로 편성되며 매우 규모가 크고 수평적·수직적 분화정도가 높으며 장소적으로 분산되어 있다. 수평적 분화는 군종별로 구분된 후 병과[79], 기능별로 직무가 세분화되며 최종적으로 개인별로 할당된다. 부대 및 기관의 분류에는 합참, 각군본부, 지상작전사령부, 군사령부, 군단사령부, 해·공군 작전사령부, 해병대사령부, 함대사령부 등이 포함된다.

군 조직은 주로 지휘관 중심으로 부대의 의사결정이 이루어지며 작전기능을

78) '부대'란 국군조직법에 따라 설치되는 국군의 모든 편성체를 말하며, 기관을 제외한 군사조직을 말한다.

79) 육군의 병과는 군대에서 수행하는 임무를 분류한 것으로 군사특기이며 군인의 전공이다. 전투병과(보병, 포병, 기갑, 방공, 정보, 공병, 통신, 항공), 기술병과(병참, 수송, 병기, 화학), 행정병과(행정, 헌병, 재정, 정훈), 특수병과(의무, 법무, 군종) 등이 있다.

중심으로 집권화 되어 있다. 업무의 기능별 할당은 물론 개인별 할당에 이르기까지 대부분의 직무활동은 표준화되어 있어 공식성이 높다.[80)]

3.2. 신분별 기능과 책무

군대조직은 국가를 방위하기 위하여 전쟁과 전투를 수행하며 평시에는 이를 준비하는 활동을 하는 조직이다. 군의 모든 구성원은 법과 규정이 정하는 바에 따라 일정의 신분을 부여받고, 동시에 이에 대한 책임과 의무를 부여받는다. 이러한 신분은 군의 임무와 목표 달성을 위해 자신의 역할을 원활히 수행하게 하고, 나아가 군 전체가 효과적으로 움직이기 위해 법적·제도적으로 부여된 장치이자 수단이다. 따라서 신분에 대한 존엄성은 반드시 존중되어야 하며 자신의 신분과 계급[81)]에서 요구되는 책임과 의무를 다하고 항상 이를 수행할 준비가 되어야 한다.[82)]

(1) 장교

장교는 '군대의 기간(基幹)'이며 전투력 창출의 핵심이다. 그러므로 장교는 그 책임의 중대함을 사삭하여 직무수행에 필요한 전문지식과 기술을 습득하고 건전한 인격의 도야와 심신의 수련에 힘쓸 것이며 처사를 공명·정대히 하고 법규를 준수하여 솔선수범함으로써 부하로부터 존경과 신뢰를 받아 역경에 처하더라도 올바른 판단과 조치를 할 수 있는 통찰력과 권위를 갖추어야 한다. 장교의 책무는 다른 신분보다 더 크고 막중하다. 초급 장교는 부하들을 감화·감동시켜 표 9.5처럼 부여된 임무를 완수하고 개인의 능력을 최대한 발휘할 수 있도록 여건을 조성하여 최상의 전투력을 유지할 수 있도록 해야 한다.

---

80) 김종배(2013), "우리나라 국방조직 효과성 평가모형개발에 관한 연구", 21~23쪽

81) 군대의 계급은 병(이등병, 일등병, 상등병, 병장), 부사관(하사, 중사, 상사, 원사), 장교(준위, 소위, 중위 대위, 소령, 중령, 대령, 준장, 소장 ,중장, 대장)로 구분한다.

82) 육군본부(2009), 육군리더십, 2-6~2-7쪽

표 9.5 육군 초급장교(중대장, 소대장)의 세부적인 수행업무

직책	세부임무
중대장	•중대 지휘통솔 •중대 교육훈련 및 전투준비 •중대원의 군기유지, 단결도모, 사기유지 •부하 신상파악, 애로사항조치 및 건의, 병영생활 지도 •장비 및 물자 사용 가능 상태유지
소대장	•소대 지휘통솔 •소대 교육훈련 및 전투준비 •소대원의 군기유지, 단결도모, 사기유지 •부하 신상파악, 애로사항조치 및 건의, 병영생활 지도 •장비 및 물자 사용 가능 상태유지

(2) 부사관

부사관은 부대의 전통을 유지하고 명예를 지키는 간부로서 병사와 장교의 교량역할을 담당한다. 그러므로 맡은바 직무에 정통하고, 모든 일에 솔선수범하여 병사들과 직접 접촉하면서 그들의 임무수행 실태 감독과 교육훈련과 내무생활을 지도하며 복지를 보살펴야 한다. 부사관은 군 전투력 발휘의 중추적 역할을 담당하는 신분으로서 부대 장병들에 대한 병 기본 및 주특기 훈련의 교관임무를 수행하며, 병의 신상관리와 병영생활 지도, 병에 대한 인사관리를 담당한다.

또한 부대 시설물 관리와 장비 및 보급품 관리, 각종 안전사고 예방활동 등 일상적이고 반복적인 임무를 수행하게 된다. 초급부사관이 수행하는 업무는 표 9.6처럼 육군의 조직과 부대를 유지시키고, 군 전투력을 창출하는 근간임을 인식하여 이를 성공적으로 수행함으로써 육군의 임무와 목표달성에 기여해야 한다.

표 9.6 육군 초급간부(행정보급관, 부소대장)의 세부적인 수행업무

직책	세부임무
행정보급관	•중대장의 지시를 받아 근무, 중대장 보좌 •중대원의 사기, 복지, 단결, 사고예방, 신상파악 등 병영생활 전반에 대한 사항을 중대장에게 조언 및 건의 •중대본부 요원의 신상관리, 중대부사관의 업무지도와 선도 •병 인사관리에 대한 계획수립 및 시행 •교육훈련시 제반사항 지원, 전담과목 교육 •시설, 장비 및 보급품 관리, 기타 행정업무
부소대장	•소대장 보좌, 소대장 유고시 대리 •병 인사관리업무(보직, 진급, 징계, 외출(박))를 건의 •병기본 과제 및 주특기교육 전담 •중대 행정보급관의 지시를 받아 소대관리업무 전담 •소대원 애로사항 파악, 소대장 보고 및 행정보급관 건의 •분대장 지도 •각종 장비와 보급품을 사용 가능하도록 유지

자료 : 육군본부(2004), 병영생활(야전교범 1-0-1), 209~220쪽

(3) 병

병은 군의 기반이 되는 중요한 전투원으로서 신성한 국방의 의무를 수행하고 있다는 보람과 긍지를 가지고 군 복무에 충실해야 한다. 병은 상관의 명령에 복종함은 물론 스스로 리더십을 발휘하여 어떠한 위험이나 어려움이 있더라도 능동적으로 판단하고 행동함으로써 맡은 바 임무를 완수해야 한다.

(4) 군무원

군무원은 국가공무원법과 군무원 인사법, 군 규정에 의거 임용된 자로서 자신의 특정 전문분야에서 적극적인 임무수행과 지원을 통해 군 전투력 발전을 도모해야 한다. 군무원은 육군 구성원의 일원이라는 소속감을 가지고 육군 임무와 목표를 달성하기 위해 자신이 무엇을 해야 할 것인지 육군이 지향하는 가치관으로 판단하고 행동해야 한다. 그리고 자신의 직무수행분야에 대한 전문성을 높이고 효과적인 리더십을 발휘하며 임무를 성실히 수행함으로써 군 전투력 발전에 기여해야 한다.

제10장

군 리더십의 이해

1. 군 리더십의 정의와 중요성

1.1. 군 리더십의 정의

군 조직은 조직의 목표, 기능, 상황 조건 등에서 일반사회의 조직과 구분되는 특성들을 갖고 있는데 군 조직에서의 리더십은 일반 사회에서의 리더십과 차별성을 가져야 한다는 주장이 제기될 수 있다. 리더십을 구성하는 리더, 구성원, 상황이라는 세 요소가 시대에 따라 변화되기 때문에 군대 리더십 자체도 끊임없이 변화되어야 한다. 따라서 21세기 변화되는 국방환경과 조직의 상황특성을 고려한 다양한 접근방법이 요구된다고 주장하고 있다.

군 리더십은 군대 리더십의 현상을 설명하는 개념체계이다. 군에서 오랫동안 사용하였던 지휘 또는 통솔, 지휘통솔과 같은 전통적인 개념을 대체하고 있다. 군에서도 전통적인 리더십 개념에 현대의 리더십 상황에 적절한 새로운 의미를 부여하여 리더십이라는 용어를 사용하고 있다. 군 리더십의 개념은 군사교리와 전통적인 지휘통솔의 개념을 포함한 의미로 사용되어지고 있다. 군 리더십은 모든 부대와 구성원의 노력을 군사활동에 통합시키고 촉진하는 조직의 목표를 달성하는데 필요한 리더의 리더십 활동에 초점을 둔다. 따라서 군 리더십은 군사작전으로부터 부여된 임무를 수행하는 모든 군사활동에서 리더가 발휘해야 할 리더십 능력과 기술이다.

군 리더십을 오랫동안 체계적으로 연구해 온 미 육군에서는 리더십을 "임무를 완수하고, 조직을 발전시키기 위해 목표와 방향을 제시하고, 동기부여시킴으로써 구성원들에게 영향력을 행사하는 과정"이라고 정의하고 있다. 군의 리더십 정의는 표 10.1과 같다. 리더십에 대한 핵심적인 내용은 거의 비슷하기 때문에 군 리더십 정의나 일반적인 리더십 정의나 본질은 차이가 없다고 할 수 있다.

표 10.1 군 리더십의 정의

구분		정의
미군	육군	부여된 임무를 완수하고, 조직을 발전시키기 위해 목표와 방향을 제시하고, 동기부여시킴으로써 성원들에게 영향력을 행사하는 과정
	해군	지시나 강제적·위협적 명령보다는 감화와 설득으로 사람을 관리하는 것
	공군	공동 목표를 달성하기 위하여 부하들의 존경, 신뢰, 복종 및 충성스런 협조를 얻을 수 있노록 영향을 주고 지도하는 기술
캐나다 군		임무 완수에 기여하는 역량을 개발 또는 향상시키면서 다른 사람들이 직업적 전문성과 윤리성을 바탕으로 임무를 완수하도록 명령하고, 동기부여 시키며, 실현가능하도록 지원하는 것
한국군	육군	리더가 조직의 목표와 임무를 달성하기 위하여 구성원들과 상호작용하면서 영향력을 미치는 과정
	해군	지휘관이 자기에게 부여된 책임과 권한에 의해서 부대의 목표를 보다 효율적으로 달성하기 위해 예하부대 및 부하의 능력을 극대화하도록 감화시키고, 모든 노력을 부대목표에 집중시키는 기술
	공군	공군 고유의 문화적 가치관에 바탕을 두고, 미래의 항공우주군 건설 및 운용을 위해 자발적이고, 지속적으로 몰입할 수 있도록 이끌어 가는 영향력 행사 과정

자료 : 최병순(2014), 군 리더십, 30쪽 정리

1.2. 일반리더십과의 비교[83)]

일반적으로 군 리더십과 사회에서의 일반리더십[84)]은 다르다고 생각하기 쉽다. 그러나 실제로 앞에서 기술한 리더십에 대한 일반적인 정의와 군에서의

83) 박유진(2015), 리더의 기본자질과 핵심역량의 행동지표 연구, 19~20쪽 정리
84) '일반 리더십'은 군 외의 일반사회의 리더십을 의미한다.

리더십에 대한 정의가 별다른 차이가 없음을 알 수가 있다. 다른 한편으로 이론적 관점에서 군 리더십과 일반 리더십은 달라야한다고 주장하는 사람들이 있다. 이들은 리더십 효과성은 리더, 팔로워, 그리고 상황의 함수인데 군 조직과 일반조직은 팔로워와 조직상황(외부 환경, 목표, 과업, 업무기술, 문화 등)이 서로 다르기 때문에 당연히 군과 일반 조직에서의 효과적인 리더십은 다를 수밖에 없다는 상황이론을 근거로 제시한다. 군을 비롯한 공공조직, 기업조직, 정치조직, 학교조직, 사회단체, 종교단체 등은 모두 어떠한 형태이든 공통적인 특성을 가지고 있다.

(1) 본질이 다르다는 견해

군 조직은 특수하므로 다른 조직들과 그 리더십의 본질도 다르다는 견해이다. 이질적인 조직에 대해 리더십이 동일하게 적용될 수 있는가 하는 것은 문화적 상대성의 문제이다. 문화적 상대성(cultural relativity)은 문화가 다르면 경영이든 리더십이든 그 원형이 다를 수 있다고 보는 관점이다. 리더십의 대상이 인간이므로 인간의 본성은 같아서 리더십의 본질도 같다고 보는 것이 보편성의 입장이고, 문화적 환경이 다르면 리더십의 본질도 달라진다고 보는 것이 특수성의 입장이다. 흔히 군 조직은 특수하다고 말한다.

그러므로 군 리더십의 본질도 다르다고 생각하는 이유들은 다음과 같다.[85]

- 죽음에 대한 공포, 극한의 배고픔과 육체적 피로 등을 특징으로 하는 전투상황은 군 조직만의 특수한 상황이다.
- 죽음을 무릅써야 하는 상황에서도 상관의 명령을 거부할 수 없이 복종해야 하는 상명하복의 규율은 군대만이 가지고 있는 특수성이다.
- 리더십은 리더-팔로워-상황의 함수인데 임무를 수행하는 상황 자체가 상이하므로 군 리더십이 다를 수밖에 없는 것이다.

---

85) 최병순(2014), 군 리더십, 95쪽 정리

(2) 본질이 같다는 견해

이러한 인식은 경영, 정치, 사회 등 각 부문별로 현상은 다를지라도 리더십 기본이론은 동일다고 보는 보편성의 시각이다. 군 리더십과 일반 리더십의 차이는 본질이나 효과적인 리더십 행동의 차이가 아니라 정도의 차이라고 하였다. 국가, 인종, 성별, 직종에 관계없이 리더십 발휘대상인 인간은 '자신을 사랑하고 행복하게 만들어주는 사람을 좋아하고 따른다.'는 본성이 같기 때문이다. 군복을 입었다고 하여 인간의 본성까지 다른 것은 아니다. 군인은 단지 제복을 입은 시민일 따름이다.[86].

조직형태는 달라도 리더십의 본질은 동질적이라고 보는 관점의 이유들은 다음과 같다.[87]

- 기업 리더십, 행정기관 리더십, 경찰 리더십, 학교 리더십, 정치 리더십, 종교 리더십 등도 모두 독특한 리더십 이론체계를 가져야 하지만 현재 모든 조직들에게 통용되는 리더십 이론은 동일하다.
- 리더십은 '리더-팔로워-상황의 함수'라는 것은 일반화되고 검증된 개념인데, 모든 조직의 리더십은 이러한 모델로 해석되고 있다.
- 군만이 목숨이 위태로운 상황에서 임무를 수행하는 것이 아니다. 경찰이나 소방공무원 및 일반 근로자들도 생명의 위험을 무릅쓰고 임무를 수행하는 경우가 많다. 경찰이나 소방공무원들의 순직이나 산업재해로 인한 죽음과 부상은 군 외의 영역에서도 목숨이 위태로운 상황에서 과업을 수행한다는 것이다.
- 군에서의 명령체계가 엄격하다고 하지만 기업 등에서의 명령은 '퇴직'이라는 생계위협 때문에 더욱 절박하고 엄격한 경우도 많다.
- 어떤 조직이든 리더십의 대상은 사람이며, 리더십은 사람의 심리적 동기를

86) 최병순(2014), 군 리더십, 101쪽
87) 박유진(2015), 리더의 기본자질과 핵심역량의 행동지표 연구, 19~21쪽을 정리

활성화하여 성과를 증진하려고 한다는 점에서 동일하다.

- 군 리더십이 일반 리더십과 다르다면 군의 간부들이 사회에 진출하여 조직 리더로서 성공하기 어려워야 하는데, 현실적으로 우리나라의 군 간부출신이나 미국의 웨스트포인트 출신 장교들이 사회 각 분야에서 우수한 성과를 나타내고 있다. 오히려 군 리더십이 일반 리더십보다 더욱 높은 수준으로 평가받는 경우도 많이 볼 수 있다.

(3) 두 견해의 비교

군과 일반조직에서의 리더십에 차이가 있다면 그것은 기업과 같은 일반 조직에서보다 군에서 요구하는 복종의 정도가 훨씬 더 강하다는 것이다. 즉 군인은 임무수행을 위해 필요하다면 기본권을 제한받거나, 때로는 생명이 위험한 명령에도 복종해야 한다는 것이다.

① 군 리더십과 일반 리더십의 본질은 동질적이다. 리더십은 인간관계를 대상으로 하는 학문이고 인간본성의 구조는 동질적이기 때문이다. 또한 동일한 이론체계를 사용하고 있다.

② 리더십의 세 구성요소인 '리더-팔로워-상황'에서 조직의 행동규범, 임무, 상황특성이 서로 상이한 점이 있지만 리더십의 구도는 기본적으로 같다. 다른 조직들도 모두 군 조직과 마찬가지로 나름대로의 상이한 특성을 가지고 있다.

③ 리더십이론을 적용하는 하부요인들인 방법론, 기술, 효과성의 기준 등은 조직마다 상이하므로 군은 군 나름대로의 적절한 방법론과 기준 등을 탐색하고 정립하면 되는 것이다. 결론적으로 보면, 리더십의 본질은 같으나 발휘하는 상황이 다르므로 기법의 적용과정이나 방법 및 스킬의 차이가 있다고 본다.

따라서 군 복무과정에서 리더십을 개발할 수 있는 시스템을 구축하여 우리

군이 리더십 아카데미로서 역할을 효과적으로 수행한다면 장병들이 군 복무과정에서 진정한 군 리더십을 습득하여 전투력을 강화시키고, 전역 후에는 사회 각 분야에서 진정한 리더십을 발휘하게 됨으로써 우리 군이 국가경쟁력 강화에 기여하는 생산적인 군대로 거듭날 수 있을 것이다.[88]

1.3. 군 리더십의 중요성

우리는 한 가족의 가장이나 조직의 리더, 국가지도자가 자신의 역할을 제대로 수행하지 못 했을 경우 어떤 결과를 초래하였는지 역사와 경험을 통해 잘 알고 있다. 많은 연구와 사례를 통해 리더십이 조직의 흥망성쇠에 영향을 미친다고 확인되었다.[89] 리더십은 인류가 사회생활을 시작함과 동시에 대두된 관심사 중의 하나로서 군사 분야는 물론 정치, 경제, 종교, 사회 등 전 분야에서 중요한 비중을 차지하고 있다. 많은 사람들이 오래전부터 리더십에 매혹되어 온 것은 리더십이 우리의 생활에 직접·간접적으로 영향을 미치기 때문이며 현대사회에서는 그 중요성에 대한 인식과 관심이 더욱 증대되고 있다.

리더십의 중요성은 예나 지금이나 변함이 없다. 특히 오늘날과 같이 급변하고 불확실한 환경 속에서 무한경쟁을 해야 하는 시대에는 조직의 최상위 리더도 중요하지만 조직의 목표를 달성하기 위해 다양한 분야에서 주어진 임무를 주도적으로 수행하는 각 구성원의 리더십도 매우 중요하다. 따라서 군 리더십에 대한 심도 있는 연구와 장병들의 리더십 개발을 위해 더 많은 관심과 노력이 필요하다.

88) 최병순 외(2009), 전장리더십 역량개발 방안, 105쪽
89) 육군교육사령부(2012), 군사입문, 5-11쪽

(1) 새로운 리더십 패러다임 필요

지식정보화 시대의 조직은 조직 규모의 확대와 운영이 더욱 복잡해지고 불확실성이 더욱 높아지면서 신속한 의사소통과 의사결정을 위해 수직적 조직이 수평적 조직으로, 조직의 권력원천이 직위에서 팀과 전문성 위주로 이동하면서 경직된 상하관계를 탈피하여 조직의 민주화가 이루어지고 있다. 또한 사회의 다양성 증가로 군의 조직 구성원의 가치관과 요구가 더욱 다양해지고 투명한 지휘·운영이 중요시되므로 기계적 위계질서를 기반으로 하는 통제형 리더십으로는 조직의 효과성을 달성할 수 없게 되었다.

(2) 조직 성과달성과 전승에 영향

군대조직에서도 리더와 리더십의 중요성은 고대로부터 현대에 이르기까지 지속적으로 강조되어 왔으며 리더십은 전투의 승패를 결정하는 중요한 요소로서 평시 및 전투상황에서 많은 연구를 통해 입증되었으며 실제로 6·25전쟁과 월남전을 참전한 장병을 대상으로 한 조사에 의하면 지휘관의 리더십이 전쟁에 가장 큰 영향을 미치는 것으로 지목하였다. 클라우제비츠(Karl Von Clausewitz)는 전쟁론에서 전쟁의 불확실성을 극복하고 전장상황을 직시하여 정확하게 판단 할 수 있는 자는 군사적 천재로서 이는 선천적으로 태어나는 것이 아니라 후천적 경험에 의해 배양된다고 하였다.

군 리더십 중요성에 대한 설문결과는 아래 표 10.2와 같이 나타났다. 즉 리더십이 전투의 승패에 미치는 영향 정도가 아주 지대하며 전투 승패에 있어서도 지휘관(자)의 지휘능력, 사기와 단결 등 리더십 요소가 많은 영향을 미치는 것으로 분석되었다.[90] 오늘날 과학화된 네트워크 중심의 전쟁에서도 리더십은 여전히 전승의 핵심요소로 인식되고 있다.

90) 육군교육사령부(2012), 군사입문, 5-12쪽

표 10.2 군 리더십 중요성에 대한 설문결과

1. 리더십이 전투의 승패에 미치는 영향 정도

구분	계	20% 이하	20~40%	40~60%	60~80%	80%이상
인원 (%)	559 (100)	3 (1.5)	8 (4.0)	30 (15.)	67 (33.5)	92 (46.0)

2. 전투 승패의 영향요소

구분	계	지휘관 지휘능력	부대원 사기	부대 단결력	무기/ 장비	교육 훈련	작전 계획	기타
육군	559 (100)	87 (42.9)	56 (27.6)	33 (16.3)	10 (4.9)	9 (4.4)	7 (3.4)	1 (0.5)

(3) 리더십은 무형전투력 발휘의 핵심

군이 정예화 되기 위해서는 '전차, 장갑차, 자주포, 헬기'와 같은 유형전투력과 '인간의 정신, 리더십'과 같은 무형전투력을 모두 갖추어야 한다. 여기서 무형전투력이란 군의 보이지 않는 힘으로 그림 10.1처럼 '가치, 태도, 의식, 신념, 기질, 행동양식' 등의 정신적 요소와 '구성원의 능력, 운용술, 제도' 등의 운영역량을 포함한다. 리더십은 이러한 무형전투력의 핵심요소로서 다른 요소들에 직·간접적으로 영향을 미쳐 시너지 효과를 발휘하게 하는 중추적인 역할을 수행한다.

군이 아무리 첨단화된 무기체계와 장비를 갖추었다 하더라도 결국 이는 '사람'에 의해서 효과적으로 운용될 때에만 진정한 전투력으로 발휘될 수 있다. 리더십은 무형전투력을 구성하는 다른 요소들에 영향을 미쳐 이를 극대화하는 핵심적인 역할을 한다. 따라서 전문화된 인재양성 차원에서 리더십의 역할은 더욱 중요시 되고 있다.[91]

---

91) 육군본부(2009), 육군리더십, 1-12~1-13쪽

그림 10.1 리더십과 무형전투력 관계

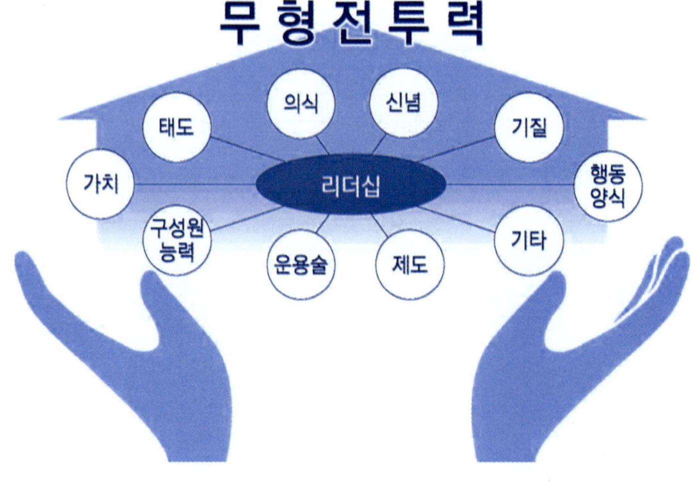

자료 : 육군본부(2009), 육군리더십, 1-12쪽

> "리더십은 눈으로도 보이지 않고 손으로도 만질 수 없는 무형의 요소이다.
> 그렇기 때문에 이 세상의 어떠한 첨단무기로도 리더십을 대체 할 수 없다."
> (오마 브레들리 장군, 제2차 세계대전 영웅, 전 미 육군참모총장)

(4) 전장기능의 핵심요소

군이 전투에서 결정적으로 승리하기 위해서는 그림 10.2에서 보는바와 같이 '지휘통제, 정보, 기동, 화력, 방호, 전투근무지원' 등 전투력의 근간을 이루는 제 전장기능들이 유기적으로 연결되고 통합됨으로써 전투력 발휘의 상승효과를 달성할 수 있다. 이러한 제 전장기능이 유기적으로 통합하여 전투력 발휘를 달성하게 하는 것이 바로 리더십이다. 따라서 군의 모든 구성원은 전투지휘 및 작전수행에 요구되는 리더십 역량을 갖추고 이를 효과적으로 발휘할 수 있도록 노력해야 한다.

전략과 무기체계가 아무리 발전해도 전쟁을 수행하는 주체가 인간이기 때문에 리더십의 중요성은 앞으로 더욱 증대 될 것이다. 군 조직의 리더는 인류문명의 발전과 전쟁양상의 변화 등 변화된 리더십 환경에서 책임과 역할에 충실하여 군의 목표 달성을 위해 다방면으로 영향력을 발휘 할 수 있어야 한다. 특히 군의 모든 리더에게는 구성원들을 하나의 공통된 조직목표를 향해 움직이도록 이끌어가는 바람직한 리더십이 그 어느 때 보다도 절실히 요구되고 있다.[92)]

그림 10.2 전장기능과 리더십

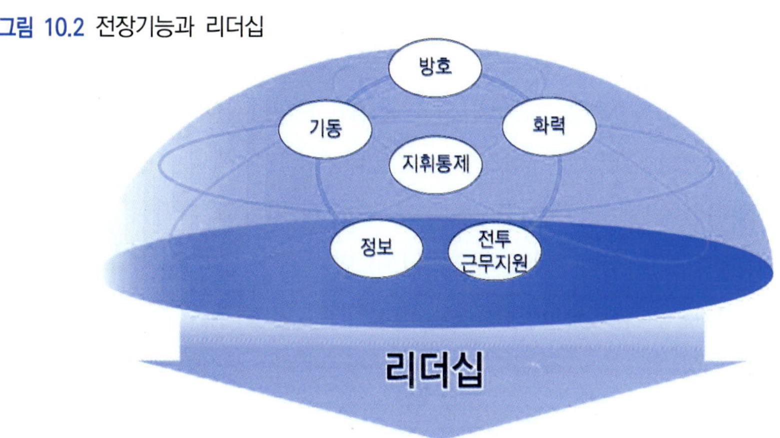

자료 : 육군본부(2009), 육군리더십, 1-13쪽

2. 군 리더십의 특징과 수준

2.1. 군 리더십의 일반적 특징

군 리더십은 임무달성을 최우선의 목적으로 대상인물을 이끄는 것이기 때문에 리더의 의도에 따라 대상인물이 협력하도록 하는 기술이다. 따라서 군 조직은 일반 사회조직과 구분되는 특성들을 갖고 있으며 무엇보다도 군대 리더십이 갖는 가장 큰 특징은 전장 및 평시 리더십으로서 군 리더십의 특징을 다

92) 오상택(2012), "육군 조직의 리더십 유형이 조직효과성에 미치는 영향에 관한 연구", 2쪽

음과 같이 다섯 가지를 들 수 있다.

① 군 리더십은 서로 수용하기 힘든 극과 극이 공존한다. 전장에서 생사의 갈림길인 극한 상황에 대처하여 서로 모순되는 극단적인 방법까지도 구사해야 할 절대적인 필요성이 요구된다.

② 군 리더십은 실천적 행동으로 이루어진다. 이는 군 리더십이 본질적으로 정적인 것이 아니고 동적인 것이며 행동에 의하여 그 능률이 100% 발휘되는 성질의 것임을 의미한다.

③ 군 리더십은 결과를 중요시하고 있다. 군 리더십의 결과는 평시에는 부대관리와 교육훈련을 통하여 발휘되지만 전투상황에서는 승패의 여부가 군 리더십의 궁극적인 척도가 되고 있다.

④ 군 리더십은 동시 다발적인 상황을 신속히 처리해 나가야 하며 언제나 유동적이고 변화되는 가운데 리더십이 발휘된다.

⑤ 군 리더십은 견고성과 강인성을 전제로 한다. 전투와 같은 위급한 상황을 고려할 때 잘 적용될 수 있는 특징들이다. 하지만 평상시 병사들은 전시와는 달리 전장과는 비교할 수 없이 전혀 다른 여건 속에서 근무하고 있다. 평시에는 직·간접적으로 생명을 위협하는 전투상황을 적용하는 것이 바람직하지만 제한적으로만 가능하다.[93]

2.2. 군 리더십의 수준

리더십은 인간이 존재하는 모든 영역에서 다양한 형태로 발휘된다. 발휘되는 영역 또는 발휘대상 조직을 기준으로 리더십을 분류하면 가정·기업·군·공공조직 리더십으로 분류할 수 있고 발휘자를 기준으로 하면 대통령·최고경영자·군지휘관·교육자·성직자 리더십 등 직종과 직위에 따라 다양한 유형으로 분류할 수 있다.[94] 일반 조직에서의 리더십 수준(level of leadership)의 분류기준은

93) 오상택(2012), "육군 조직의 리더십 유형이 조직효과성에 미치는 영향에 관한 연구", 25쪽
94) 최병순(2014), 군 리더십, 57쪽

계층구조이다. 조직의 구조형태는 계층적 라인구조, 직능형 조직, 사업부제 조직, 프로젝트 조직, 매트릭스 조직 등 다양하지만 리더십 수준은 계층적 라인구조를 중심으로 하며 표 10.3처럼 대체로 3단계이다.[95]

표 10.3 리더십 수준의 일반적인 분류

기준	기업의 분류		공직의 분류	
	수준	직위	수준	직위
높은 수준	최고경영층(자)	고위임원 이상	고위공무원	장차관, 실·국장
중간 수준	중간관리층(자)	부서장, 과장 등	중간관리자	국장, 과장
낮은 수준	초급관리층(자)	계장, 반장 등	일선관리자	사무관급

자료 : 박유진(2015), 리더의 기본자질과 핵심역량의 행동지표 연구, 47쪽

(1) 리더십 수준 분류 고려요소

군의 리더십 수준은 다양한 기준으로 분류하고 있다. 계급에 의한 분류, 리더십 실행방법에 의한 분류, 계급·제대수준·군사작전 기준에 의한 분류, 군사작전개념에 의한 분류, 제대수준에 의한 분류 등이다.[96] 수십 명을 지휘하는 소대장(부소대장)과 수백 명을 지휘하는 중대장, 대대장에게 요구되는 리더십의 영향력은 분명히 다르다. 계급과 직책에 따라 수행하는 임무의 특성, 리더십의 발휘대상과 방법이 다르기 때문이다. 그 수준에 적합한 리더십이 무엇인지 알아야 한다.[97] 리더십 수준은 리더가 자신의 계급과 직책에 맞는 역할을 수행하기 위해 '무엇에 중점을 두고 어떻게 리더십을 발휘해야 하는가?'를 이해할 수 있게 해준다. 또한 '무엇을 해야 하고, 무엇을 준비해야 하는가?'를 판단할 수 있게 해준다.

따라서 리더십의 수준은 리더십 발휘의 목적, 리더가 수행하는 임무나 직위의 통제범위, 행사하는 영향력의 범위, 부대임무와 작전, 계획수립의 수준 등

95) 박유진(2015), 리더의 기본자질과 핵심역량의 행동지표 연구, 47쪽
96) 박유진(2015), 리더의 기본자질과 핵심역량의 행동지표 연구, 48쪽
97) 육군본부(2012), 군 리더십, 3-1~3-3쪽 참고

에 의해 결정된다. 군은 다양한 신분과 계급, 직책, 제대로 구성되어 있으며 이에 따라 수행하는 업무가 상이하고 리더십을 발휘해야 하는 대상과 수, 발휘방법 등도 달라질 수밖에 없다.

(2) 계급·실행방법·제대수준에 따른 수준 분류

계급·실행방법·제대수준은 리더의 군사적 전문성과 직무수행능력, 경험 등을 함축적으로 나타낸다. 리더의 수행하는 업무와 통제범위, 미치는 영향력 정도가 달라지므로 리더십 수준을 분류하는 기준이 된다. 또한 동일한 계급이라도 어느 제대에서 근무하느냐에 따라 수행하는 임무, 리더십을 발휘하는 대상과 방법 등이 달라질 수 있다.

최병순(2014)에 의하면 일반적으로 계급과 직위를 기준으로 제대수준에 의한 분류로서 초급제대와 중급제대 및 고급제대로 구분한다. 그림 10.3과 같이 장관급 장교(장군)들이 지휘하는 제대의 지휘관(사·여단장 이상)에게 요구되는 리더십을 고급제대 리더십, 영관급 장교들이 지휘하는 제대 지휘관(대대장 및 연대장급)에게 요구되는 리더십을 중급제대 리더십, 위관 장교 및 부사관들이 지휘하는 제대의 지휘관(분·소대장 및 중대장급)에게 요구되는 리더십을 초급제대 리더십으로 분류하고 있다.[98]

그림 10.3 제대별 계급과 직위에 따른 분류

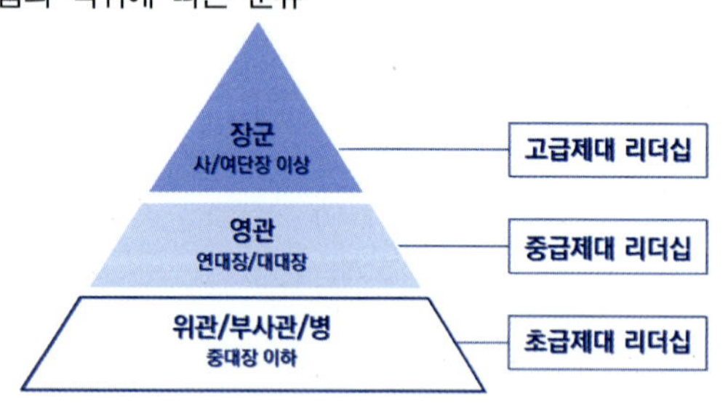

자료 : 최병순(2014), 군 리더십, 71쪽

98) 최병순(2014), 군 리더십, 71쪽, 73쪽

2.3. 수준별 리더십의 특성

(1) 군 리더십 일반적인 수준별 특성

한편 부대원들과 직접적인 접촉 가능성을 기준으로 간접적 리더십과 직접적 리더십으로 구분하고 있다. 그리고 연대급 이상 제대에서는 간접적 리더십을 발휘하고, 대대급 이하 제대에서는 직접적 리더십을 발휘하는 것이 바람직하다고 기술하고 있다.[99] 이와 같이 부하 지휘관과 참모가 있는 대대장까지도 직접적 리더십을 발휘하도록 하고 있는 것은 일반적으로 대대급 부대는 부대원들이 동일 지역 또는 건물에서 생활하고 있기 때문에 대대장이 대대원들과 손쉽게 대면 접촉이 가능하기 때문이라고 할 수 있다. 또한 단기 양성교육 후 임관하는 초급 간부들의 리더십이 부족하기 때문에 안정적인 부대관리를 위하여 대대장이 직접적인 지휘를 하는 것이 바람직하다는 현실을 고려했기 때문이라고 할 수 있다.

그러나 대대장이 400~500여명의 대대원 전체를 직접 지휘를 하는 것은 통제범위(span of control)가 너무 넓기 때문에 현실적으로 가능하지도 않을 뿐만 아니라 소·중대장의 리더십 개발을 저해하기 때문에 바람직하지도 않다. 따라서 불가피하게 대대장이 직접적 리더십을 발휘할 필요가 있는 경우를 제외하고는 가급적 대대 참모와 중·소대장을 통하여 간접적 리더십을 발휘하는 것이 바람직하다.

전투상황에서도 대대장이 중·소대를 직접 지휘를 할 것인가? 그렇지 않다면 평시에도 전투상황처럼 소·중대장에게 소·중대를 지휘하도록 믿고 맡겨야 한다. 그리고 소·중대장이 대대장보다 군사지식과 경험이 부족하기 때문에 소·중대장이 리더십을 잘 발휘하도록 여건을 조성해 주고, 리더십을 잘 발휘하도록 도와주는 조언자 또는 코치로서 역할이 필요하다. 리더십 실행차원에 의한 분류는 직접적(direct) 리더십과 조직적(organizational) 리더십 및 전략적(strategic)

---

99) 최병순(2010), 군 리더십, 72쪽

리더십으로 구분한다. 직접적 리더십은 구성원과 직접 대면하면서 발휘하는 리더십이다. 조직적 리더십은 조직관리의 시스템적 관점으로 발휘하는 리더십으로써 기능별 참모들을 운영하게 된다. 전략적 리더십은 국가·사회적 안목에서 거시적으로 발휘하는 리더십이다.

따라서 그림 10.4와 같이 계급과 직위, 또는 근무제대를 기준으로 한 고급제대 리더십, 중급제대 리더십, 초급제대 리더십 분류와 연계시켜 고급제대 리더십과 전략적 리더십, 중급제대 리더십과 조직적 리더십, 초급제대 리더십과 직접적 리더십을 연계시키는 것이 바람직하다.

그림 10.4 단계별 리더십과 리더십 계층별 분류

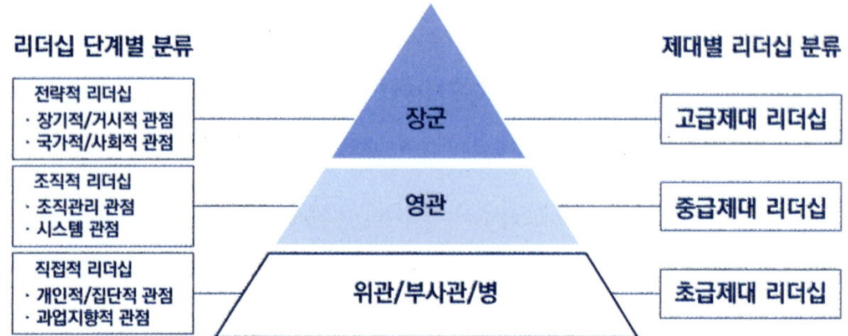

자료 : 최병순(2014), 군 리더십, 73쪽

그리고 리더십 교육체계와의 연관성을 고려할 때에는 위관 장교 이하인 분대장, 소·중대장들에게는 직접적 리더십 역량, 중급제대 리더인 대대장과과 연대장들에게는 효과적으로 부대를 관리할 수 있는 있는 조직적 리더십 역량이 요구된다.

장군들은 사·여단장 등의 지휘관으로서만이 아니라 군의 최고위 계층에 있는 군사지도자로서 군이 나아갈 방향을 제시하고, 미래를 준비하는 전략적 리더십이 요구된다. 이러한 관점에서 위관은 직접적 리더십, 영관은 조직적 리더십, 장군은 전략적 리더십 개발에 초점을 맞추어 표 10.4와 같이 리더십 교육체계를 구축하는 것이 바람직하다.

표 10.4 계급별 리더십의 역량개발 교육체계

구 분	필수과정		선택과정
	리더십 핵심역량	가치관	
장 군	전략적 리더십	각군 핵심 가치	비전·전략 수립, 전략적 의사결정, 조직혁신, 협상 등
영 관	조직적 리더십		문제해결, 변화관리, 네트워킹, 갈등관리, 의사결정, 멘토링 등
위관 부사관	직접적 리더십		팀 빌딩. 코칭, 상담, 창의력, 대인관계, 의사소통 등

자료 : 최병순(2014), 군 리더십, 74쪽

(2) 육군의 리더십 수준 분류와 특징

현재 육군리더십 교범에서는 군사작전과 리더십 실행차원의 결합에 의한 분류로서 행동적 리더십과 통합적 리더십 및 전략적 리더십으로 구분하고 있다. 리더십 수준은 그림 10.5와 같이 위관장교 이하와 대대급 이하제대는 행동적 리더십, 영관장교와 연대 ~ 군단급 제대는 통합적 리더십, 장군과 작전사급 이상 제대는 전략적 리더십으로 분류하고 있다.[100]

리더가 효과적으로 리더십을 발휘하기 위해서는 리더십 수준에 따라 발휘중점도 달라진다. 행동적 리더십 수준은 일반적으로 현장에서 부하들과 마주치면서 임무를 수행하므로 직접적으로 동기를 유발시킬 수 있는 능력이 필요하다. 통합적 리더십 수준은 다양한 부대와 관련 부서간의 유기적인 임무수행이 요구되므로 협력적 사고와 행동이 필요하다. 전략적 리더십 수준은 다양하고 방대한 조직을 운용하고 중요한 정책을 결정해야 하므로 결단과 책임, 전략적 사고와 행동이 필요하다.

100) 육군본부(2012), 군 리더십, 3-4~3-5쪽 요약 정리하였음

그림 10.5 육군의 리더십수준 분류

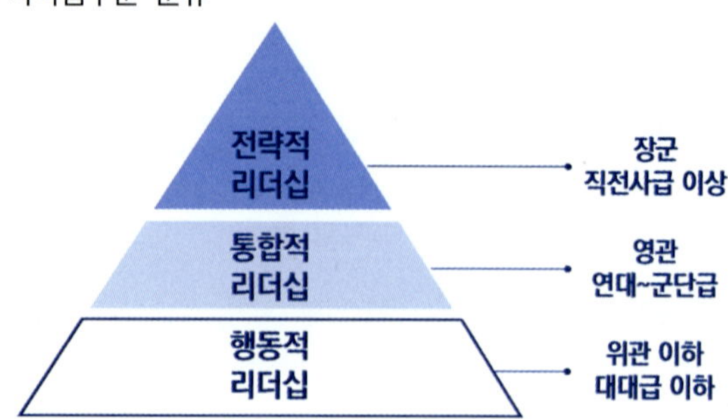

- **초급제대(위관장교 이하, 대대급 이하 제대)** 위관장교 이하와 대대급 이하 제대의 리더는 단일 기능과 병과로 편성된 분대 ~ 대대급 제대를 지휘하거나 참모업무를 수행한다. 대대급 이하 제대는 제한된 자원과 물자로 임무를 수행하며 전투근무지원요소는 상급부대 지원을 받도록 편성되어 있다. 이 수준의 리더는 수 백명 이하의 비교적 적은 병력을 지휘하므로 대부분 부하를 직접 지휘한다. 대대급 이하의 지휘관은 예하지휘관과 참모를 활용하여 직·간접지휘를 병행한다. 이들은 인원·화기·장비의 관리 및 운용과 교육훈련 임무를 수행한다. 부하의 대부분은 군 경험, 지식, 전문성이 부족하다. 대부분 위관장교 이하의 리더는 현장에서 부하들과 함께 동고동락하며 직접지휘를 한다.

- **연대 ~ 군단급 제대(영관장교)** 영관장교, 연대~군단급 제대의 리더는 다양한 부대(서)와 기능으로 편성된 제대를 지휘하거나 관련된 참모업무를 수행한다. 이 수준의 리더는 수백에서 수만 명의 병력으로 구성된 부대를 지휘하거나 관련부서에서 임무를 수행한다. 이들은 전투수행기능과 부대, 관련 기관과 유기적으로 협조하면서 다양하고 복잡한 임무를 수행한다. 업무를 효율적으로 수행하기 위해 제반 가용요소를 조정·통제하고 갈등을 관리하면서 통합하는 능력을 발휘한다. 구성원의 대부분은 해당분야에 대한 폭넓은 경험, 지식, 전문성을 갖추고 있다.

• **작전사급 이상제대(장군)** 장군급과 작전사급 이상 제대의 리더는 다양한 조직으로 편성된 제대를 지휘하거나 참모업무를 수행한다. 이 수준의 리더는 참모조직과 제도, 규정 등 시스템을 활용하여 부대를 지휘하거나 참모부서에서 임무를 수행한다. 이들은 정책결정, 제도발전을 통해 군 전체에 영향을 미치는 중요한 임무를 수행한다. 타군(해, 공군, 해병대), 정부기관 및 자치단체, 민간요소까지 포함하여 제반 정책을 수립하고 추진하며 군사작전을 수행한다. 구성원의 대부분은 병과, 직능에서 최고의 전문성을 갖추고 있다.

3. 주요 외국군 리더십

3.1. 미 육군 리더십(Army Leadership)[101]

(1) 미 육군 리더십 문제

미국은 역사적으로 세계 경찰국가 역할을 수행하면서 수많은 전쟁에 참가하고 있다. 여기에서 제기되는 리더십 문제를 해결하기 위해 노력하고 있다. 미 육군이 당면하고 있는 이슈는 국방비 감소로 인한 리더십 교육, 해외작전에서 초급간부의 행동, 임무형지휘 차원의 리더십, 군대의 성폭력 등 나타나고 있는 제반 문제해결을 위해 부단히 노력하고 있다.[102]

'미국은 월남전 종전이후 패인을 분석하는 과정에서 초급간부의 상당수가 부하로부터 살해당하는 등 미 장병들의 윤리적 기강이 해이되고 도덕적으로 문란함은 물론 가치관 혼동이 매우 심각한 수준에 이르렀다고 판단하였다. 이러한 문제점을 해결하기 위하여 의식과 행동의 기준이 되는 7대 핵심가치관 "LDRSHIP", 즉 충성(Loyalty), 의무(Duty), 존중(Respect), 헌신(Selfless service), 명예(Honor), 성실(Integrity),

---

101) 미 육군 리더십은 육군교리참조간행물(ADRP : army doctrine reference publication, 2012) 6-22에 제시된 리더십 원칙을 참고하였음

102) 임채상(2014), 육군리더십 철학 정립 연구(리더십센터연구보고서)", 19쪽~27쪽

용기(Personal courage)를 선정하였다. 이를 직업군인 윤리교육 및 리더십교육 프로그램에 적극 반영하여 세계 최강군의 위상을 회복하였다.'

(육군문화혁신지침서, 2007:41쪽)

(2) 리더십 센터운용과 리더십의 특징

미국은 국방부와 각 군이 독자적으로 리더십 연구를 하고 있으며 육군은 리더십 센터(CAL)를 운용하며 육군 행동 및 사회과학연구소를 운용하면서 인간행동 전반에 대한 연구개발 소요를 전문적으로 지원하고 있다.

미 육군의 리더십 기본 문건은 육군리더십 규정(AR 60-100) 이다. 이 규정에는 리더십 철학, 교리 및 리더 개발의 방향, 제대별 리더십 업무의 분장에 대한 기준을 제시하고 있다. 최근 발간한 2012년 교리에는 자질(BE), 능력(KNOW), 행동(DO) 철학을 더욱 구체화하고 자질과 핵심역량을 추가하여 리더십 개발 모형을 발전시켰다. 또한 새로운 작전 환경하에서 리더십 개념으로 임무형지휘의 적용 확장과 상황적 리더십 발휘를 강조하고 있다.

(3) 미 육군의 리더십 중심사상

미 육군의 리더십은 임무를 완수하고 조직을 발전시키기 위해서 사람들에게 목적, 방향, 동기를 제공하여 영향력을 미치는 과정으로 인식하고 있다. 리더십은 전투력 요소의 하나로서 다른 전투력 요소[103]를 통합한다. 자신감 있고 유능하며 정보에 능통한 리더십은 다른 전투력 요소들의 효율성을 높인다. 육군 리더십은 역사, 국가와 헌법에 대한 충성, 권위에 대한 책임, 진화하고 있는 교리에 바탕을 두고 있다. 모든 리더십 수준에서 리더가 유능할 수 있도록 3개 범주인 이끌기, 개발, 성취를 리더의 핵심역량으로

103) 다른 전투력요소는 광의의 정보(information), 임무형지휘, 이동 및 기동, 정보(intelligence), 화력, 작전지속 및 방호이다.

설정하였다.[104)]

지휘란 해당하는 공식적인 지시, 정책, 선례에 따른 규정된 책임을 말한다. 지휘의 핵심요소는 권한과 책임이다. 지휘는 부여된 임무를 완수하기 위해 가용자원의 효과적인 사용, 군사력의 획득·계획·조직·지시·조정·통제, 부대 준비태세와 부대원들의 건강, 복지, 사기, 군기 유지 등이 책임을 포함한다고 기술하고 있다. 임무형지휘를 통하여 통합작전간 기민하고 적응력 있는 예하 리더에게 권한을 부여하고 자신의 의도 내에서 절제된 주도성을 발휘하도록 하여야 한다. 조직적인 리더와 지휘관은 공식적 및 비공식적 리더십으로 팀을 식별하며 공식적인 리더들은 명령과 지시를 통해 부하들에게 자신의 권한을 행사해야 한다.

(4) 미 육군의 리더십 개발

미 육군은 국민에게 봉사하고 국익을 보호하며 군으로서 책임을 다하기 위해 존재한다. 이는 가치중심의 리더십, 올바른 인격, 전문적인 능력을 가지고 있는 리더에 의해 달성될 수 있다. 미 육군은 현재 처해있는 안보환경에서 새로운 도전에 능동적으로 대처할 수 있는 자질[105)](품성, 리더다운 모습, 지적능력)과 역량[106)](이끌기, 개발, 성취)을 갖춘 리더 개발을 하고 있다.

자질(Be)은 사람들이 정직하고, 자신감 있고, 앞을 내다볼 줄 알며, 용기를 북돋워 주는 리더의 자질이다. 능력(Know)은 대인관계 능력, 개념적인 능력, 전문적인 능력, 전략적인 능력이다. 행동력(Do)은 팀워크, 자원 효율적 관리, 자기발전과 조직의 성장이다. 따라서 리더십의 중심 가치는 육군의 가치관과 전사정신을 함양하고 요구되는 자질을 구비하여 핵심역량을 행동으로 발휘할

---

104) ADRP 6-22, Army Leadership(2012), 1-1~1-3쪽

105) 자질은 육군이 원하는 리더상으로서 자신이 처한 환경속에서 개인이 어떻게 행동하고 배워야하는지를 보여준다.

106) 역량은 리더에게 예측사항을 분명하고 지속적으로 전달해 줄 수 있는 능력이다. 역량은 임무를 수행하면서 개발, 유지, 개선 될 수 있다.

수 있는 능력이 뛰어나고 자신감이 있으며 적응성이 우수한 '다재다능한 리더(Versatile Leader)를 개발'하는데 있다. 리더의 핵심역량은 표 10.5와 같다.

표 10.5 미 육군 리더의 핵심역량

• 타인 이끌기	• 신뢰구축	• 솔선수범
• 부하개발	• 청지기 정신 배양	• 임무완수
• 지휘계통을 넘어선 영향력 확대		• 의사소통
• 긍정적 환경조성과 단결력 배양		• 자기 개발

(5) 미 육군의 리더십 수준[107)]

미 육군의 리더십은 리더가 리더십을 발휘하는 계층, 통제 범위, 리더의 영향력 범위, 부대 등을 기준으로 그림 10.6와 같이 전략적 리더십, 조직적 리더십, 직접적 리더십으로 구분하고 있다. 직접적 리더십은 대면 또는 일선의 리더십이다. 대면 접촉이 가능한 분대, 소대, 중대, 대대급의 지휘관들에 의해 발휘된다. 직접적 리더들의 영향력 범위는 소수의 인원으로부터 대대장이 지휘하는 수백 명까지 포함될 수 있다.

그림 10.6 미 육군 리더십 수준

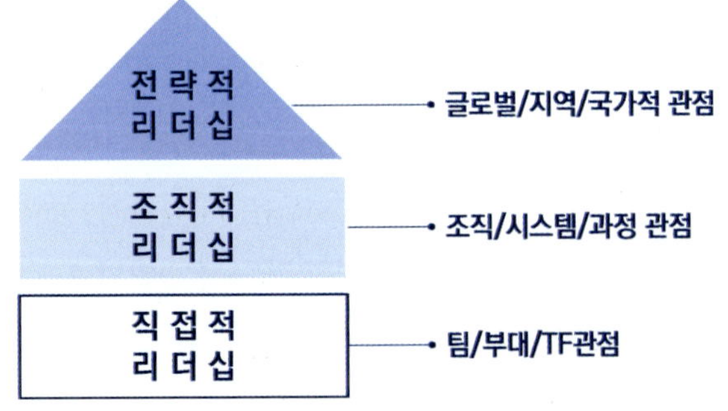

전략적 리더십은 주요 사령부급(한미연합사 등)이상 제대에 근무하는 군인 및 민간인 리더에 의해 발휘된다. 전략적 리더들은 대규모 조직에 대한 책임을

107) ADRP 6-22, Army Leadership(2012), 2-7쪽

지며, 수천 명 또는 수만 명에게 영향을 미친다. 그들은 전력구조, 자원할당, 전략적 비전의 전파, 그리고 육군의 미래 역할 수행을 위한 준비를 한다. 또한 전략적 리더의 결정은 다른 리더들보다 많은 사람에게 영향을 미치고, 공간적·시간적·정치적 영향이 훨씬 더 광범위하다.[108]

3.2. 캐나다군 리더십[109](Leadership in the Canadian Forces)

캐나다군은 1990년대 해외파병부대에서 군대의 윤리와 도덕성과 관련 부정적 사건이 발생하면서 군 리더십을 혁신하였다. 캐나다 군에 필요한 리더는 군의 전사정신을 기반으로 임무를 완수하고 구성원을 돌보며 상위조직과 팀의 입장에서 생각하고 행동하며 변화를 수용하는 사람으로 정의하고 있다. 소말리아 해외 파병부대 사건이후 도덕적 가치와 윤리의식, 법적 정당성, 전인적 역량개발, 완전성 등 리더십의 개념을 정립하였다.[110]

캐나다는 영연방국가로서 6만 명 수준의 군대를 유지하고 세계평화와 질서유지활동에 적극 참가하고 있는 국가로서 통합군 체제이며 모병제를 실시하고 있다. 당면하고 있는 군 리더십에 대한 도전은 테러 등 복잡한 국제 안보상황과 국방비 감소에 따른 국방개혁 추진이다.[111]

(1) 리더십센터 운용과 관련 문헌

국방대학교 캐나다군 리더십연구소에서 국방성 차원에서 요구하는 리더십 교리를 연구하고 교범을 발간한다. 리더십연구와 교육은 부사관 기본군사자격, 장교최초평가과정, 고급제대 전문성 개발과정 등을 운용하고 있다. 리더십 교

108) 최병순(2014), 군 리더십, 67쪽
109) 본 자료는 임채상(2014), 육군리더십 철학 정립에 대한 연구와 2005년 발간된 「캐나다군 리더십」기준교리(AP-003)를 번역내용을 일부 재정리
110) 강경표 외(2012), 군 리더십 길라잡이, 174쪽
111) 임채상(2014), "육군리더십 철학 정립에 대한 연구(리더십센터연구보고서)", 38~42쪽

리와 교범의 특징은 최상위 교범인 리더십 교리112), 리더십 기본적 기본교범, 인간통솔교범, 조직통솔 교범 등 4개 종류로 구성되어 있다.

(2) 리더개발 목표와 중심사상

리더개발 목표는 명예로운 의무(Duty with Honour)를 수행하는 리더 양성에 두고 있다. 캐나다군은 직업전문주의로 국가와 사회발전에 자발적으로 봉사하고 있는 유일한 집단으로서 리더들이 명예로운 의무를 다 할 수 있도록 개발하는데 주안을 두고 있다. 따라서 현역과 예비군, 장교와 부사관에게 동일한 가치기반의 리더십을 배양하고 상황에 따라 누구라도 자발적으로 리더가 될 수 있다는 개념의 분권적 리더십 개발을 지향하고 있다.

캐나다군은 2대 리더십 중심사상을 가지고 있다. 그 배경은 현대전장의 작전템포가 빠르고 분산된 작전요소는 리더들에게 독립적인 사고와 행동을 요구하며 총체적인 환경(정치, 경제, 사회, 군사)으로부터 군대에 대한 기대에 부응해야 하는 리더십 사상을 요구하고 있기 때문이다.

- **'분권화 리더십 사상'이다.** 이는 누가 리드할 것인가(Who lead?)에 대한 중심적 사고이다. 상급리더의 핵심기능을 동료나 부하가 공유하고 하급 제대 리더들의 리더십 잠재역량을 개발시키며 모든 구성원에게 리더십 역량을 발휘할 수 있는 기회를 부여하는 것이다.
- **'가치-기반 리더십 사상'이다.** 이는 어떻게 리드할 것인가(How lead?)에 대한 중심적 사고이다. 이는 캐나다군의 4대 가치관을 내면화하고 리더십행동을 발휘하는 것이다. 4대 가치는 시민가치(자유, 평등), 법적가치(법치주의), 윤리가치(존중, 봉사, 복종), 군대가치(의무, 성실, 충성, 용기) 등이다. 이러한 4대 가치관을 내면화한 상태를 군인정신으로 규정하고 있다.

따라서 캐나다군은 2대 리더십 중심사상을 구현하는 5대 선행조건을 표

112) 2005년에〈Leadership in the Canadian Forces〉을 발간하였다.

10.6과 같이 특징적으로 제시하고 있다.

표 10.6 캐나다군의 2대 중심사상 구현을 위한 5대 선행조건

- 광범위한 분권적 리더개발
- 임무형지휘 구현(빠른 결심, 주도권), 구성원들의 책임공유
- 적절한 권한위임: 부하들에게 독립적 행동능력을 배양할 목적으로 장려
- 전문직업주의 군인들의 단결: 국가사회에 봉사하는 명예로운 의무
- 개방된 군대문화: 통합 토론, 아이디어 교환, 상급자 경청 강조
- 가치를 실현하는 군인정신: 리더의 군인정신 내면화, 솔선수범

(3) 캐나다군의 리더십 원칙

캐나다군은 미 육군의 리더십 개발모형을 벤치마킹하고 있으며 리더십 자질을 먼저 구비하고 5개의 리더십 역량(전문적 역량, 사회적 역량, 인지적 역량, 혁신역량, 직업주의 역량)을 발휘하도록 하고 있다. 캐나다군은 소규모 군대이지만 전문직업주의가 우수한 군대로서 리더십 철학, 교리 및 교범 등의 체계가 우수하다. 모든 리더들은 리더십 원칙에 기초하여 행동해야 하며 캐나다 군 리더십 원칙은 표 10.7과 같다.[113]

캐나다군은 이 교범을 기준교범으로 하여 군 리더십에 대한 전반적인 내용을 제시하고, '인간관계, 조직관리' 등에 관련된 구체적인 내용은 별도의 리더십 지침서로 발간하여 활용하고 있다. 캐나다 군이 지향하는 리더십 효과성은 리더의 자질과 역량, 리더십 발휘 상황, 리더의 의도, 리더의 영향력 등이 상호작용을 하여 조직의 목표 달성을 지향하고 있다.[114]

113) 임채상(2014), "육군리더십 철학 정립 연구(리더십센터 연구보고서)", 42쪽
114) The Army(2009), 5월호

표 10.7 캐나다군 리더십 원칙

• 군사전문역량을 습득하고 자기개발을 하라 • 목표와 의도를 명확히 하라 • 문제를 해결하고 적시에 결심하라 • 지시하라, 그리고 설득, 솔선수범, 고난에 동참하여 동기부여 하라 • 요구조건과 실전적 조건하에서 개인과 팀을 훈련시켜라 • 팀웍을 구축하고 단결시켜라 • 부하들에게 알려주어라, 상황과 결심한 내용을 설명해 주라 • 부하들을 공정하게 대하고 관심사항 조치와 이익을 대변해 주라 • 개인 경험과 타인의 경험으로부터 배우라 • 부하들에게 조언하고 교육시키며 개발하라

3.3. 독일군 리더십(Innere Führung)

독일은 나치정권이라는 역사적 배경으로 인하여 독일 연방군은 톡특한 군대 전통을 갖고 있다. 제2차 세계대전 후 전통주의자들과 개혁주의자들은 지속적으로 대립하였으나 개혁주의자들은 연방군에 모범적인 전통 수립을 주장하였다. 이에 군대전통에 대한 문제로 사회갈등이 나타나기도 하였다.[115]

(1) 독일 연방군의 리더십 도전

연방군의 리더십 이슈는 징병제에서 모병제로의 전환에 따른 리더십 문제, 국방비감소와 국방개혁에 관련한 리더의 개발, 해외파병 임무수행 간 타 문화 이해 등이 대두되었다. 연방군의 내적 지휘규정은 불변하지만 정치안보와 사회이익 요구 등의 환경변화와 군 복무와 가정생활의 양립을 보장하는데 더 많은 관심을 요구하고 있다. 또한 임무형 지휘에 대한 도전으로 '부하들에게 권한위임과 행동의 자유를 주고자 하는 원칙과 현대조직의 특성상 사소한 것까지 통제하는 하고자 하는 본능'이 서로 마찰을 일으키고 있다는 문제점을 인식하고 리더십 영역에서 해결책을 모색하고 있다.

115) 임채상(2014), "육군리더십 철학 정립 연구(리더십센터 연구보고서)", 28~37쪽

(2) 내적 지휘센터 운용과 관련 규정

이 센터는 국방성 및 합참의 직할부대로서 리더십 개발 및 시민교육센터의 의미를 가지고 있다. 센터의 주요활동은 내적지휘 철학 10대 분야와 관련된 모든 문제의 연구, 세미나 및 교육을 실시한다. 10대 분야 주요내용은 리더십 개발, 시민교육, 법규 및 군기 교육, 훈련 및 부대업무 구성, 공보활동, 조직 및 인사관리 등이 있다.

연방군 합동근무규정 '내적지휘(Innere Führung)'는 연방군의 최상위 규정이다. 이 규정은 1956년부터 발간되어 국방 패러다임 변화를 계속 수정 보완하고 있다. 내적 지휘철학은 리더십 개발, 시민교육, 군법교육 등의 분야에 적용되는 최상위 중심사상과 원칙을 가지고 있다. 육군지휘교범 '부대지휘(Truppen Führung)'는 육군의 최상위 교범으로서 내적지휘 철학의 중심사고와 원칙을 수록하고 있다. 내적지휘 규정에는 '군복 입은 민주시민'의 대원칙을 효과적으로 구현하기 위한 규정이라는 것을 명시하고 있다.

(3) 군인 양성과 리더개발 목표

독일 연방군 군인 양성 및 리더개발 목표는 '군복 입은 민주시민(Citizens in Uniform)'으로서 모든 군인들이 구현해야 하는 모습이다. 특히 리더의 역할을 강조하고 있다. 연방 군인들을 사회의 일원임을 인식하게 하고, 동시에 군대가 가지고 있는 책무는 바로 헌법과 법규를 올바르게 준수해야 된다는 점을 인식시키고 있다.

(4) 내적지휘의 기본사상과 원칙

내적지휘의 기본은 헌법 기본법의 가치와 규범에 기초하고 독일 연방군의 윤리적, 법적, 정치적, 사회적 기본사상이다. 기본 철학은 독일헌법 제1조인 "인간의 존엄은 불가침이다. 존중하고 보호하는 것은 국가권력의 의무이다."라는 가치에서 출발한다. 자유민주주의 틀 안에서 '군인의 자유와 권리를 최

대한 보장'하고자 하는데 있다.

- 윤리적 기본가치는 헌법 기본법에 명시된 7대 가치(인간존엄성, 자유, 평화, 정의, 평등, 단결, 민주주의)에 기반을 둔다.
- 인간존엄성에 기반을 둔 가치는 내적지휘 원칙을 위한 기본이며 연방군의 법적기준과 동시에 내부 질서유지의 기준이다. 법적 기본가치는 연방 군인에게 적용되는 헌법의 기본권은 일반 국민들에게 적용되는 것과 동일하다.
- 정치적 기본가치는 민주주의 구현을 위한 정치적 의지는 강력하다.
- 사회적 기본가치는 연방군인은 자유주의와 다원주의 사회의 일원으로서 상호간을 인식하고 사회발전에 기여한다.

(5) 독일 연방군의 행동강령

연방군의 복무신조라고 할 수 있는데 내적지휘 8대 원칙에 기반을 두고 있다. 연방군인의 갖추어야 할 자질이며 실천원칙은 표 10.8과 같다.

표 10.8 독일군의 내적지휘 8대 원칙

• 용감하라 • 충성하고 성실하게 근무하라 • 전우애를 발휘하고 타인을 배려하라 • 군기를 유지하라 • 역량을 구비하고 학습의지를 가지라 • 자신에 대한 신뢰성과 타인으로부터 신뢰를 구축하라 • 타 문화에 대하여 공평과 관용을 베풀고 개방하라 • 올바른 행동과 잘못된 행동을 구별하라

(6) 독일 연방군의 내적지휘 특징

내적지휘의 개념의 태동은 제2차 세계대전 당시 연방군이 과거 나치의 순종도구로서 의문스럽고 부담스러운 군대가 다시 출현하지 않도록 요구 한 것에 기인하고 있다. 내적지휘는 개인의 자유와 권리를 최대한 보장하면서 개인의 군사적 수행능력을 최대 향상시키는데 핵심적인 역할을 하고 있다. 내적지휘는 상관과 부하와의 관계, 리더십은 물론 군 조직의 전반적인 운영방식과 군과 사회와의 관계 개념까지 포함하는 광의의 개념을 가지고 있다. 독일의 연방군의 내적지휘 철학은 다른 군대 리더십 가치와는 다른 역사적 경로의 특징을 가지고 있다.[116]

(7) 독일 연방군의 임무형 지휘

독일군의 임무형 지휘는 프러시아가 나폴레옹에게 대패하고 굴욕적으로 영토의 절반을 포기하는 국가적 난국에 처했던 1807년부터 시작되었다. 임무형 지휘는 군의 핵심으로 등장한 엘리트장교 집단에 위임된 특이한 지휘방식에 뿌리를 두고 있다. 지휘관은 명령과 목표를 수행하면서 언제, 어디서, 어떻게 할 것인가에 대한 자율권을 갖고 있다. 임무를 달성하는 방법과 수단은 각 지휘관에게 위임된 것이 독일군 임무형 지휘의 기본 개념이다.[117]

- 독일군은 지휘책임의 한계를 명확하게 설정하고 있다.
- 모든 지휘관은 스스로 합리적 리더십을 발휘하고 부하들을 리더로 양성시키는 역할이 부가된다.
- 임무형 지휘에서 상하 지휘관의 자유로운 의사소통과 신뢰는 리더십의 중요한 요인으로 인식하고 있다.
- 상하 지휘관의 공동적인 전술관과 군사지식 공유를 위해 구성원이 공통된 가치를 공유하고 내면화 한다.

> "독일군은 조직과 리더십을 훌륭하게 발전시켰다. 독일 육군은 제1차 세계대전의 경험을 신중히 분석하여 그것을 기초로 한 전술교리로 제2차 세계대전을 개전 하였다. 이 교리는 전투간부들이 성경처럼 소중히 여기는 교범이 되었다. 교범에 소개된 절차들은 경험이 부족한 장교에게 충분한 전투를 경험하게 해주었다. 간부들은 이 교범을 통해 적보다 한 발 앞서는 지략과 상상력을 이용할 수 있었다. 이 교리는 둔한 사람에게는 생존방법을, 우수한 전투 간부에게는 커다란 승리를 안겨 주었다."[118]

---

116) 임채상(2014), "육군리더십 철학 정립 연구(리더십센터 연구보고서)", 37쪽
117) 강경표 외(2012), 군 리더십 길라잡이, 175쪽

3.4. 이스라엘군 리더십(Leadership in the Canadian Forces)[119]

이스라엘은 국가존망의 쓰라린 역사적 경험을 많이 가지고 있는 나라이다. 2천년 동안 전 세계를 떠돌아다니다가 독립하였으며 현재에도 팔레스타인과 국지전을 수행하고 있다. 이스라엘 군대의 기본사상은 '단 한 번의 전쟁에도 절대 패배하지 않는다.' 이다. 그리고 당면하고 있는 군 리더십에 대한 이슈는 영토 내와 주변국에 대한 대테러 작전(대 팔레스타인 민간인) 수행과 국지전 수행의 작전임무 간 제기된 리더십의 문제, 유대민족의 가치관과 전통의 유지, 정치 및 사회적인 변화와 요구에 따른 군의 대응, 대규모 예비군 동원 시 제기되는 리더십 문제 등이다.[120]

(1) 리더십센터 운용과 관련 규정

이스라엘 군은 '베이트 모라샤'[121]라고 하는 리더십훈련센터에서 리더십을 구현하고 있다. 주요 프로그램은 교관능력을 개발 해주는 정체성 함양 및 군 복무 목적 프로그램, 상호교육 세미나, 전통 안식일 체험 교육, 고급제대 장교 세미나 등으로 구성되어 있다. 리더십 훈련센터의 특징은 유대민족의 정체성 및 가치관 교육, 전통의 유지, 작전임무 간 발생한 윤리적 이슈에 대한 토의, 작전임무 간 실제로 요구되는 리더십 교육 등을 효과적으로 실시하고 있다.

리더십 관련 문헌은 1992년 제정된 이스라엘군 윤리강령(The Ethical Code of the Israel Defense Forces)이다. 핵심내용은 이스라엘군의 정체성, 가치 및 규범이다. 모든 군인에게 내면화시키고 이를 행동화 하도록 강조하고 있다.

---

118) 김병관 역(2008),HOW TO MAKE WAR, 453쪽
119) 본 자료는 이스라엘군 정신(The Spirit of the IDF)과 윤리강령(The Ethical Code of the Israel Defense Forces) 번역 내용을 일부 정리하였음
120) 임채상(2014), "육군리더십 철학 정립 연구(리더십센터 연구보고서)", 44쪽
121) 'Beit Morasha'는 1990년에 설립, FIDF(Friends of the IDF : 이스라엘의 친구)라는 기관의 후원을 받아서 모든 지휘관과 군인들에게 정신교육과 리더십 교육을 하고 있다.

(2) 리더 양성과 리더 개발

리더(군인)양성은 이스라엘군 정신(The Spirit of the IDF) 구현이다. 이는 이스라엘군의 가치가 포함된 정체성의 표현이며 이스라엘 군인들의 전·평시 모든 활동에 있어 기본사상의 역할을 가진다. 즉 이스라엘 군인 활동의 기본이 되는 사상으로서 지휘관 주도하 생활화를 강조한다. 훈련시간에 이스라엘군 정신을 낭독하고 있다. 이스라엘군 정신과 이로부터 도출된 작전임무수행 지침을 담고 있는 것이 이스라엘군 윤리강령(The Ethical Code of the Israel Defense Forces)이다.

이스라엘군 정신의 4대 원천은 군대전통 및 유산, 국가전통 및 민주주의 원칙, 유대민족의 전통, 인간의 존엄성 등이 포함된다. 이스라엘군 정신은 윤리강령의 3대 핵심가치, 10대 리더십 원칙, 34개 행동지표에 잘 포함되어 있다.

(3) 이스라엘군 3대 핵심가치 : 중심사상

이스라엘 군 3대 핵심가치는 표 10.9와 같으며 4대 원천으로부터 도출하고 있다. 국가와 국민의 보위는 이스라엘군의 목표이고 애국과 충성은 군인의 최고 가치관이며 인간의 존엄성은 제2차 세계대전 시 독일군의 홀로코스트 경험을 상기하는 의미를 가지고 있다.

표 10.9 이스라엘군의 3대 핵심가치

- 국가와 국민을 보위 : 국가존속, 독립 및 국민 안전 보호
- 애국과 충성 : 애국심, 전념, 헌신으로 복무
- 인간의 존엄성과 존중 : 종족, 신념, 국적, 성별, 지위, 역할에 관계없이 인간의 존엄성을 준수할 의무

(4) 이스라엘군의 리더십 원칙

이스라엘군 10대 리더십 원칙은 기본가치라고도 하며 리더와 모든 군인들

에게 해당하며 3대 핵심가치에 기반을 두고 있다. 가장 중요한 리더십 원칙은 10원칙으로서 군인에게 부여된 임무를 반드시 완수하고 승리를 쟁취하라는 원칙이며 이는 단 한 번의 전쟁에서도 질수 없다는 불패전의 사상에 근거하고 있다. 리더십 원칙은 평시와 전쟁 구분 없이 적용할 수 있는 원칙을 제시하고 있다. 모든 리더들은 리더십 원칙에 기초하여 행동해야 하며 이스라엘 군 리더십 원칙은 표 10.10과 같다.122)

표 10.10 이스라엘군의 리더십 원칙

• 인간의 생명을 존중하라	• 무기를 신성하게 사용 하라
• 솔선수범하라	• 책임을 져라
• 전우애를 발휘하라	• 전문성을 구비하라
• 군기를 유지하라	• 충성하고 국민의 대표자로 행동하라
• 신뢰를 구축하라	• 불굴의 투지로 승리를 쟁취하라

이스라엘군 윤리강령은 매우 간결하고 실질적으로 행동할 수 있는 내용으로 잘 구성되어 있다. 분명한 가치에 기반을 두고 모든 리더들의 행동을 '한 방향으로 정렬' 시킬 수 있도록 잘 표현 되어 있다. 이스라엘군은 정체성과 가치관 교육, 윤리강령의 철저한 교육, 작전임무 종료 후 피드백에 따른 재교육 등 정신교육과 리더십 교육을 병행하여 효과적으로 실시하고 있다.

---

122) 임채상(2014), "육군리더십 철학 정립 연구(리더십센터연구보고서)", 47쪽~48쪽

제11장

초급제대 리더의 바람직한 모습

1. 군 리더의 기본적인 역할

군의 리더는 자신의 신분에 따라 책임과 직무가 구분되어 있다. 임무수행과정에서 다양한 개인, 조직과 관계를 형성하면서 역할을 수행한다.123) 군 리더의 바람직한 모습이란 '군의 모든 리더는 위국헌신의 자세를 갖추고, 리더에게 요구되는 역량을 구비하여 자신의 신분과 직책에 따라 부여된 책무를 완수할 수 있어야 함'을 의미한다. 이를 위해 군 리더는 그림 11.1에서 보는바와 같이 크게 5가지의 역할을 수행한다.

그림 11.1 육군 간부의 역할

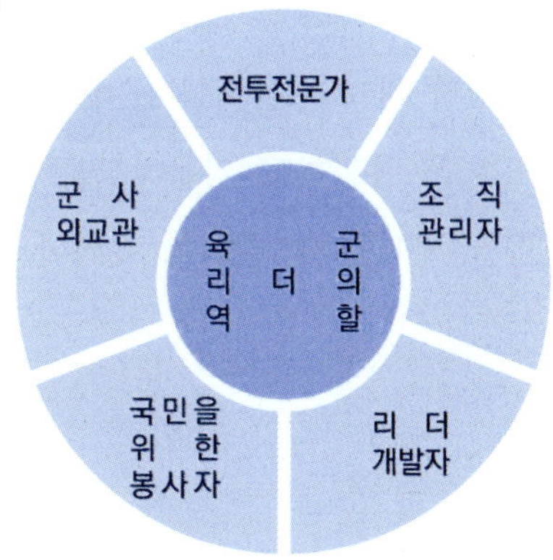

---

123) 군의 구성원은 1차적으로 자신이 소속된 부대, 부서에서 상관, 동료, 부하와의 직접적인 상호작용을 통해 팀의 일원으로 존재한다.

먼저, 군인으로서 최우선적인 전투전문가이다. 둘째, 부여된 직책에 따라 효율적으로 조직을 운영할 수 있는 조직관리자이다. 셋째, 스스로 자기계발을 하기 위한 평생 학습자이고 구성원의 능력을 계발하는 리더계발자이다. 넷째, 국민의 생명과 재산을 보호함은 물론 국민의 편익을 증진하고 국가의 번영과 안정을 기하는 국민을 위한 봉사자이다. 마지막으로, 군의 임무와 영역이 확장됨에 따라 국제사회의 기대에 부응할 수 있는 군사외교관으로서 다양한 역할을 수행할 수 있어야 한다.[124)]

1.1. 전투 전문가

군은 전쟁 수행의 주체이며, 전투에서의 승리를 목표로 한다. 따라서 전투는 군의 가장 기본적인 임무이며, 전투는 모든 군 구성원의 공통적인 역할이다. 이를 위해 군의 리더는 항상 전투전문가로서 임무를 수행할 수 있는 준비가 되어 있어야 하며, 전장에서 승리하는데 기여할 수 있어야 한다.

1.2. 조직 관리자

군의 모든 구성원은 신분과 계급에 따라 직책을 부여받고 임무를 수행하며 그에 따른 책임, 의무 그리고 권리를 갖는다. 따라서 리더는 부여된 직책에 따라 조직을 운영하는 조직 관리자의 역할도 효과적으로 수행해야 한다. 이를 위해 리더는 조직의 노력을 통합하고 가용자산을 효율적으로 운용하며, 올바른 조직의 목표와 방향을 제시할 수 있도록 건전하고 적시적인 의사결정을 해야 한다.

1.3. 리더계발자

군 리더에게 요구되는 자질과 능력, 행동 역량을 겸비한 위국헌신의 강한

---

124) 육군본부(2009), 육군리더십, 2-8쪽

리더가 되기 위해서는 끊임없는 리더개발이 이루어져야 한다. 따라서 리더는 먼저 스스로의 전문성과 능력을 향상시켜야 하며, 동시에 구성원의 능력 개발과 성장을 유도해야 한다. 이를 위해 리더는 자기개발을 위한 평생학습자가 되어야 하며, 구성원의 능력개발을 위한 리더 개발자의 역할을 수행해야 한다.

1.4. 국민을 위한 봉사자

군의 모든 구성원은 국민을 위한 봉사자이다. 이는 군이 국민의 군대로서 국민의 생명과 재산을 보호함은 물론 국민의 편익을 증진하고, 국가의 번영과 안정을 기하기 위해 존재하기 때문이다. 따라서 군의 리더는 스스로가 국민을 위한 봉사자의 역할을 잘 수행함은 물론, 구성원에 대해서도 이 역할을 잘 수행할 수 있도록 지도해야 한다.

1.5. 군사외교관

우리 군의 임무수행 범위는 국가적인 요구와 더불어, 국제사회의 기대에도 부응할 수 있도록 전 세계적인 영역으로 확대되고 있다. 따라서 군의 리더는 국제화시대에 부합할 수 있어야 한다. 예를 들어, 해외 분쟁지역이나 전쟁지역에 파병되거나 구호활동 등 국제적인 임무를 수행할 때 자신의 행동 하나하나가 대한민국과 군을 평가하는 기준이 된다는 것을 명심해야 한다. 리더는 대한민국을 대표하는 사람임을 인식하고, 국가목표와 국익달성에 기여할 수 있도록 군사외교관의 역할을 수행해야 한다. 따라서 군의 리더는 어떠한 위기 상황에서도 리더로서 역할과 책임을 부여받으면 구성원을 잘 이끌 수 있도록 역량을 발휘 할 수 있어야 한다.

2. 초급간부가 갖추어야 할 자질과 역량

2.1. 리더의 기본자질

자질(資質, attribute, quality, qualification, talent)은 '타고난 성품이나 소질'로 정의된다. 우리 군에서는 지휘관의 자질이나 장교의 자질 등으로 여전히 중요하게 사용하고 있다. 군 리더의 자질은 "어떤 군인이 되어야 하는가?"를 결정해 주는 기준으로서 가치관과 품성, 태도, 군인다움 등에 관한 것이다. 기본자질은 리더십의 원천으로 리더의 사고와 행동의 기준이 되고 리더십 발휘에 결정적 영향을 미친다. 리더는 올바른 품성, 군인정신, 군사전문능력 등 기본자질 중 어느 한 가지라도 부족해서는 안 된다. 예를 들어 품성이 뛰어나고 군인정신이 투철해도 군사전문능력이 부족하면 리더로서 제대로 역할을 수행할 수 없다. 군 리더가 갖추어야 할 기본자질은 표 11.1과 같다.[125)]

표 11.1 군 리더가 갖추어야 할 기본자질

자 질	세 부 내 용
올바른 품성	• 도덕성 : 준법정신, 정직, 공정, 청렴 • 헌신 : 희생, 열정 • 존중 : 다양한 이해, 겸손, 포용 • 주도성 : 자신감, 균형감각, 설득력, 표현력 • 침착성 : 자기통제력, 인내력
군인정신	• 명예 · 충성 · 용기 · 필승의 신념 • 임전무퇴 • 애국애족의 정신
군사전문능력	• 군사지식 : 군사이론과 교리, 직무지식 • 전투지휘와 기술 : 전투지휘 능력, 전투기술 • 육체적 능력 : 전투체력, 건강

자료 : 육군본부(2009), 「육군 리더십」, 2-15~2-24쪽

"장수는 지(智)·신(信)·인(仁)·용(勇)·엄(嚴)의 요소를 모두 갖추어야 한다"
(손자병법, 시계편)

---

125) 육군본부(2012), 육군 리더십, 2-1~2-18쪽을 정리하였음

(1) 올바른 품성

품성이란 사람의 됨됨이로써 군 리더가 기본적으로 갖추어야 할 특성을 말한다. 품성은 리더가 어떤 사람인가를 가늠하게 하는 척도로써 구성원에게 영향력을 발휘하는 중요한 요소로 작용한다. 구성원이 믿고 따르고 싶은 마음을 불러일으킬 수 있는 올바른 품성을 갖추고 행동해야 리더로서 역할을 수행할 수 있다. 군의 초급간부로서 여러 가지 품성 중에 우선적으로 도덕성, 헌신, 존중, 주도성, 침착성을 갖추는 것이 필수적이다.

• **도덕성**

도덕성이란 사람으로서 마땅히 지켜야 할 도리이다. 도덕성은 올바른 것을 선택하고 행동하게 하는 내면의 힘이다. 공사(公私)를 분명히 구분하고 올바른 일을 행하며, 사사롭고 불의한 일을 행하지 않는 자세는 도덕성으로 부터 나온다. 도덕성을 갖춘 리더는 사리분별이 명확하고 공평무사하게 일을 처리하며, 자신감 있고 당당하게 임무를 수행하여 구성원이 신성으로 믿고 따르게 된다. 도덕성을 갖추기 위해서는 준법정신, 정직, 공정, 청렴이 요구된다.

① **준법정신**

준법정신이란 법을 지키고자 하는 마음이며 기강(紀綱)을 세우는 바탕이다. 준법정신이 부족하여 제반 법규에 명시된 내용을 소홀히 다룰 경우 정당한 명령이나 지시에 따르지 않게 된다. 리더와 구성원 모두가 준법정신이 있어야 부대의 질서가 유지되고 엄정한 군기가 확립된다. 준법정신을 함양하기 위해서는 먼저 법규의 당위성을 인정하고, 내용을 정확히 알아야 하며 어떤 상황에서도 지키고자 하는 마음을 견지해야 한다.

② **정직**

정직이란 거짓이나 허식이 없이 마음이 바르고 곧은 것이다. 정직은 상호 신뢰를 형성하는 기본적인 요소이다. 불리한 상황에서도 솔직하고 책임감 있는 모습을 보일 때 구성원은 리더를 신뢰하게 된다. 명령이나 지시, 보고 및 통보 등이 왜곡되면 임무가 정상적으로 수행될 수 없다. 정직은 자신을 속이지 않고 항상 양심에 부끄럽지 않도록 판단하고 행동하는 것이 중요하다.

③ 공정

공정이란 어느 한쪽에 치우침 없이 공평하고 정대함을 말한다. 공정은 합리적인 생각과 행동을 하게 해준다. 리더가 매사 공정하게 처리하면 구성원들은 불평불만을 가지지 않고 순응하게 된다. 공정하기 위해서는 공(公)과 사(私)를 분명히 하고, 명확한 기준을 설정하여 일관성 있게 적용해야 한다. 사사로운 정(情)에 이끌려 판단기준이 흔들리거나 예외를 인정해서는 안된다.

④ 청렴

청렴이란 마음이 고결하고 재물에 욕심이 없는 것을 말한다. 청렴은 리더를 위엄 있고 당당하게 만든다. 깨끗하지 못하면 구성원의 신뢰를 얻을 수 없다. 사리사욕이 없어야 불의나 부정과 타협하지 않고 정도(正道)를 갈 수 있으며, 오직 부대를 위해 혼신의 노력을 기울일 수 있다. 청렴하기 위해서는 군인으로서 확고한 직업관, 근검절약, 건전하고 분수에 맞는 생활태도가 요구된다.

• 헌신

헌신이란 자신의 이해관계를 떠나 몸과 마음을 바치는 것을 말한다. 헌신은 힘들고 위험한 상황에서도 자신의 안위를 돌보지 않고 임무를 수행할 수 있게 하는 원동력이다. 본연의 임무수행은 물론 자신의 도움을 필요로 하는 일이 생길 때마다 주저함 없이 나설 수 있는 행동은 헌신으로부터 나온다. 부대와 부하를 위해 헌신할 때 리더로서 진정한 권위와 영향력을 얻을 수 있다. 헌신의 자질을 갖추기 위해서는 희생과 열정이 요구된다.

① 희생

희생이란 어떤 목적을 이루기 위하여 자신의 생명·재산·이익 등을 돌보지 않고 바치는 것으로 자기 것을 포기하는 동시에 다른 사람을 위해 배려하는 것을 의미한다. 리더가 희생심이 강하면 임무, 부대, 부하 등 모든 것을 책임지겠다는 의식이 높아지고 생명이 위험한 상황에서도 앞장 설 수 있게 되어 불가능해 보이는 임무도 완수할 수 있게 해준다. 그러면 부하들 역시 자기를 돌보지 않고 임무수행에 최선을 다하게 된다. 희생을 실천하는 리더가 되기 위해서는 자신이 수행하는 임무에 대한 자부심, 대의를 위해 작은 것을 바칠 수 있는 마음을 견지하는 것이 중요하다.

> **헌신과 희생을 행동으로 실천한 대대장** 2000년 6월 24일 경기 파주 군내면 DMZ에서 수색대대장 이종명 중령과 설동섭 중령은 지휘권 인수인계를 위해 수색팀 19명과 함께 DMZ내 수색정찰을 실시 중이었다. 2시간 뒤 군사분계선 10m 앞까지 진출하는 순간 설 중령의 발 밑에서 '꽝'하는 폭음과 함께 설중령의 두 무릎이 날아가 버렸다. 이중령은 북한군이 아군의 도발로 오인할 것을 우려해 대원들에게 몸을 숨길 것을 지시하고 정보장교, 지뢰탐지병, 무전병만 데리고 사고지점으로 신중하게 접근했다.
>
> 순간 '꽝'하는 폭음과 함께 이중령도 지뢰를 밟아 무릎아래 두 다리를 잃었다. 하지만 이중령은 지혈도 잊은 채 뒤따르던 정보장교와 무전병에게 '위험하니 들어오지 마라' 경고하고, 설중령을 간신히 잡고 10미터를 기어서 겨우 빠져 나왔다. 그리고 사태수습을 위해 30여 분간 현장지휘를 하다가 출혈이 심해 의식을 잃고 말았다.
>
> (육군교육사령부, 2013, 국가와 안보, 7-46쪽)

② 열정

열정이란 부여된 임무를 완수하기 위해 자신의 혼(魂)을 다하는 것이다. 열정은 최고의 에너지로써 끈질기게 문제를 해결하게 하고 반드시 목표를 달성하겠다는 신념을 유발시킨다. 불필요한 잡념이나 감정이 끼어들지 못하고 몰입하게 하여 임무수행의 효과를 극대화시킨다. 열정을 갖기 위해서는 자신이 하고 있는 일에 대한 가치를 찾아 최고의 의미를 부여할 줄 알아야 한다.

- **존중**

존중이란 타인을 소중하게 생각하고 정성스럽게 대하는 것이다. 사람은 누구나 존중받을 권리가 있다. 존중은 구성원이 자신을 가치 있는 존재로 느끼게 하여 자발적이고 창의적으로 잠재능력을 발휘하게 한다. 리더는 구성원 개인의 가치를 찾아 그것을 인정해주고, 그 가치를 증대시켜 부대를 위해 헌신하도록 해야 한다. 이를 위해서는 구성원의 다양성을 이해하고, 스스로 겸손하고, 구성원들을 포용해야 한다.

① **다양성 이해**

다양성 이해란 구성원 개개인의 다름을 알고 각자 가지고 있는 특성을 인정하는 것이다. 부대는 성격, 연령, 성별, 성장환경, 학력수준 등이 서로 다른 사람으로 구성되어 있다. 부하가 개인적으로 가지고 있는 성격이나 능력 등 그 차이를 인정할 때, 각자의 장점을 살려 적재적소에 운용함으로써 잠재능력을 발휘하게 할 수 있다. 주관적 가치에 따른 선입관이나 편견을 버리고 개인적 특성을 인정하는 자세를 견지해야 한다.

② **겸손**

겸손이란 자기 자신을 낮추고 타인을 높이는 것이다. 겸손은 모든 것을 수용하게 하는 힘이다. 겸손하지 못하면 다른 사람을 인정하지 않고 독선에 빠질 수 있다. 다른 사람의 말에 귀를 기울이고자 다가가며, 반대 의견도 폭넓게 수용해야 구성원이 다양한 능력을 활용할 수 있다. 겸손하기 위해서는 자신의 강점과 한계를 객관적인 시각으로 인식하고, 다른 사람의 가치를 존중해 주려는 마음을 가져야 한다.

③ **포용**

포용이란 너그러운 마음으로 타인을 이해하고 감싸주는 것을 말한다. 포용은 사람을 끌어당기는 힘이다. 구성원의 단점, 잘못이나 실수를 용서하고 포용하게 되면 리더를 더욱 의지하고 따르려는 마음을 불러일으킬 수 있다. 완벽한 사람은 없다. 리더는 구성원의 개인적인 한계와 불완전함을 인정하고 인내할 수 있어야 한다. 포용심을 갖추기 위해서는 항상 다른 사람의 입장에서 생각하는 역지사지(易地思之)의 마음을 가져야 한다.

• 주도성

주도성이란 스스로 해야 할 일을 찾아 능동적으로 수행하고 부하를 이끌어 가는 것을 말한다. 리더로서 책무를 다하기 위해서는 자신의 역할을 명확히 인식하여 책임감 있게 임무를 완수해야 한다. 주도성을 발휘하기 위해서는 군사적 전문성을 갖춘 상태에서 자신감을 갖고 어느 한 부분에 치우치지 않는 균형감각을 유지하면서 구성원의 적극적인 참여를 유도할 수 있는 설득력과 표현력을 함께 갖추어야 한다.

> **대부대의 공격에도 흔들림 없이 고지를 사수하다.** 1953년 7월, 소대장인 김만술 상사는 전략적 요충지인 베티고지를 사수하라는 임무를 부여받았다. 야간이 되자 적은 수차례에 걸쳐 제파식 공격을 시도해 왔으나 소대장이 선두에 서서 백병전으로 적을 맞아 싸우자 소대원들도 용기를 얻어 분전하여 적을 격퇴시킬 수 있었다. 새벽을 기해 또다시 대대적인 공격을 받게 되자 김상사는 소대의 전투력만으로는 더 이상 방어가 어렵다고 판단하여 최후수단으로 '진내사격'을 요청하고 전 소대원을 유개호로 대피시켰다. 아침에 안개가 걷히자 고지 일대에는 적의 시체로 가득하였다. 2개 대대에 달하는 적을 상대로 고지를 사수할 수 있었던 것은 김만술 상사의 침착하고 용기 있는 지휘 덕분이었다.
>
> (육군교육사령부, 2013, 국가와 안보, 7-48쪽)

① 자신감

자신의 가치와 능력에 대하여 긍정적으로 믿는 마음이다. 자신감은 적극적으로 행동할 수 있게 해주는 힘이다. 리더의 자신감 넘치는 모습은 구성원의 걱정과 의구심을 감소시켜 어떠한 일이든 해낼 수 있다는 의욕을 불러일으킨다. 리더는 자신의 판단과 행동, 결과에 대한 확신을 가져야 한다. 자신감을 갖기 위해서는 군사전문지식을 포함한 직무수행능력, 성취욕, 건강, 체력 등이 요구된다.

② **균형감각**

균형감각이란 어느 한쪽으로 기울이거나 치우치지 않고 고른 것이다. 균형감각은 중심을 잡아주는 힘이다. 생각과 감정의 균형을 유지해야 올바른 판단과 행동을 할 수 있다. 위급한 상황에서도 경중완급을 고려하여 우선순위를 판단하고, 현행작전과 장차작전, 부대의 임무와 구성원의 복지 등 제반문제를 균형되게 판단하고 조치할 수 있게 해준다. 균형감각을 갖추기 위해서는 제반 상황을 고려하여 판단할 수 있는 종합적 사고능력이 필요하다.

③ **설득력**

설득력이란 구성원이 잘 알아듣게 말하여 납득시키는 능력을 말한다. 설득은 구성원의 생각을 바꾸게 만드는 힘이다. 공감대가 형성되지 않은 상태에서 일을 추진하면 갈등과 마찰을 일으켜 효율성을 기대하기 어렵다. 리더는 자신과 다른 생각이나 견해에 대해서 논리적으로 이해시켜서 원하는 방향으로 변화시킬 수 있어야 한다. 설득력을 갖추기 위해서는 관련되는 정보수집과 상대방의 욕구 파악능력, 합리성, 논리성, 호소력 등이 요구된다.

④ **표현력**

표현력이란 자신의 의도를 정확하게 전달 할 수 있는 능력을 말한다. 애매모호한 표현은 구성원을 혼란스럽게 하고 오해를 불러일으킬 수 있다. 전달하고자 하는 내용을 정확하게 표현하는 것은 물론, 본질적인 의미까지 이해할 수 있도록 억양, 표정, 몸짓 등을 적절히 활용해야 한다. 표현력을 갖추기 위해서는 핵심내용 정리, 어휘구사, 적절한 제스처 활용능력 등을 길러야 한다.

• **침착성**

침착성이란 어떠한 일에도 당황하지 않는 차분한 마음을 말한다. 리더는 아무리 위급하고 불리한 상황에서도 냉정함을 잃지 않고 이성적으로 판단해야 한다. 리더가 자신의 감정을 제어하지 못하고 당황하게 되면 판단능력이 떨어지게 되며 구성원들을 불안하게 만들어 임무수행을 어렵게 한다. 침착성을 유지하기 위해서는 자기통제력과 인내력을 갖추어야 한다.

① **자기통제력**

자기통제력이란 자신의 감정과 행동을 스스로 제어할 수 있는 힘을 말한다. 위기상황에서 리더의 절제되고 의연한 태도는 구성원에게 경외심을 갖게 하고 심리적인 안정감을 주어 흔들림 없이 임무를 수행하게 해준다. 자기통제력을 강화하기 위해서는 불안이나 두려움 등을 스스로 극복하여 겉으로 드러내서는 안되며 위험을 두려워하지 않는 용기, 책임감, 확고한 신념 등이 요구된다.

② **인내력**

인내력이란 정신적·육체적 괴로움이나 어려움 등을 참고 견뎌내는 것이다. 인내는 자신의 한계를 극복하게 하는 힘이다. 절망스러운 상황에서도 끝까지 포기하지 않고 헤쳐 나가려는 의지가 있으면 상황을 호전시킬 수 있다. 인내력을 갖추기 위해서는 고통을 회피하려 하지 말고 자신의 한계를 극복하려고 노력해야 한다. 또한 힘들고 도전적인 과업수행, 명확한 목적의식, 자기회복능력 등이 요구된다.

(2) 투철한 군인정신

군인정신이란 군인으로서 가져야 할 확고한 마음가짐을 말한다. 임무수행 환경이 주는 불확실성, 위험, 육체적 피로와 고통 등 각종 제한사항을 극복하면서 임무를 완수하기 위해서는 군인정신은 필수적인 요소이다. 군인정신을 함양하기 위해서는 명예, 충성, 용기, 필승의 신념, 임전무퇴의 기상, 애국애족의 정신을 갖추어야 한다.126)

• **명예**

명예란 뛰어나고 훌륭하다고 일컬어지는 자랑스러운 평판을 말한다. 명예는 자신을 바로 세우는 정신이다. 명예심을 견지하여 의로운 마음이 생겨 자신을 깨끗이 하고, 책임을 완수할 수 있으며, 승리에 대한 강한 의지를 갖게 되어 투지를 불러일으킬 수 있다. 리더는 자신의 양심에 따라 명예롭게 행동해야 한다. 명예심을 함양하기 위해서는 자신의 정체성에 대한 긍지, 사명의식, 정의롭게 행동하려는 마음을 항상 견지해야 한다.

• **충성**

충성이란 국가와 국민, 상관에 대하여 희생과 봉사정신으로 정성을 다하는 것이다. 충성심은 군인으로서 사명을 완수하기 위해 마음과 힘을 다하게 하는 정신이다. 충성심은 국가와 국민을 위해 희생과 봉사를 한다는 대의명분, 상관의 명령을 이행하여 임무를 완수하겠다는 소명의식을 갖게 하여 헌신적으로 행동하게 한다. 충성심을 함양하기 위해서는 확고한 국가관, 상관에 대한 올바른 인식을 토대로 정성을 다하는 자세를 견지하여야 한다.

• **용기**

용기란 자제력과 분별력을 가지고 정의감에 따라 자신의 신념대로 행동하는 것을 말한다. 용기는 불의를 용납하지 않으며, 위험에 처한 전우를 외면하지 않고, 생명의 위험 속에서도 책임을 완수하게 한다. 용기 있는 행동은 부하에게도 전이되어 불리한 전세를 뒤집을 수 있는 힘으로 작용한다. 용기를 함양하기 위해서는 두려운 마음을 억누르는 정신적 강인함, 옳다고 믿는 것에 대한 확고한 신념, 강인한 체력 등이 요구된다.

---

126) 육군교육사령부(2012), 군사입문, 5-48쪽, 육군본부(2012), 군 리더십, 2-11~2-13

- **필승의 신념**

  필승의 신념이란 어떤 일이 있어도 이길 수 있다는 굳은 믿음을 가지는 것이다. 필승의 신념은 구성원의 사기를 높이고 잠재능력을 발휘하게 한다. 승리에 대한 확신은 적을 두려워하지 않는 용기를 주며, 악조건을 참고 견딜 수 있는 힘을 주어 승리를 쟁취하게 한다. 필승의 신념을 갖추기 위해서는 정의감, 자신감, 반드시 이기겠다는 집념이 요구된다.

- **임전무퇴의 기상**

  임전무퇴(臨戰無退)란 전투에 임하여 물러서지 않는 것을 말한다. 임전무퇴의 기상은 자기희생을 각오하고 전투에 임하게 만들어 합리적인 계산이나 논리로는 결코 이룰 수 없는 큰 힘을 발휘하게 한다. 피·아 의지의 대결인 전장에서는 죽기를 각오하고 싸워야 승리가 가능하다. 임전무퇴의 기상을 갖추기 위해서는 뚜렷한 사생관, 용기, 필승의 신념, 강인한 체력 등이 요구된다.

- **애국애족의 정신**

  애국애족(愛國愛族)의 정신은 군인이 지향해야할 중요한 덕목이다. 임무수행을 이유로 국민들에게 피해나 불편을 주어서는 안 된다. 국민의 생명과 재산을 소중히 생각해야 하며, 전통적인 가치와 정서까지도 존중해주는 마음을 가져야 국민의 신뢰와 지지를 얻을 수 있다. 국민이 군을 필요로 하면 신속하고 적극적으로 지원해야 한다.

(3) 군사전문능력

군사전문능력이란 군사와 관련된 임무를 수행하기 위해 필요한 전문화된 지식과 기술을 말한다. 군사전문능력은 리더가 '어떤 능력을 갖추어야 하는가?'에 대한 것으로, 자신에게 부여된 임무를 완수하고 구성원과 부대를 이끌고 관리하는 필수불가결한 요소이다. 리더는 자신의 계급과 직책에

맞는 군사지식, 전투지휘, 육체적 능력을 갖추고 상황에 맞게 적용할 수 있어야 한다.127)

• **군사지식**

군인으로서 군사업무를 수행하는데 필수적인 지식이다. 군사지식은 임무수행 절차와 방법, 제반원칙을 제공해 주고, 다양한 상황을 해결할 수 있는 능력을 제고시켜줌으로써 전·평시 임무수행을 가능하게 한다. 리더는 자신의 계급과 근무제대에 맞는 군사이론과 교리를 숙지하고 해당직책에 필요한 직무지식을 갖추어야 한다.

① **군사이론·교리**

전쟁 및 전투에서 승리하기 위해 전투력을 조직하고 운용하는 과학과 술(術)에 관한 지식이다. 교리는 전·평시 임무수행에 필요한 과학적이고 전문적인 지침을 제공하여 상·하 전술관을 공유함으로써 일사분란하게 임무를 수행할 수 있게 한다.

② **직무지식**

직무지식이란 직무를 수행하는데 필요한 지식을 말한다. 부여된 직무를 수행함에 있어 해당 분야에 대한 전문성을 갖추고, 업무를 잘 조직하며, 관련 자원을 효율적으로 활용하여 조직의 임무와 목표를 달성할 수 있어야 한다. 직무수행과 관련된 지식, 법과 규정, 방침 등을 정확히 이해하고 숙지해야 하며, 업무수행 요령이나 절차 등을 습득하고 숙달해야 한다.

• **전투지휘 및 기술**

전투지휘 및 기술은 전장에서 승리하기 위해 전투력을 운용하고 다양한 상황을 극복하게 하는 능력이다. 리더는 군사전문가로서 군사지식에 정통하고 이를 전장에서 창의적으로 적용하여 전투지휘를 함으로써 승리할 수 있다.

---

127) 육군본부(2012), 군 리더십, 2-14~2-18

① **전투지휘능력**

전투지휘능력이란 지휘관(자)이 전장에서 승리를 달성하기 위하여 전투력을 운용하는 능력이다. 전장기능과 구성원들의 노력을 어떻게 통합하고 운용하느냐에 따라 전투수행의 결과는 달라진다. 따라서 지휘관(자)이 전투지휘능력을 갖추기 위해서는 시간·공간·전투력의 전투요소뿐만 아니라 전장기능운용 등에 대한 전문능력을 구비하여야 한다.

② **전투기술**

전투기술은 다양한 전투상황에서 행동할 수 있는 전투수행방법이다. 리더는 신분이나 계급, 병과나 직책을 막론하고 전투임무를 수행할 수 있도록 기본적인 전투행동을 숙달해야 한다. 자신의 병과나 해당 제대를 운용하는데 요구되는 전투기술이 어떤 상황에서도 효과적으로 행동화 되도록 숙달해야 한다.

- **육체적 능력**

육체적 능력이란 임무를 수행하기 위해 필요한 건강과 체력을 말한다. 육체적 능력이 뒷받침 되지 않으면 지속적인 임무수행이 제한되고, 건전한 판단을 어렵게 한다. 리더는 항상 강인한 체력과 건강을 유지해야 한다. 전투체력이란 전투임무를 수행하기 위해 요구되는 신체적인 힘과 능력이다.

① **강인한 체력**

강인한 체력은 며칠씩 지속되는 전투상황이나 재난극복의 현장, 한국과는 기후와 풍토가 다른 해외 등 다양한 상황 하에서 임무를 수행하기 위해 신체적으로 요구되는 힘과 능력이다. 특히, 전장에서는 불안과 공포, 수면 부족, 잦은 행군 등으로 인해 극심한 육체적 피로와 고통을 겪게 된다. 강인한 체력은 건전한 판단과 결심을 할 수 있는 정신력의 기초가 된다. 극한상황 극복을 위해 유격, 행군, 태권도, 특공무술 등을 연마하여 전투체력을 갖추어야 한다.

② **건강**

건강은 강인한 체력과 정신력을 유지시켜 주는 힘이다. 정신적 건강은 윤리적·도덕적 기준에 의해 건전하게 생각하고 판단하며, 올바르게 행동할 수 있는 상태를 말한다. 건강을 유지하기 위해 긍정적 사고, 스트레스 관리, 정기적인 건강검진, 규칙적인 생활습관 등을 갖도록 해야 한다. 따라서 리더는 자신은 물론 구성원의 건강유지를 위해 노력해야 하고, 적절한 휴식을 보장해 주어야 한다.

2.2. 초급간부가 갖추어야 할 역량

(1) 군 리더십 역량의 의미

군 리더에게 요구되는 구비요소에 관한 용어들은 능력, 덕목, 자질, 역량 등 다양하다. 역량(力量, competence, competency)이란 "조직이 추구하는 가치나 비전을 달성 할 수 있도록 업무를 성공적으로 수행해 낼 수 있는 조직원의 행동특성"으로 정의 하였다.

군의 리더는 부여된 역할과 책임을 효과적으로 수행하기 위해 요구되는 역량을 구비해야 한다. 군 리더십 역량이란 '리더가 갖추어야 할 자질과 능력, 행동요소'를 말하며 부여된 임무를 완수하기 위해 필요한 기량이다[128].

군의 리더는 그림 11.2처럼 리더십 발휘에 요구되는 역량을 갖추어야 한다.[129] 여기서 자질(Be)이란 올바른 리더로서 갖추어야 할 가치관과 품성, 태도, 군인다움 등에 관한 것이다. 능력(Know)이란 유능한 리더로서 갖추어야 할 전투수행능력, 직무수행능력, 의사결정능력, 의사소통과 변화관리능력 등 군사적 전문성을 갖추는 것이다. 행동(Do)이란 실천하는 리더가 구비해야 할 역량으로 스스로 솔선수범하고 구성원의 마음을 움직이며, 자신과 구성원의 역량개발과 조직에 부여된 임무를 완수하고 높은 성과를 달성하는 것이다.

---

128) 육군교육사령부(2016), 국가와 안보(1), 5-9쪽
129) 육군본부(2009), 육군 리더십, 2-13쪽~2-14쪽

그림 11.2 군 리더십 역량

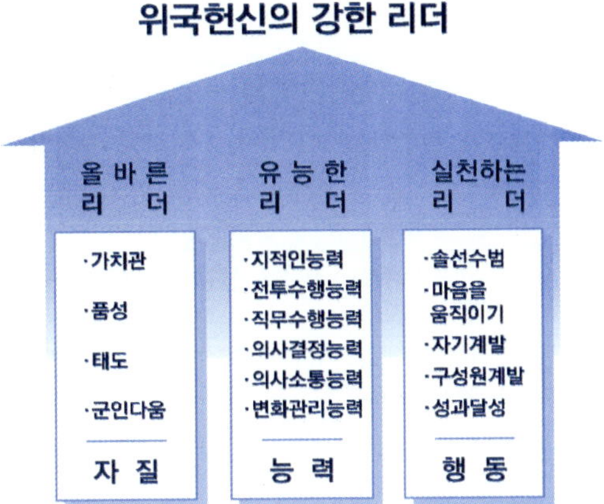

(2) 초급간부에게 필요한 역량

군 리더의 능력은 '리더는 무엇을 할 수 있어야 하는가?'에 대한 것이며, 리더가 구성원과 조직을 이끌고 관리하는데 요구되는 관련 지식이나 기술을 갖추는 것을 말한다. 핵심역량이란 자기조직이 경쟁조직에 비해 차별적으로 우월한 능력으로서 조직경쟁력의 주된 원천으로서 조직구성원들이 보유하고 있는 총체적인 기술·지식·문화 등 조직의 핵심을 이루는 능력이다.

군에서 전투역량은 보편적으로 전투력과 동일 개념의 범주로 사용하는데 전투력[130]은 개인 및 부대가 적을 파괴시킬 수 있는 힘의 총화로서 가용한 물질적 수단 및 그 부대의 정신력과 이들을 효과적으로 이용할 수 있는 리더의 능력을 포함하여 유형 및 무형 전투수행능력으로 표현하기도 한다.[131] 군 리더가 갖추어야 할 기본적인 역량은 표 11.2와 같다.

130) 전투력의 요소에는 병력, 무기, 장비, 물자, 부대조직과 같은 유형전투력과 사기, 군기, 전투기술, 리더십과 같은 무형전투력이 있다.
131) 오상택(2012), "리더십 유형과 상황특성, 조직효과성과의 관계 연구", 6쪽

표 11.2 군 리더가 갖추어야 할 역량

능력	세부내용
지적인 능력	통찰력, 기민성, 판단력, 개념화능력
전투수행능력	전술지식, 전투기술, 군사장비 운용, 전투력 통합
직무수행능력	직무지식과 기술, 자원관리 및 활용, 임무의 우선순위 판단 및 수행, 유기적인 협조체계 유지, 갈등해결
의사결정능력	다양한 정보의 활용, 올바른 상황판단, 합리적·참여적 의사결정, 그리고 의사결정의 적시성
의사소통능력	정보의 이해와 수용, 효과적인 의사표현, 다양한 의사소통 수단의 활용, 지식과 정보의 공유
변화관리능력	변화의 인식, 변화에 대한 적응성, 조직의 변화 유도, 지속적인 변화 관리

- **지적인 능력**

지적인 능력이란 급변하는 전장 상황에서 '무엇이 문제이고 어떻게 해결해야 할 것인가?'를 판단하게 해 주는 것이다. 이는 리더가 창조적으로 생각하고, 비판적이고 종합적인 판단력을 가짐으로써 현 상황에 가장 적합한 해결방안을 찾을 수 있도록 해준다. 또한 해외 파병과 같은 타 국가에서의 임무수행이나 국가적 이익이 충돌하는 전략적 상황, 국민의 편익과 군의 임무수행이 충돌하는 민감한 현장에서 임무를 수행시에 전략적이고 문화적인 감각으로 국익과 임무를 고려한 건전한 판단과 행동을 할 수 있도록 해 준다. 지적인 능력에는 통찰력, 기민성, 판단력, 개념화능력 등이 있다.

- **전투수행능력**

전투수행능력이란 전투시 부여된 임무를 완수하기 위해 취해지는 제반 활동을 수행할 수 있는 능력이다. 군의 리더는 전투수행의 주체로서 부여된 임무를 완수하고 전쟁에서 승리하기 위해 먼저 요구되는 전술지식을 습득하고 전투기술과 장비운용기술을 숙달해야 한다. 이러한 제 전투력 요소들을 유기적으로 통합할 수 있어야 한다. 전투수행능력에는 전술지식, 전투기술, 군사장비 운용, 전투력 통합 등이 있다. 전투력의 요소에는 병력, 무기, 장비, 물자 등 유형전투력과 사기, 군기, 전투기술, 리더십과 같은 무형전투력을 포함한다.

• **직무수행능력**

직무수행능력이란 조직의 임무와 목표를 달성하기 위해 자신에게 주어진 직무를 성공적으로 수행하는 능력을 말한다. 리더는 자신에게 부여된 직무를 수행함에 있어 해 분야에 대한 전문성을 갖추고, 업무를 잘 조직하며, 관련 자원을 효율적으로 활용하여 조직의 임무와 목표를 달성할 수 있어야 한다. 또한, 야전부대가 아닌 어떤 곳에서 근무하더라도 야전 현장의 실상을 반영하여 실제 현장에서 효과적으로 적용이 가능토록 해야 한다. 직무수행능력에는 직무지식과 기술, 자원관리 및 활용, 임무의 우선순위 판단 및 수행, 유기적인 협조체계 유지, 갈등해결 등이 있다.

• **의사결정능력**

의사결정능력이란 부여된 임무와 목표를 효과적으로 달성하기 위해 다양한 정보와 의견을 수렴하고, 논리적인 판단과정을 거쳐 최선의 방안을 결정할 수 있는 능력이다. 군의 리더는 당면한 문제를 해결하고, 조직의 목표를 달성할 수 있도록 합리적인 의사결정을 해야 한다. 이를 위해 리더는 먼저 '무엇이 문제인가?'를 올바르게 인식하고 수집된 다양한 정보를 분석하고 활용해야 한다. 그리고 종합적인 사고와 논리적인 판단 절차에 의해 의사결정을 해야 하며, 이때 발생할 수 있는 갈등을 예측하여 사전 설득과 협조를 통해 원만하게 해결할 수 있어야 한다. 의사결정능력에는 다양한 정보의 활용, 올바른 상황판단, 의사결정의 적시성 등의 능력이 필요하다.

• **의사소통능력**

의사소통능력이란 리더와 구성원 상호간에 지식, 정보, 의견, 신념, 감정 등을 교환함으로써 공통적인 견해를 갖게 하고 나아가 구성원의 의식이나 태도, 행동의 변화를 일으킬 수 있는 능력이다. 리더의 명확한 의사표현과 적극적인 경청은 효과적인 의사소통의 기초가 된다. 이를 통해 구성원 및 타인과의 긍정적인 관계를 유지할 수 있으며, 조직의 목표를 달성할 수 있다. 리더의 의사소통 능력은 효과적인 리더십을 발휘하는데 필수적인 요소이다. 의사소통능력에는 정보의 이해와 수용, 효과적인 의사표현, 다양한 의사소통 수단의 활용, 지식과 정보의 공유 등이 요구된다.

> **장수의 태도** 장수는 부드러운 얼굴과 조리 있고 따뜻한 말로 병사들을 대해야 한다. 그리고 장수는 비록 병사라 할지라도 아랫사람에게 묻기를 부끄러워하지 말아야 하고, 그들의 좋은 점을 본받아야 한다. 그리고 아랫사람들과 자주 의견을 주고받으며, 자유롭게 의사를 소통해야 한다.

• **변화관리능력**

변화관리능력이란 변화하는 환경 속에서 모든 구성원들이 이를 수용하고 능동적으로 대처하여 임무를 완수하며, 목표와 성과를 달성할 수 있도록 조직의 제 요소를 관리하는 것을 의미한다. 이를 위해 리더는 조직 내·외부의 환경변화를 인식하고, 이에 능동적으로 대처할 수 있는 적응력을 갖추어야 한다, 또한 급변하는 전장상황을 인식하고 상황에 부합된 적시적절한 판단과 조치를 할 수 있어야 한다.

3. 초급제대 리더의 자세와 리더십 행동

3.1. 초급제대 군 리더의 자세

(1) 바람직한 리더의 자세

군이 지향하는 바람직한 리더상은 '위국헌신(爲國獻身)의 강한 리더'이다. 여기서, '위국헌신'이란 군이 지향하는 가치를 내면화 하고, 국가와 국민에 대한 헌신과 봉사의 자세를 견지하며, 부여된 임무와 목표를 달성하기 위해 어떤 상황과 역경 속에서도 올바르게 판단하고 행동하는 것을 말한다. '강한 리더'란 정신적 기민성과 강인함, 군사적 전문성, 강한 체력, 실천력 등 군인에게 요구되는 역량을 갖춘 다재다능한 군의 리더를 말한다[132].

> "군대의 리더는 국가의 간성이다. 리더가 그 역할을 충실히 수행하면 국가안보가 튼튼해지고 그렇지 못하면 국가안보가 약해진다."
>
> (손자병법, 모공편)

리더는 특정 상황에서 리더로서 구성원을 잘 이끌 수 있어야 하며 동시에 팔로워로서 리더를 잘 따를 수 있어야 한다. 리더로서의 바람직한 자세는 다음과 같다.

> "21세기 군의 리더는 근대 5종 경기선수가 되어야 한다. 즉, 불확실하고 복잡한 전장환경에서 성공적으로 임무를 수행할 수 있는 다재다능한 리더, 군사과학과 운용술의 전문가이고 혁신적이며 적응성 있는 리더가 되어야 한다."
>
> (프란시스 J. 하비 미 육군성 장관)

- 기본적으로 리더는 지휘계통상의 상관과 부하 관계 속에서 상관의 명령에 복종하고 이를 실행하기 위해서 적극적으로 노력해야 한다.
- 상관의 명령이나 지침이 없는 상태에서도 조직의 임무와 목표달성에 기여하기 위해 자신이 해야 할 일을 인식하여 조직이 지향하는 가치에 기반하여 스스로 판단하고 적극적으로 이를 실행해야 한다.
- 지휘계통상의 상관과 부하의 관계는 물론 더 나아가 임무수행과 관련된 모든 구성원과의 관계에서도 상호 이끌고 따르는 역할에 최선을 다해야 한다.

---

132) 육군교육사령부(2016), 국가와 안보(1), 5-6쪽

(2) 초급제대 리더의 리더십 발휘 방향

'리더십'은 군의 모든 구성원이 능동적으로 임무를 수행하기 위해 나 자신을 중심으로 상관과 부하의 관계는 물론 동료, 임무수행과 관계된 모든 구성원 상호간에 전 방향적으로 영향력을 미치는 것이다.[133] 따라서 상관에게는 '팔로워십', 동료나 외부조직에게는 '파트너십', 부하에게는 '리더십'을 발휘할 수 있는 '다방향 리더십'을 갖추도록 노력해야 한다.

이를 위해 첫째, **'현장중심의 Leader'**가 되어야 한다. 상관은 자신이 계획한 것을 무조건 밀어붙이는 것이 아니라 반드시 현장의 실상을 확인하면서 실현가능한 계획을 수립하고 실행해야 한다. 그리고 격이 없는 의사소통을 통해 열린 마음으로 현장의 목소리를 들어야 한다. 24시간 구성원과 함께 동고동락하는 자세로 지휘할 수 있어야 한다.

둘째, **'모범적인 Follower'**가 되어야 한다. 부하는 상관의 비전과 의도를 명확히 파악하고 이를 구현하기 위해 노력해야 한다. 그리고 부여된 임무를 성공적으로 수행할 수 있도록 스스로 전문성을 갖추고, 지시나 명령이 없더라도 스스로 판단하여 능동적으로 이를 수행해야 한다. '모범적인 Follower'가 바로 'Good Leader' 임을 명심해야 한다.

셋째, **'Good Partner'**가 되어야 한다. 동료를 경쟁 대상자로만 인식하는 것이 아니라 임무수행 파트너로 인식해야 한다. 상호 배려와 양보를 통해 Win-Win하는 관계가 되도록 상호 좋은 영향력을 발휘해야 한다는 것이다.

3.2. 초급간부의 리더십 발휘 원칙

리더십 발휘 원칙은 군의 모든 리더가 자신과 구성원의 리더십 발휘와 관련하여 효과적으로 리더십을 발휘하기 위해 무엇을 갖추어야 하고 어떻게 행동해야 하는가를 제시하는 기준이다. 모든 리더는 다양한 상황 속에서도 자신의

133) The Army(2008), 8월호

영향력을 효과적으로 발휘함으로써 구성원들이 임무의 특성, 구성원, 상황을 고려하여 효과적으로 리더십을 발휘해야 한다.

이는 아무리 계급이 낮은 리더라 하더라도 그는 리더들의 리더이며, 군의 모든 조직 구성원들은 전·평시 임무완수를 위해 다방향(360도)으로 영향력을 미칠 수 있는 리더십을 발휘해야 한다는 것이다. 아무리 많은 지식을 가지고 있더라도 리더가 행동으로 실천하지 못하면 올바른 리더가 될 수 없다.

> "성공적인 리더는 인격, 지식, 실천 등의 3가지를 갖추어야 한다. 이는 마치 탄소, 고열, 고압이 결합하여 다이아몬드가 만들어지는 것과 같다. 탄소에 열과 압력을 가하면 다이아몬드가 만들어지는 것처럼 인격과 지식을 바탕으로 상황에 적합한 행동으로 실천하여 리더십을 효과적으로 발휘할 수 있어야만 훌륭한 리더라고 할 수 있다."
>
> (전 미 육군참모총장 에드워드 C. 메이어)

표 11.3 초급간부의 리더십 발휘 원칙

- 올바른 품성과 가치관을 갖추어라
- 투철한 군인정신으로 무장하라
- 군사전문가가 되라
- 솔선수범하라
- 주도적으로 임무수행 하라
- 의사소통을 활성화하라
- 결단하고 책임을 져라
- 엄정한 군기를 유지하라
- 부하를 세심하게 지도하고 능력을 개발하라
- 존중하고 배려하라

리더십 원칙은 리더십에 영향을 주는 임무수행 환경과 리더와 구성원, 상황, 지금까지의 리더십 발휘 사례를 종합하여 표 11.3과 같이 초급간부의 리더십 발휘 원칙을 선정하였다.134)

---

134) 육군교육사령부(2016), 국가와 안보(1), 5-11~5-23쪽을 정리하였음

(1) 올바른 품성과 가치관을 갖추어라

품성이란 사람의 됨됨이로써 군 리더가 기본적으로 갖추어야 할 특성을 말한다. 리더가 어떤 품성과 가치관을 갖추었느냐에 따라서 사고와 언행이 달라진다. 따라서 리더는 군이 지향하는 가치관을 내면화하고 리더로서 올바른 품성을 바탕으로 항상 건전한 판단과 결심을 통해 구성원과 함께 성공적으로 임무를 완수해 나갈 때 진정한 존경심과 신뢰를 얻어 영향력을 발휘할 수 있다. 군의 리더는 도덕성, 헌신, 존중, 주도성, 침착성 등을 갖추어야 한다.

(2) 투철한 군인정신으로 무장하라

군인정신이란 군인으로서 가져야 할 확고한 마음가짐이다. 군는 국가를 방위하기 위하여 유사시 적과 싸워 이겨야 한다. 생명의 위협과 각종 극한 상황을 극복해야 하므로 일반조직의 리더와 구별되는 정신이 요구된다. 그러므로 명예를 존중하고 투철한 충성심, 진정한 용기, 필승의 신념, 임전무퇴의 기상과 죽음을 무릅쓰고 책임을 완수하는 숭고한 애국애족의 정신을 가져야 한다.

(3) 군사전문가가 되라

군사전문가란 군사분야에 관한 제반지식을 갖추고 임무를 능숙하게 수행하는 리더를 말한다. 리더는 현행 및 미래 임무수행에 필요한 군사적인 전문성을 갖추어야 한다. 리더가 자신에게 부여된 임무나 과업을 제대로 수행할 능력이 없다면 조직의 성과를 기대하기 어렵다. 자신의 임무와 역할에 부합된 지식과 기술을 습득하고 숙달해야 리더의 역할을 자신 있게 수행할 수 있고 임무수행의 완전성을 보장할 수 있게 된다. 리더는 계급과 직책에 부합한 군사지식, 전투지휘, 전투기술과 육체적 능력을 갖추어야 한다.

(4) 솔선수범하라

자신이 요구하는 바를 몸소 보여줌으로써 구성원들에게 사고와 행동의 방향을 제공할 뿐만 아니라, 동기를 부여하여 자발적으로 행동하도록 한다. 특히 어렵고 위험한 상황일수록 솔선수범의 효과는 더욱 크게 나타난다. 리더가 구성원에게 '어떻게 동기를 부여하여 영향을 미칠 것인가?', 부하들이 먼저 하기 싫어하는 일 등을 리더가 먼저 행동으로 실천하여 모범을 보여야 한다. 그리고 존중과 배려, 인정과 칭찬 등으로 구성원의 마음을 움직여 자발적인 참여를 유도하는 것이 가장 바람직한 방법이라고 할 수 있다.[135] 특히 전장상황에서 리더의 솔선수범은 진두지휘로 나타나며 구성원의 전의를 고양시켜 승리할 수 있게 한다. 리더의 솔선수범 행동은 표 11.4와 같다.

표 11.4 리더의 솔선수범 행동

• 역할모델이 되어야 한다	• 현장에서 지휘하는 것이다
• 말과 행동을 일치시켜야 한다	• 희생정신을 발휘하는 것이다
• 자신에게 엄격해야 한다	• 자기본연의 역할을 수행하는 것이다

(5) 주도적으로 임무를 수행하라

주도적인 임무수행은 리더가 해야 할 일을 스스로 찾아 능동적으로 수행함으로써 부하를 이끌어가는 것을 말한다. 비전과 목표는 구성원들에게 동기를 부여하고 서로의 노력을 한 방향으로 일치시키며 잠재능력을 발휘하게 한다. 명확한 목표를 제시하라는 것은 부대의 모든 노력을 한 방향으로 집중시키라는 의미이다. 목표가 불확실하면 지향점이 없어 부대의 노력이 분산되고, 성과를 달성하기 어렵다. 목표는 임무를 완수해 나가는 과정에서의 좌표 역할을 하므로 구체적이고 실현 가능하도록 선정해야 한다. 비전 못지않게 목표가 중요하다. 리더의 주도적 임무수행 행동은 표 11.5와 같다.

---

135) 육군교육사령부(2012), 군사입문, 5-60쪽

표 11.5 리더의 주도적 임무수행 행동

• 명확한 목표를 제시하라	• 임무수행의 우선순위를 판단하라
• 자신감을 보여라	• 열정적으로 임무를 완수하라
• 수행임무가 제대로 되고 있는지 확인하라	

(6) 수직·수평적인 의사소통을 활성화 하라

의사소통이 원활하지 않을 경우 명령과 지시의 부정확한 이해, 정보공유의 제한, 오해와 갈등이 발생하여 효율적인 임무수행이 제한된다. 리더는 상·하 관계에서의 수직적 의사소통은 물론 인접부서, 임무수행 관계자들과 수평적 의사소통이 활성화되도록 분위기를 조성하고 다양한 채널을 활용하도록 해야 한다. 구성원들이 목표를 명확하게 인식하고 공동의 노력을 위해서 공감대가 형성되어야 하고 이 공감대를 형성하기 위해서 필요한 것이 의사소통이다. 의사소통을 위해서는 표 11.6과 같은 행동과 노력이 필요하다.[136]

표 11.6 리더의 의사소통을 위한 행동

• 리더의 노력	• 신념에 찬 긍정적인 표현
• 상대의 심리 파악 후 의사를 전달	• 선입관이 없어야 한다
• 적극적 설득으로 이해 시켜라	• 상대방 입장에서 생각하고 경청
• 대화하는 동안 다른 생각하지 말라	• 부하의 의견제시 분위기 조성
• 시간적 여유를 가져라	

(7) 결단하고 책임을 져라

리더는 실수를 두려워하여 결정을 미루거나, 반대로 서둘러 결정함으로써 사태를 악화시켜서는 안 된다. 특히 불확실하고 유동적인 상황 속에서도 기회를 놓치지 않기 위해서는 과감한 결단이 필요하다. 합리적·적시적인 의사결정을 위해서 전체를 통찰할 수 있는 안목과 직관력을 갖추어야 하며, 자신이 결정한 일의 결과에 대해서는 반드시 책임져야 한다.

---

136) 육군교육사령부(2014), 국가와 안보, 5-61쪽 참고

(8) 엄정한 군기를 유지하라

군기란 확립된 지휘계통에 따라 일정한 방침에 의해 일률적으로 활동을 하게하는 규율과 질서의식을 말한다. 군기는 군대의 기율로써 생명과 같다. 군기가 확립되지 않으면 지휘체계가 문란해져 전투력을 유지하고 발휘할 수 없다. 군기를 세우는 으뜸은 자발적으로 법규와 명령을 준수하고 복종하는 것이다. 군기유지의 핵심은 리더로서 솔선수범해야 한다.

(9) 부하를 세심하게 지도하고 능력을 개발하라

부하들이 현재와 장차 수행하게 될 임무를 고려하여 필요한 능력이 무엇인가를 설정하고, 그들이 도전해야 할 제반 과제들을 인식시키고 지도하여 능력을 개발해 나가도록 도와야 한다. 위에서 제시한 리더십 원칙들은 절대적인 것이 아니라 환경과 조건에 따라 변화될 수 있으며, 독립해서 적용되는 것이 아니라 상호 밀접한 관계를 갖고 있다. 따라서 리더는 전·평시 복잡하고 위험한 임무수행 환경과 리더·구성원·상황 등 리더십에 영향을 주는 요소들을 활용하여 리더십 발휘의 실효성을 높일 수 있다. 따라서 현행 임무수행뿐만 아니라 개인이 가지고 있는 잠재능력을 최대한 발휘할 수 있도록 하는 것이 중요하다.[137]리더의 부하지도 행동원칙은 표 11.7과 같다.

표 11.7 리더의 부하지도 행동원칙

• 잘못은 따끔하게 질책하라 • 부하와 눈높이를 맞추어라 • 부하 스스로 할 수 있도록 지원하라 • 실패를 통해 배우도록 관용을 베풀어라

(10) 존중하고 배려하라

존중이란 타인을 소중하게 생각하고 정성스럽게 대하는 것이며, 배려란 관

137) 육군본부(2012), 군 리더십, 1-17쪽을 정리

심을 가지고 도와주거나 보살펴 주는 것이다. 리더는 부하를 한 사람의 인격체로 인식하여 존중하고 배려해야 한다. 이러한 생각과 행동은 부하의 마음을 움직이는 원동력이 된다. 모든 부하는 자신을 존중해주는 상관의 기대만큼 행동하려는 성향을 지닌다. 따라서 부하들은 직책과 계급에 상관없이 소중한 인격체로 관심과 사랑을 베풀고, 다양성을 이해하며 인정과 칭찬으로 자존심을 세워주어야 한다. 핵심적으로 네 가지 방법은 다음과 같다.[138]

- **부하의 다양성을 이해하고 수용해야 한다.** 부하의 다양성을 이해하고 수용하라는 것은 성격, 연령, 성장환경, 학력수준 등 개개인의 서로 다른 차이를 인정하라는 의미이다.
- **관심과 사랑을 베풀어 주어야 한다.** 부하가 낯선 환경과 임무, 문화적 차이에서 오는 정신적 충격 등을 최소화 하면서 부대에 적응하기 위해서는 반드시 리더의 관심과 사랑이 필요하다. 관심과 사랑은 작은 것에서부터 시작된다. 이름을 불러주거나 손을 잡아주고, 노고를 격려하며 개인 신상에 대한 관심 표명, 어려움을 해결해 주려는 자세 등이 부하를 감동시킨다.
- **인정과 칭찬으로 자존심을 세워주어라.** 인정과 칭찬으로 자존심을 세워준다는 것은 부하의 기(氣)를 살려 자신감 있게 임무를 수행하도록 한다는 의미이다. 인정과 칭찬은 다른 어떤 보상보다도 사기와 의욕을 충만하게 하여 자긍심을 가지고 임무에 참여하게 만든다.
- **부하의 삶의 질 향상을 위해 노력해야 한다.** 부하의 삶의 질 향상을 위해 노력하라는 것은 부대임무에 전념할 수 있는 여건을 만들어 주라는 의미이다. 병영은 복무기간 동안 삶의 터전 이므로 생활에 불편함이 없도록 여건이 마련되어야 한다.

138) 육군교육사령부(2016), 국가와 안보(1), 5-14쪽 참고

제12장

전장리더십의 이해와 발휘

1. 전장과 전투의 속성 및 전장심리

1.1. 전장(戰場)과 전장환경

(1) 전장

전장(戰場)은 작전, 전투, 교전이 전개되고 있거나 이와 직·간접적으로 관련되어 갖가지 공포와 불안, 극도의 육체적 피로가 극한까지 치닫는 특수한 공간이다. 전장은 작전수행을 위한 지역 또는 전투행위가 전개되고 있는 장소이다. 이러한 전장공포증의 원인은 생사를 가름 할 수 없는 불확실성[139]에서 출발한다. 전장에 투입된 병사들이 심리는 누구든지 불안, 초조, 당황 그리고 공포에 휩싸이기 마련이다. 뿐만 아니라 각개 장병은 심리적 불안상태에서도 지휘관의 명령에 따라 작전을 성공적으로 수행하는 임무를 완수해야 하는 등 끊임없는 마찰과 고통을 극복해야 한다.[140]

100년 전만 하더라고 전장에서 지휘자는 고함소리, 전령 또는 신호용 깃발을 통해 지휘했다. 그래도 임무를 수행 할 수 있었다. 오늘날 지휘자들은 무

139) 클라우제비츠(Karl.von Clausewitz)는 "전장은 위험성과 공포, 불안, 그리고 불확실성과 마찰의 연속이다." 라고 하였다. 즉 전장 한복판에 선 각개 장병은 가장 외로울 뿐만 아니라 늘 공포에 휩싸이게 된다는 것이다.
140) 육군본부(2011), 전투프로가 되는 길, 10쪽

전기, 전화, 전자장비 없이는 효과적인 지휘가 불가능하다. 이제 지휘자들은 현장을 초월하여 지휘할 수 있다. 극단적인 예는 소대장이 수풀 속에서 직접 백악관으로부터 전술적 지시를 받기도 했던 베트남전이었다. 지금은 모든 군이 이 문제를 잘 인식하고 있다. 수많은 정보는 전쟁의 혼미함을 제거해 준다. 현대 전장에서는 컴퓨터를 이용한 디지털화 시스템으로 네트워크를 연결하여 전차, 전투기, 포병, 그리고 보병을 모두 연결시키고 있다.141)

(2) 전장환경

전장환경을 구성하는 요소는 다양하다. 전장환경을 어떻게 통제하고 극복하느냐에 따라 임무수행이 원활할 수도 있고 반대로 임무수행이 어려워질 수도 있다. 오늘날 전장환경은 교리의 발전과 군사과학기술 및 무기체계의 발달로 지상, 해상, 공중뿐만 아니라 지하와 해저 그리고 우주공간과 사이버 영역으로까지 전장이 확대되어 광역화 되었다. 따라서 리더는 전장에 영향을 주는 환경요소와 극복요소를 이해하고 조치할 수 있는 능력을 배양하여 상황에 부합되는 리더십을 발휘해야 한다. 전장환경 구성요소에는 표 12.1과 같이 지형과 기상, 적의 의도와 활동, 군사기술과 무기체계, 언론매체와 민간요소 등이 있다.142)

표 12.1 전장환경 구성요소

• 지형과 기상(자연환경)	• 적의 의도와 활동
• 군사기술과 무기체계	• 언론과 매체

• 지형과 기상(자연환경)

전장환경의 일차적 요소는 작전지역의 자연환경이다. 작전지역은 군 임무가 다양화됨에 따라 사막, 고산지역, 열대우림, 정글, 바다 등 세계 전역으로

141) 김병관 역(2008), HOW TO MAKE WAR, 456쪽
142) 육군교육사령부(2011), 전장리더십, 9-12쪽, 강한 친구만들기 리더십교육프로그램, 2008: 3-198쪽

확장 될 것이다. 장병들은 자신이 경험하지 못했던 새로운 지형과 기후조건, 질병과 해충 등 각종 악조건의 환경 속에서 전투를 수행해야 한다. 특히 불리한 자연환경은 전투원의 정신적, 육체적인 피로와 고통을 주어 전투의지를 약화시키고 전투능력을 감소시킨다. 기상은 기온, 안개, 적설, 결빙, 바람 등은 임무수행에 많은 영향을 미친다.

- **적의 의도와 활동**

전투는 피아 의지의 충돌이다. 적은 기습을 통하여 아군의 의지와 심리적인 균형을 와해하고 전투력을 파괴시키기 위해 의도적으로 계획된 방법을 사용하게 된다. 적의 의도와 활동을 파악하고 이에 대응하지 못하면 결국에는 아군의 계획과 의도가 좌절되게 된다. 따라서 전투의 승리를 위해서는 무엇보다도 적의 의도와 활동을 정확히 파악하여 대응해야 한다.

- **군사기술과 무기체계**

군사과학기술과 무기체계의 발달은 전쟁수행 체계와 교리, 군 운영시스템 등에 결정적 영향을 미친다. 고도의 과학기술 발전에 따라 무기체계는 갈수록 치명적이며 이에 따라 대량살상의 위험도가 증가되고 있다. 무기체계의 효과가 전투력의 직접적인 파괴와 살상을 가져오므로 전장에서는 이러한 공포와 공황을 유발하고, 지각능력이나 판단 능력을 감소시켜 전투능력을 저하시킨다. 군사과학기술의 발달추세를 이해하고 신기술 적용 가능여부, 제한사항 등을 분석하여 효과적으로 활용할 수 있어야 한다.

- **언론과 매체**

발달된 언론매체는 국민에게 많은 정보를 전달하고 여론을 형성한다. 전쟁은 군대가 독자적으로 수행하는 것이 아니라 정부와 국민이 함께 총력전으로 수행한다. 현대전에서는 정치, 경제, 사회, 문화, 종교, 언론 등 제 요소가 융합되어 복합적으로 상호작용을 하게 된다. 다양한 네트워크로 연결된 언론매체들이 등장하면서 모든 상황이 투명하게 노출되면서 군사작전에도 많은 영향을 미치고 있다. 언론은 전장의 사기(士氣)에도 영향을 미쳐 계획된 작전수행에 차질을 가져오게 한다. 따라서 지휘자는 언론 등 민간요소가 전쟁에 미치는 영향을 주의깊게 분석하여 효과적으로 대처 할 수 있어야 한다.143)

1.2. 전투의 특성과 속성

(1) 전투의 특성

전투는 적의 의지와 전투력을 파괴시켜 더 이상 능력을 발휘할 수 없는 상태로 만드는 데 그 목적이 있다. 그러므로 어떤 방법을 사용하든 전투는 적의 전면적 혹은 부분적 파괴를 목표로 삼는다. 생사의 위험에 직면하게 되는 전투는 불확실, 각종 위험, 피아의 마찰과 갈등, 극한의 정신적, 육체적 피로와 고통으로 가득 차 있는 영역이다. 전장상황은 수시로 변하고 복잡하게 전개되므로 상황을 예측하기가 매우 어렵다. 전투의 특성은 표 12.2와 같이 3가지로 구분할 수 있다.

표 12.2 전투의 특성

• 전투는 불확실성과 우연의 영역이다 • 전투는 위험의 영역이다 • 전투는 정신적, 육체적 피로와 고통의 영역이다

• 전투는 불확실성과 우연의 영역이다.

① 전장상황은 모두가 불확실하며 안개 속에서 이루어진다.

전장에 임하는 순간부터 리더는 불확실한 상황에 직면하게 된다. 전투는 전장의 지형과 기상, 적의 의도와 능력, 적의 배치 등이 정확히 파악되지 않은 상황에서 단편적인 정보에 의존하여 실시되며 변화되는 상황도

143) 대한민국부사관 총연맹(2015), 인간중심리더십, 159쪽

신속히 파악하기 곤란하다.

② 정보는 개연성(蓋然性)만을 나타낸다.

전투시 확실한 적정에 근거를 두고 행동하기란 대단히 어렵다. 정보의 부족, 적의 역(逆)정보, 허위 등은 전투를 더욱 불확실하게 만든다. 따라서 지휘관은 평소 자신의 경험과 지식을 토대로 최선의 방책을 선택해야 한다.

③ 리더는 어떤 상황에서도 불확실성을 극복 할 수 있도록 자신감, 직관력, 통찰력, 종합적 판단력에 기초하여 최선의 의사결정과 지속적 훈련을 해야 한다.

• **전투는 위험의 영역이다.**

전장에서 승자나 패자 공히 엄청난 희생을 각오하지 않으면 안 될 것이다. 전투는 철저한 파괴의 속성을 지니고 있으므로 전투시 리더는 엄청난 파괴가 이루어지는 위험스런 전장의 시련을 극복해야 한다.

① 현대전에서 과학기술의 발달로 위험요소가 확산되고 있다.

생명의 위험 속에 전투지휘가 행해진다. 역사상 성공적인 지휘자는 선두 중 적의 공격이나 포탄으로부터 신변이 위협을 당하는 결전장에서 전투를 지휘하였다. 전장에서 죽음에 대한 두려움, 적의 기습에 대한 불안 등 위험이 항상 존재한다.

② 위험에 대한 리더의 정신적 태도가 전투의 결과를 규정한다.

전장의 위험에 대해서 지휘관이 어떤 태도를 갖느냐에 따라 전투결과에 결정적 영향을 미친다. 전장의 위험을 극복하기 위해서는 용기가 절대적으로 필요하다. 육체적 위험을 극복하는 용기는 기본적인 것이며 고급리더가 될수록 정신적, 도덕적 용기를 갖추어야 한다.

• **전투는 정신적, 육체적 피로와 고통의 영역이다.**

전장에서 장병들이 경험하게 되는 가장 현실적인 어려움은 정신적·육체적 피로와 고통이다. 전투원들은 급속행군, 참호구축 등 신체적인 활동과 정신적 긴장이 증가하여 평상시 보다 3~8배의 에너지가 더 소모되고 체력과 정신력이 고갈된다.

① 전장에서는 리더의 초연한 자세와 강인한 의지가 중요하다.
전장에서 육체적 피로와 고통을 겪지 않는 자는 없다. 아무리 높은 사기와 전투력을 유지하더라도 오랜 전투의 지속은 부대원의 정신적, 육체적 힘을 약화시킨다. 리더는 솔선수범과 악조건 속에서도 흔들리지 않는 의지를 확고히 해야 한다.

② 생명의 위협이 상존하기 때문에 피로와 고통이 증대 된다.
리더의 전투지휘는 극도의 피로와 고통스러운 위험 속에서 행해지므로 리더는 무엇보다도 강인한 정신력을 갖추어야 한다. 또한 리더는 새로운 위기에 대처할 수 있도록 항상 머리를 맑게 해두어야 하며 육체적인 힘을 기르고 계속되는 정신적 활동에 자신을 단련시켜야 한다.

(2) 전투의 속성[144)]

• **마찰**

전장에서는 미처 예기치 못했던 수많은 마찰을 겪게 된다. 마찰은 아군의 계획적인 전투를 방해하거나 불가능하게 만드는 저항과 혼란을 가져온다. 마찰이란 아군이 수행하고 있는 전투를 방해하고 때로는 불가능하게 만드는 것을 말한다. 전투의 마찰적 요인을 극복하기 위해서는 전장의 특성을 이해하고 사전에 각종 난관을 예상하여 급변하는 상황에 적절히 대처할 수 있는 능력을 갖추어야 한다.

• **상대성**

전투는 상호 적대되는 두 힘의 충돌이다. 상대성은 아군의 전투력이 한정된 시간과 공간에서 상대하고 있는 적과 어떠한 함수관계로 작용하는가 하는

144) 육군교육사령부(2011), 전장리더십, 16~18쪽

역학적 측면을 말한다. 제한된 전투력과 한정된 자원으로 전투를 수행하는 전술제대는 전체적 국면에서 전투력의 상대적 우위를 차지할 수가 없다. 전승의 요체는 결정적인 시간과 장소에서 전투력의 상대적 우위를 달성하는데 있다.

- **유동성**

전투는 끊임없이 변화하는 상황 속에서 이루어진다. 전투의 유동성은 상대성과 긴밀하게 연계되어 있다. 어떤 상황에서 상대적 우위를 확보하더라도 그 우세를 계속 유지할 수 있는 것은 아니다. 유동성을 고려하여 전술제대는 최초 계획에 집착하여 승리를 하려고 해서는 안 되며 전투상황의 흐름을 잘 파악하여 변화하는 상황 속에서 적으로 하여금 아군의 의도대로 행동하도록 여건을 조성하는데 주안을 두어야 한다.

(3) 평시상황과 전투상황의 특징

평시와 달리 전장에서는 불확실성, 위험성, 마찰, 인간의 정신적·육체적 한계를 뛰어넘는 극한 상황이 전개되어 인간은 다양한 갈등과 고통과 위험에 처하게 된다. 전장에서는 좌절과 공격성의 증가, 생명의 위협에 대한 불안과 공포, 지각 능력의 저하 등 평시와는 전혀 다른 현상들이 인간 행동을 지배하므로, 리더가 극한 상황에서의 인간 행동에 대한 이해 없이는 전투를 승리로 이끌 수 없다.145) 따라서 리더는 전장상황에 적합한 리더십을 발휘하여 임무를 완수해야 한다. 평시와 전투상황의 차이는 표 12.3과 같다.

표 12.3 평시와 전투상황의 비교

구 분	평시상황	전투상황
목표	임무수행(행정, 교육훈련)	임무수행(전투)
심리	정상	이상흥분

145) 신응섭 외(2007), 리더십 이론과 실제, 506-523쪽

구 분	평시상황	전투상황
행동	이성	본능
	이기적	이타적(전우애)
욕구	자기실현욕구	안전, 생리적 욕구
사기	복무의욕	전투의지
군기	일반군기(경형)	전장군기(중형)
통솔	민주, 권위형	권위형
명령에 대한 수용권	제한	무제한(절대복종)
지휘관 역활	일상적	치명적

자료 : 최병순(1999), "한국군에서의 효과적인 지휘행동", 49쪽

1.3. 전장 심리와 극복

(1) 전장심리 현상

전장은 시시각각으로 변화하는 상황 속에서 인간의 생명을 위협하고 고통을 안겨다 주며, 공포와 불안을 느끼게 하여 비정상적인 행동을 유발시킨다. 전투원은 생명에 대한 위협과 고통으로 인해 심리적 갈등과 변화를 겪는다. 이와 같은 전장환경 속에서의 심리적 변화를 전장심리라 한다. 전장심리는 전투원들의 전투의지를 약화시키고 전투능력을 감소시킨다. 전장환경은 끊임없이 생명을 위협하고 피로와 고통을 강요한다. 전장에는 전장특유의 심리현상이 나타나게 되고 이는 직·간접적으로 전투력 발휘에 지대한 영향을 주게 된다. 전장에서 나타날 수 있는 심리현상은 표 12.4와 같다.146)

표 12.4 전장에서 나타나는 심리현상

• 불안과 공포	• 공황	• 유언비어
• 가치기준하락	• 동화의식 확산	• 지각능력저하
• 전투스트레스(전투쇼크, 전투피로증, 전투신경증, 외상후 스트레스장애)		

146) 육군교육사령부(2011), 전장리더십, 30~31쪽

(2) 전장에서의 각종 심리와 극복

• **불안과 공포(恐怖)**

전장에서 나타나는 가장 일반적인 심리현상은 불안과 공포이다. 불안은 어떤 위험이 곧 닥쳐올 것을 예견하면서 막연하게 느끼는 긴장된 감정 상태를 말한다.

① **불안과 공포의 원인**

전투시 많은 병사들이 갖는 불안과 공포의 원인은 전투에서의 패배보다는 자신의 죽음이나 부상, 무기 및 탄약의 부족, 예기치 못한 적의 기습에 더 크게 기인한다. 특히 생명에 대한 애착심이 강한 사람일수록 공포심은 더 커지게 된다.147)

전장공포가 야기하는 부정적 행동은 최병순 등(2009)의 연구에서도 잘 나타나 있는데, 표 12.5에서 보는 바와 같이 전장공포는 전장군기를 문란하게 하고 전투력을 심각하게 저하시키는 부정적 효과를 유발한다고 하였다.

표 12.5 전장공포로 인해 발생하는 바람직하지 못한 행동

구분	계	몸 숨김	명령 불복송	기 절	전장이탈	자 살	기타
인원	240(100.)	110(45.8)	43(17.9)	20(8.3)	17(7.0)	7(2.9)	43(17.9)

자료 : 최병순(2014),군 리더십, 215쪽

② **불안과 공포의 극복**

공포를 안다는 사실만으로는 전투시 공포를 완전하게 없앨 수는 없다. 그러므로 리더는 평소 실전과 같은 교육훈련을 통하여 부하에게 공포를 유발할 수 있는 위험을 경험하게 하고 예측하게 함으로써 공포를 극복할 수 있는 능력을 갖게 해 주어야 한다. 전장에서의 불안과 공포의 극복방법은 표 12.6과 같다.

---

147) 대한민국부사관 총연맹(2015), 인간중심리더십, 172쪽

표 12.6 전장에서의 불안과 공포의 극복방법

- 공포의 느낌에 대해 공개적인 집단토의를 하라
- 당면한 사태에 대한 지식과 정보를 알려 주라
- 침착한 행동과 유머를 사용하여 분위기를 전환하라
- 전투의 정당성과 명분을 알려주어 신념을 가질 수 있도록 하라

한편 최병순 등(2009)이 베트남전 참전자를 대상으로 전장공포에 관한 설문을 실시한 결과 대부분이 자신감과 동료에 대한 신뢰가 전장공포를 감소시켜 주었다고 응답하였으며 그리고 효과적인 전장공포 극복은 지휘관의 자신감, 충분한 사전훈련, 지휘자의 진두지휘, 적에 대한 정확한 정보의 제공 등이 효과적인 것으로 나타났다.

- **유언비어(流言蜚語)**

  불안과 공포가 높은 상황에서는 유언비어가 난무하기 쉽다. 유언비어란 전혀 근거가 없거나 어느 정도 근거가 있더라도 터무니없이 왜곡, 과장되어 전파되는 출처미상의 소문이다. 유언비어가 많이 있는 것은 정상적인 의사소통과 정보의 공유가 되지 않는다는 것을 의미한다.[148]

① 유언비어의 발생원인

부하들은 자신들이 관심 있는 것에 대하여 알고자 하며, 잘 모르는 상황에 대한 관심이 클수록 더 많은 정보를 요구하게 된다. 그러나 상황이 급박해지면 정상적인 의사소통의 통로가 막히기 때문에 그들은 기대하는 만큼의 충분한 정보를 제공받지 못하게 된다. 따라서 부하들은 알고 싶은 것이나 의혹이 가는 것에 대하여 자기 나름대로 가능한 수단을 통하여 알고자 하나 정보가 불충분하기 때문에 헛소문에 쉽게 현혹된다. 언론통제, 정보통제, 보도통제가 많을수록 유언비어가 많아진다.

② 유언비어의 통제방법

유언비어를 통제하기 위해서는 부하들에게 수시로 상황을 알려주어야 하

148) 육군교육사령부(2012), 국가와 안보, 5~27쪽

고 소문이 유포되고 있으면 진실여부를 확인하여 공개하여야 한다. 이러한 유언비어를 가능한 신속하고 광범위하게 퍼뜨리려는 시도가 반복되고 지속되기 때문에 그것을 믿지 않는 장병들까지도 쉽게 사실로 받아들이게 된다. 따라서 효과적으로 유언비어를 통제하는 방법은 그 내용을 정확히 확인하여 원인을 제거하는 것이다. 전장에서의 유언비어 통제방법은 표 12.7과 같다.

표 12.7 전장에서의 유언비어 통제방법

- 수시로 정보를 알려주어라
- 장차 예상되는 임무를 미리 알려라
- 유포되고 있는 유언비어는 분명하게 공개하고 확인시켜라
- 욕구불만을 제거하고 상하 신뢰를 형성하라

- **공황(恐慌)**

전장의 공포, 불안감, 스트레스로 인하여 집단적인 심리적 부적응이 발생되는 공황이 있다. 공황은 극단적인 공포에 의해 야기되는 집단적인 도피행동이다. 공황은 행동이 극히 충동적이고 전염성이 강해서 옆에 있는 다른 전우들에게 쉽게 전이 및 조직전체에 확산되어 전투력을 저하시킬 수 있다.

① 공황발생 원인

공황은 물리적, 생리적, 정서적인 원인으로 주로 발생한다. 공황은 적의 기습, 군기해이, 불신, 리더의 부재 등 정서적 요소와 혹서·혹한 등 기후조건, 물자·탄약 부족 등 물리적 요소, 기아·질병·갈증·피로·수면부족 등 생리적 요인으로 발생한다. 또한 일단 공황이 발생하면 옆에 있던 전우까지도 이에 합세하게 되어 기하급수적으로 확대되기 쉽다. 긴장이 고조되어 있을 경우 사소한 사건이 바로 공황의 실마리가 될 수 있다.

② 공황을 통제하는 방법

공황을 억제하는데 있어서 무엇보다도 리더의 자신감 있는 의연한 행동이다. 리더는 공황에 빠진 병사들에게 분명하고 차분하게 임무를 지시하

는 등 적절한 조치를 해야 한다. 공황의 극복방법은 표 12.8과 같다.

표 12.8 전장에서 공황의 극복방법

• 평소 강한 훈련과 사기를 유지하여 자신감을 갖게 하라 • 의연한 자세를 갖고 리더가 함께 있다는 사실을 알게 하라 • 리더의 진두지휘와 침착성, 용기, 결단으로 위기를 극복하라 • 전투이탈자가 생기면 이를 즉각적으로 조치하라

• 지각(知覺)능력의 저하

전장에서 겪는 피로와 수면 부족, 흥분과 긴장, 산만한 주위환경 등으로 신체감각 기능과 판단력이 저하될 수 있다. 불안과 공포로 위축된 심리 상태에서는 작은 자극에도 민감하게 반응하거나 부풀려 큰 것으로 오인하는 경우도 있다. 때로는 있지도 않은 자극을 느끼기도 하는데, 전반적으로 신체 기능이 저하되어 집중이 어렵고 착시, 환각, 환청 등 판단력을 흐리게 한다. 지각능력이 저하될 때 극복방법은 눈이 피로방지하고 주·야간 관측능력 향상시켜야 하며, 각종 소리, 냄새 식별 가능한 능력을 향상시키는 것이다.

• 가치기준(價値基準)의 하락

가치는 개인의 주관에 의하여 어떤 대상을 인식하고 평가하는 일정한 태도를 말한다. 생사가 교차하는 전장환경 속에서 전투원들은 정상적, 이성적 판단과 행동보다 감정적이고 본능적으로 판단하고 행동한다. 미래에 대한 희망이 없으므로 삶에 대한 극도의 욕망과 말초적인 욕망에 사로잡혀 강간, 군기 저해, 약탈 등 전시 범죄의 증가로 이어져 전투력을 약화시키고 단결을 저해하게 된다. 리더는 개인과 부대에 대한 자긍심을 갖도록 교육하고 공포·불안·유언비어·공황 등의 발생 원인을 제거하도록 노력해야 한다. 극복하는 방법은 표 12.9와 같다.

표 12.9 자기가치에 대한 기준의 하락을 극복하는 방법

• 리더 스스로 건전한 행동 규범과 윤리의식을 실천하라 • 규정과 방침을 명확히 인식시키고 신상필벌하라 • 개인과 부대에 대한 자긍심을 갖도록 교육하라 • 현재의 상황과 향후 계획을 알려주어 희망을 갖도록 하라 • 공포, 불안, 공황 등의 발생 원인을 제거하라

• 동화(同化)의식 확산

동화의식의 확산이다. 동화란 질이 서로 다른 것이 감화나 영향을 받아 동일하게 되는 현상이다. 동화의식은 장병들이 공통의 가치관을 갖게 하여 부대를 단결시키는 순기능이 있으나, 다른 사람의 생각이나 행동을 무조건적·무비판적으로 수용하여 동화되는 경우도 있다. 한 병사의 비겁한 행동이나 겁을 먹는 행동은 쉽게 전염되어 부대 전체의 사기를 떨어뜨리고 전의(戰意)를 상실하게 할 수 있으며, 공황으로 이어질 수도 있다. 인간은 본능적으로 육체적으로나 정신적으로 홀로 있는 것을 두려워하기 때문에 단체의 감정이나 분위기에 쉽게 동조하게 된다. 부정적 동화의식 극복방법은 표 12.10과 같다.

표 12.10 부정적 동화의식 극복방법

• 긴장을 풀고 의식적으로 여유를 가지고 생각할 수 있도록 하라 • 자기 자신의 소신을 분명하게 피력할 수 있도록 교육하라 • 진실과 허구를 판별 할 수 있는 판단능력을 길러 주어라

• 전투스트레스

스트레스는 환경의 자극에 대한 반응으로 나타나는 신체적, 정서적 이상 긴장상태를 말하며 자극이 개인 수준을 넘어설 때 주로 발생한다. 전장에서 장병들은 생명의 위협, 계속되는 긴장과 불안, 예측의 어려움과 모호성 등 수많은 스트레스 유발요인에 노출된다. 전투 스트레스는 전투력을 저하시키고 누적되면 전투쇼크로 악화되어 문제가 야기된다. 전투스트레스는 정도의 차이는 있지만 전투에 투입되는 모든 전투원들이 공통적으로 경험하다. 전투 스트레스의 관리방안은 표 12.11과 같다.[149]

표 12.11 전투 스트레스 관리방안

• 다각적인 방법으로 부대원들을 관찰하여 보고하도록 한다 • 구성원들의 스트레스를 인지함으로써 대응책을 강구한다 • 스트레스 해소책을 강구한다(휴식, 자기암시, 명상, 심호흡 등) • 수면여건을 조성한다.(1일 4시간이상 수면 필요) • 계속 작전 및 전투시는 근무와 휴식을 적절히 계획하여야 한다

① **전투쇼크**(Battle Shock)

전투쇼크는 전장에서 위험을 예견하거나 위험에 직면하여 느끼는 부정적 감정이다. 전투에 투입되는 전투원의 70~80%는 전투초기에 전투쇼크를 경험한다. 특징적 행동으로는 무력감, 위축감, 불안감, 공포심 등으로 전투대열 이탈, 낙오, 도주 등의 전장공포 행동을 보일 수 있다. 전장에서 지속적으로 불안, 초조, 사기저하, 공포 등을 느끼게 되는데 대부분 적절한 치료와 훈련으로 초기에 회복할 수 있다.

② **전투피로증**(Combat Fatigue)

전투피로증이란 전투가 장시간 지속 될 때 나타나는 증상으로서 전장상황에서 심각한 스트레스에 직면하여 인간의 심리적 방어기능이 일시적으로 붕괴되면서 불안, 공포, 행동장애 등을 나타내는 일련의 증상이다. 이는 매우 극단적인 형태의 정서반응으로 대개 어려운 임무를 끝낸 후에 나타난다. 전투피로증의 초기증상은 정서적 민감성, 수면장애 및 과장된 반응으로 나타나지만 때로는 심한 전율, 침묵, 환각, 히스테리서 실명(失明), 혼미상태와 통제할 수 없는 정도의 공포로 나타나기도 한다. 전투피로의 극복방법은 표 12.12와 같다.

149) 육군교육사령부(2008), 전장리더십, 26-31쪽 재정리

표 12.12 전투피로의 극복방법

• 적절한 시기에 전투부대의 임무를 교대시켜라 • 전투력 보존을 위하여 적절한 휴식과 전투근무지원을 보장하라 • 합리적인 명령과 지시로 불필요한 활동을 억제시켜라 • 적절한 문화활동을 통해 정서적인 안정감을 갖도록 해 주어라 • 전투피로 증상이 지속되면 치료시설을 과감하게 후송하라

자료 : 육군본부(2009), 육군리더십, 3-47쪽

③ **전투신경증**(Combat-induced neurosis)

전투신경증은 전장에서 극도의 공포나 불안으로 신체나 기관이 생리적인 장애가 없이 기능적인 장애를 보이는 것이다. 증상으로는 사지마비, 언어장애, 시각과 청각장애, 기억상실 등이 있다. 신체나 기관에 생리적인 이상은 없지만 꾀병은 아니며 실제적으로 기능상에 이상이 있는 것이다. 전투에 투입되어 사망하기 싫고 투입 회피시는 겁쟁이라는 말을 듣기 싫은 갈등에 직면한다.

④ **외상 후 스트레스 장애**(PTSD: Post Traumatic Stress Disorder)

외상 후 스트레스 장애란 생명을 위협하는 심각한 외상 및 위기를 당하거나 정신적 충격을 겪은 후 나타나는 스트레스를 말한다. 일반적으로 경험할 수 있는 스트레스의 한계를 넘어서는 매우 충격적이고 위협적인 사건, 외상사건에 노출된 이후에 개인에게 남겨진 정신적 충격을 의미한다. 이러한 PTSD가 유발되면 외상사건에 대한 감정적 상처나 충격은 지나치게 갑작스러운 방어기제를 일으켜 장기적인 심리적 손상과 대개 신경증을 유발하며 공동체 의식을 저하시키고, 사람들 사이의 유대관계를 해친다. 예를 들어, 민간인을 학살했다거나 전우를 죽거나 다치게 한 기억 등이 되살아나서 일상생활을 방해하는 경우 등이 여기에 해당된다. 또한 참전 경험이 있는 현 군인들을 대상으로 한 연구에서는 베트남전 참전자의 경우 조사 대상자의 9~30%, 1차 걸프전 참전자는 9~24%, 2차 걸프전 참전자는 12.5%가 PTSD 증상이 있었다. 미 육군 리더십 교

범에서는 전투 스트레스 심리적 충격을 감소시키기 위한 전투스트레스 관리지침은 표 12.13과 같다.150)

표 12.13 미 육군의 전투스트레스 관리지침

- 전투상황에서는 공포가 존재함을 인정하라
- 리더와 부하 간에 개방적인 의사소통이 이루어지도록 하라
- 관심과 배려를 하는 리더십을 발휘하라
- 전투 스트레스 반응들을 전상(戰傷)으로 취급하라
- 장병들의 인내의 한계를 인정하라
- 장병들과 그 가족들의 개인적 희생에 대해 보상하고 인정하라

자료 : 최병순(2014), 군 리더십, 215쪽

2. 전장리더십의 개념과 발휘 원칙

2.1. 전장리더십 개념과 중요성

(1) 전장리더십 개념

전장리더십이란 "지휘자가 전장에서 각종 제한사항을 극복하고 승리를 달성하기 위해 발휘하는 리더십을 말한다." 전장이라는 특수한 상황을 고려하지 않고 평시와 동일하게 리더십을 발휘하는 지휘자는 결코 승리할 수 없다. 평시와 달리 위험과 불확실성이 높은 전장환경 하에서 지휘자는 전장에서 나타나는 인간의 심리현상들을 이해하여 효과적으로 리더십을 발휘해야 한다.151)

실제 전투에서는 초급간부의 리더십 역량이 무엇보다 중요하다. 전투의 승패는 전투원과 함께 있는 소부대 지휘자가 어떻게 하느냐에 따라 좌우된다.

따라서 지휘자들은 우선적으로 '전투지휘자에게 요구되는 자질과 능력요소'를 배양해야 한다. 동시에 지휘자가 의도하는 방향으로 움직일 수 있는 부대를 만들어야 한다. 평상시 부대지휘는 궁극적으로 전투에서 전투력 발휘를 극대화시키기 위한 것인 만큼, 관리형 지휘에서 벗어나 전투를 승리로 이끌기

---

150) 육군교육사령부(2011), 전장리더십, 30쪽
151) 육군교육사령부(2011), 전장리더십, 2쪽

위한 전투형 지휘, 즉 전장리더십 역량을 키워나가야 한다.152)

(2) 전장리더십의 중요성

전장에서 지휘자는 위험과 불확실성 속에서도 동요하지 않고 침착하게 상황을 판단하고 결심하여 대응하는 전투지휘자로서 주 역할을 수행한다. 전장에서 리더는 불규칙적이고 연속적으로 발생하는 문제를 해결하고 위기를 관리해야 한다. 평시의 병사들은 실제 전투경험이 부족하다. 대부분의 초급간부들은 실제로 많은 전투기술을 활용해 보지 못했다. 평시의 리더십은 지휘자들이 효과적인 전장 활동에 대한 지식을 유지할 수 있는가 하는 문제와 이러한 지식을 그들의 부하들에게 효과적으로 전달할 수 있는가에 달려있다. 전시상황은 지옥 같으며 평시에는 기억하기도 싫고 재현하기도 싫을 것이다. 병사에게 혹독하고 위험한 훈련을 시키는 초급간부들은 병사들을 용인하고 수용하는 팔로워십을 발휘하기도 한다.153)

(3) 평시 리더십과 전장리더십의 비교

군은 전투를 기본 임무로 하는 조직이지만, 평시에는 전시를 대비한 훈련을 하면서 조직이 일상적으로 문제가 없도록 관리를 하는 관계로 평시의 군 조직은 민간조직과 크게 다를 바가 없다. 군 리더는 평시 임무를 수행하면서 전시 임무에 대비해야 하므로 전투지휘와 평시지휘를 모두 잘 할 수 있도록 훈련되어야 한다.154)

전장리더십을 평시리더십과 엄밀하게 구분하기는 어렵다. 전시와 평시가 별도로 존재하는 것이 아니라 군의 의지와 무관하게 언제라도 전쟁과 전투행위, 위기가 발생할 수 있기 때문이다. 전장에서 지휘자가 취해야 할 일부 행동이

152) 육군교육사령부(2011), 전투프로가 되는 길, 97쪽
153) 김병관 역(2008), HOW TO MAKE WAR, 447~448쪽
154) 남기덕(2009), 전승보장을 위한 전투임무중심의 리더십 연구, 443~446쪽

나 능력을 제외하고는 다른 부분들은 평시에도 요구되는 리더십이라고 볼 수 있다. 평시에는 대부분 예측 가능하거나 위험이 낮고 반복되는 과업을 수행하기 때문에 난이도가 높지 않을 뿐 아니라 잘못되었을 경우에 미치는 파급 효과가 적은 반면, 전시의 과업은 고위험·불확실성 속에서 이루어지고 작전의 실패가 주는 영향이 크므로 평시보다 더 높은 수준의 기민성과 집중력, 지속성 그리고 지휘자의 탁월한 판단력이 요구된다.[155)]

2.2. 전장에서 요구되는 리더십 발휘 원칙

전장에서 승리를 이끌어 낸 지휘자들의 전투사례를 연구해 보면 그들이 결코 타고난 천재가 아니었음을 알 수 있다. 그들은 예외 없이 과거의 명장들의 전투경험 사례를 깊이 연구함으로써 얻은 교훈을 이해하고 창조적으로 적용하였다.

전장에서는 인간의 정신적·육체적 한계를 뛰어넘는 극한상황이 전개되며, 여기서 인간은 다양한 갈등과 고통을 경험하게 된다. 리더는 이러한 전장의 특성과 심리현상을 올바르게 이해하여 전장상황에 적합한 리더십을 발휘함으로써 임무를 성공적으로 완수할 수 있어야 한다. 따라서 여기에서는 6·25 전쟁, 베트남전, 최근 국내·외 전투 등 다양한 사례[156)]와 연구결과를 종합하여 전장에서의 리더십 발휘 원칙을 표 12.14와 같이 선정한다.[157)]

표 12.14 전장에서의 리더십 발휘 원칙

① 부하를 사랑과 정으로 지휘하라 ② 자신감 있게 행동하라 ③ 진두지휘(솔선수범)하라 ④ 팀워크를 형성하라 ⑤ 전장상황을 고려한 실전적인 교육훈련을 하라 ⑥ 전장공포를 효율적으로 관리하라 ⑦ 부하로부터 존경과 신뢰를 획득하라

155) 육군교육사령부(2011), 전장리더십, 2~3쪽
156) 전장리더십 발휘 사례는 육군본부(2011), 전투프로가 되는 길, 99~131쪽 참고
157) 육군교육사령부(2011), 전장리더십, 2~3쪽

⑧ 전장상황에 대한 정확한 정보를 공유하고 점검하라
⑨ 지휘관(자)의 유고시 대책을 수립하라
⑩ 우발계획을 수립하라
⑪ 죽어도 함께 싸우겠다는 전우애를 고양시켜라
⑫ 전장환경에 따라 융통성을 발휘하라
⑬ 실전에서 사상자가 많지 않다는 객관적 통계를 알려줘라
⑭ 엄정한 군기를 유지하라

(1) 부하를 사랑과 정으로 지휘하라

부하를 사랑과 정으로 지휘할 때 부하들이 믿고 따른다. 리더의 전장에서 부하들에게 보여주는 모든 언행과 행동들이 전투원들의 전투의지나 전투행동과 직결된다는 점에서 중요하다. 부하들을 사랑과 정으로 지휘하여 인간적인 신뢰가 도모될 때 전투원들은 기꺼이 목숨을 던질 각오로 적진으로 돌진하는 모습을 보인다.

채명신 장군의 부하사랑(소대장 시절) 나는 소대원들과 한 막사에서 같이 기거하고 모든 행동을 같이 했다. 밤중에 모포를 덮지 않고 자는 소대원들에게 모포를 덮어주고, 바람이 세차게 들어오면 창문을 닫아주기도 하고 내 친동생같이 그들의 생활, 식사, 건강상태들을 면밀히 돌보았다. 내가 '골육지정'이란 단어를 찾아낸 때는 바로 그 무렵이었다. 문자 그대로 뼈와 살을 다한 지극 정성이라면 누구든 감동시킬 수 있음을 난 깨달은 것이다. 그래서 그 후 나는 후배 장교들에게 항상 골육지정을 강조했다.

(채명신, 死線을 넘고 넘어, 1994)

(2) 자신감 있게 행동하라

전장에서는 누구나 전장 공포를 느끼는데 리더의 자신감 있는 행동에 의해 전장공포가 감소되고, 사기가 앙양된다. 그러나 리더가 겁을 먹거나 자신감 없는 행동을 할 때는 부하들이 리더를 신뢰하지 않고 사기를 저하시킨다. 따라서 리더의 자신감은 전장에서 발휘되는 전투수행 능력의 원천이 된다.

(3) 진두지휘(솔선수범)하라

지휘자는 전투를 진두지휘함으로써 전장공포증을 극복하고 임무를 완수 할 수 있도록 해야 한다. 실제 전투상황에서는 많은 사례들에서 나타난 바와 같이 전투원들은 죽음에 대한 공포 때문에 가장 위험한 선두에 서게 되는 것을 두려워하게 되어 훈련한대로 작전이 이루어지지 않거나 심지어는 명령에 따르지 않기도 한다. 이러한 경우에는 불가피하게 리더가 진두지휘를 함으로써 부하들이 전장 공포를 극복하고 작전을 잘 수행할 수 있도록 해야 한다.

다부동전투에서의 백선엽 장군의 진두지휘 1950년 8월 낙동강전선에서 1사단 11연대 1대대가 고지를 탈취당하고 다부동쪽으로 후퇴하고 있을 때, 사단장 백선엽 장군은 지리멸렬하게 고지에서 쫓겨 내려오는 병사들 앞으로 달려가 일장 훈시를 했다. "모두 앉아 내말을 들어라, 그동안 여러분 잘 싸워줘 고맙다. 그러나 우리는 여기서 더 이상 후퇴할 장소가 없다. 우리가 더 갈 곳은 바다밖에 없다. 저 미군을 보라! 미군은 우리를 믿고 싸우는데 우리가 후퇴하다니 무슨 꼴이냐. 내가 선두에 서서 돌격하겠다. 내가 후퇴하면 너희들이 나를 쏴라.!" 곧 병사들의 함성이 골짜기를 진동했고 삽시간에 고지를 재탈환했다.

(백선엽 장군 6·25전쟁회고, 낙동강 전선)

(4) 팀워크를 형성하라

전투력을 최대한 발휘할 수 있게 하는 원동력은 팀워크와 단결력이다. 리더는 부대 내의 팀워크와 단결력을 배양하기 위해 모든 수단을 강구해야 한다. 병사들이 소대장, 중대장, 동료들에 대한 신뢰가 있으면 자신감 있게 전투에 임할 수 있기 때문이다. 팀워크와 단결력이 강한 부대가 전투력의 시너지 효과를 달성해 승리 할 수 있다.

전장에서의 팀워크 미국의 알렌소장은 "병사들은 어떤 이유가 있어서 싸우는 것이 아니다. 단지 동료가 쓰러지는 것을 원치 않기 때문에 싸운다."고 말했다. 전투에 한 번 참가해 본 사람이라면 위급할 때 병사들이 인접 전우를 돕기 위해 싸운다는 사실을 쉽게 알 수 있다. 생사에 기로에 서면 모든 것을 잊어버리지만 그래도 사랑하는 전우의 존재를 결코 잊지 않는다.

(서경석, 전장감각, 1996)

(5) 전장상황을 고려한 실전적인 교육훈련을 실시하라

전투훈련을 받은 군인은 전장에서는 공포를 덜 느낀다. 따라서 교육훈련을 통해 배운 전술적인 행동이 유사시 반사적으로 표출될 수 있도록 반복숙달 시켜야 한다. 매번 작전준비를 철저히 해야 하며 새로운 마음가짐과 겸허한 자세로 확인하고, 교육하고 예행연습도 해야만 한다.

실전적 교육훈련의 중요성 수색 차단선을 점령하라고 하고 기다렸는데, 무전도 안 되고 아무런 연락도 없고 해서 직접 가봤다. 그런데 어느 학교 운동장에 전 병력이 앉아 있었다. 그래서 가까이 가서 무엇을 하고 있나 보니 가관이었다. 간부들이 삽탄을 해주고 있더라고... 병사들이 한 번도 실탄을 직접 끼워본 적이 없으니까 간부들이 병사들 탄을 직접 탄알집에 끼워주고 있더라고. 그래서 부대가 이동도 못하고 거기 앉아서 있는 거야. 얼마나 한심한 일인가.

(대침투작전 참가자 증언)

(6) 전장공포를 효과적으로 관리하라

전장에서 공포심은 위험에 대한 정상적이고, 불가피한 반응이다. 공포를 잘 관리하면 오히려 전투력을 높이는데 기여할 수 있지만, 공포를 제대로 관리 또는 통제하지 못하면 전투력을 저하시킨다. 공포심이 효과적으로 관리되지 못하면 병사들이 겁을 먹고 몸을 숨겨 사격을 제대로 하지 못하거나 심지어는 지휘자의 명령에 따르지 않게 된다.

(7) 부하로부터 존경과 신뢰를 획득하라

평시에는 리더십 발휘의 원천인 부하로부터 존경과 신뢰를 얻지 못하더라도 계급이나 직책만으로도 리더십을 발휘하여 임무를 수행할 수 있다. 그러나 생사가 위태로운 전장에서는 평소에 부하들로부터 존경과 신뢰를 획득하지 못했다면 평시와 같이 부하들이 일사분란하게 따르지 않는다. 따라서 평소에 리더에게 요구되는 체력이나 작전수행능력 등을 충분히 구비하고 있음을 보여주고, 인간적 소통을 통하여 존경심을 얻어야만 부하가 믿고 따르게 되고, 성공적으로 임무를 수행할 수 있다.

> **신뢰받은 부소대장** 나는 1968년부터 69년까지 약 13개월간 맹호 1연대 7중대 소총수로 베트남전에 참전하였다. 특히, 부소대장은 엄청난 체력을 가지고 있었는데, 같이 정찰을 나가면 거의 뛰어가다시피 했던 기억이 난다. 부소대장은 평상시에는 엄하지 않을뿐더러 병사들과 친구처럼 지내고 놀 때는 놀지만, 작전에 나갈 때나 공식적인 자리에서는 굉장히 진지했고, 특히 병사들이 잘못한 부분에 있어서는 반드시 질책과 훈계를 하였다. 특히 한 사람의 잘못으로 여러 사람을 위험에 빠뜨렸을 경우에는 평소와는 다르게 엄하면서도 따끔하게 혼을 내 주었다. 그렇지만 어떠한 경우에도 구타를 한다든지 폭언이나 폭력을 휘두르지는 않았다. 그래서 소대원들은 부소대장을 평상시에는 좋은 친구로, 때로는 엄한 형으로서 매우 좋아했다.
>
> (베트남전 참가자 증언)

(8) 전장상황에 대한 정확한 정보를 공유하고 점검하라

전장에서는 적에 대한 정보와 현재 상황을 수시로 부하들에게 알려줘야 자신감을 가지고 전투에 임할 수 있다. 적군도 아군과 다를 바 없는 공포심을 갖는 인간임을 확인시켜 주는 것이 반드시 필요하다. 그리고 전장에서는 적에 대한 정보는 물론 현재 상황을 수시로 부하들에게 알려줘야 자신감을 가지고 전투에 임할 수 있다.

> **전장통제력** 일단 한 명이 탈영하게 되면, 병사들은 덩달아 우르르 몰려 도망치게 된다. 전장에서 이를 수습하기는 대단히 어렵고 유사시에는 이들을 완력이나 총으로 위협하는 행위도 필요하게 될 것이다. 군대도 고도로 조직화된 집단이지만, 통제력이 무너지면 하나의 군중임에는 틀림없다.
>
> (서경석, 전장감각, 1996)

(9) 지휘관(자) 유고시 대책을 수립하라

소부대 전투 상황에서는 소대장 또는 중대장이 위험한 상황(공격 또는 수색 등)에서 앞장서게 되기 때문에 전사나 부상을 당할 가능성이 높다. 그런데 전투상황에서는 평상시와는 달리 리더가 없으면 지휘계통이 확립되지 않아 전투력을 제대로 유지할 수가 없다. 따라서 지휘관(자) 유고시에도 신속하게 지휘계통을 확립하여 전투력을 발휘하기 위해서는 평시에 차하급자가 상급자 역할을 수행할 수 있도록 대책을 수립해야 한다.

> **현장대응** 1951년 봄 7사단 8연대 3대대 병기관인 000소위는 위급한 상황에서 연대에 보고할 사항이 있다며 "돌아올 때까지 자리를 지켜라"고 하고는 1대 남아있는 트럭으로 후방으로 도망쳤다. 지휘관이 없는 대원 7명은 30m 앞까지 중공군이 밀려오는 상황이 발생하였다. 이때 00중사가 우리들을 지휘하였고, 우리들이 관리하고 있던 많은 무기와 탄약을 폭파시키고 철수할 수 있었다. 그때 00중사가 지휘하지 않았다면 우리가 가지고 있던 엄청난 양의 무기와 탄약을 그대로 적 수중에 넘겨주고 말았을 것이다.
>
> (6·25 참전자 증언)

(10) 우발계획을 수립하라

전장은 불확실성과 우연의 특성 때문에 계획한대로 전장상황이 전개되지 않는다. 따라서 예상치 못한 상황에 대비하여 우발계획을 수립해야 한다. 따라서 작전계획 수립시에는 예상하지 못한 상황에 대비한 우발계획과 이러한 상황을 고려하여 보급 지원대책 등을 수립하여야 한다.

불확실성에 대한 대비 1996년에 강릉 대침투작전을 30일간 실시하였다. 설사를 하는 인원이 너무 많았다. 매일 전투식량만 먹으니 속이 편할 수가 없었다. 찬물로 밥을 조리해서 먹을 때도 많아서 나중에는 먹지도 않고 전부 버리는 일도 있었다. 또 밤에는 찬 바닥에 그냥 누워 자니까 계속해서 설사를 하는 경우가 많았다. 그리고 설사약을 구급낭에 3~4알을 가지고 갔는데, 이것 가지고는 부족해서 작전하다가 약국이 보이면 내려가서 설사약을 사오고, 거기다 일회용 대일밴드나 압박붕대도 없어서 전부 다 사서 써야했다. 군장무게를 줄여보겠다고 전투식량을 버리는 경우가 많았다. 2일간 수색 계획으로 산에 올라갔지만 계획이 변경되면서 기간이 길어지자 버린 전투식량을 다시 가지러 가겠다는 인원도 있었다. 식량이 없어서 헬기에서 던져 준 건빵으로 해결하게 되었다. 한 봉지로 2명이 한 끼를 해결하기도 했다.

(강릉대침투작전 참가자 증언)

(11) 죽어도 함께 싸우겠다는 전우애를 고양시켜라

전장에서 전우애와 동료에 대한 믿음은 죽음의 두려움을 이겨내면서 전투를 하게 하는 원동력이다. 월남전 참전자들에 대한 설문조사에서도 전투시 위험을 무릅쓰고 임무수행을 한 이유를 묻는 질문에 전우가 부상당한 적개심 때문이라는 응답이 39.9%, 동료에 대한 믿음 이라고 응답한 사람이 13.8% 였다. 즉 53.7%가 전우애와 동료에 대한 믿음 때문에 죽음의 두려움을 이겨내면서 전투를 하였다고 답변했다.

소대장과 함께 죽어도... 월남전에서 소대장의 역할을 정말 중요했다. 우리 소대장님은 소대원들이 무척 따르고 존경했는데 이유는 부하들에 대한 헌신이었다. 1968년 9월 어느 날, 작전지역에서 수색정찰을 하고 있었는데 소대원 한 명이 발을 헛디뎌 깊은 연못수렁에 빠져버렸다. 병사는 허우적거리다 가라앉아 떠오르지 않았다.
순식간의 일이라 모두 당황했다. 사망했다면 시신을 수습해야 하는데 다들 수렁에 들어가려 하지 않았다. 이 때 소대장이 죽음을 무릅쓰고 수렁에 들어가서 몇 시간이나 고생한 끝에 시신을 찾아내어 수습하였다.

이 모습을 지켜본 소대원들은 자신이 죽더라도 소대장이 저렇게 해 줄 것이라고 이야기를 했다. 그 이후부터 소대원들은 소대장의 명령은 절대복종하였고 더욱 단결하였다. 전투 중에 사망자나 부상자가 발생하면 누구보다 슬퍼했던 소대장의 모습이 40년의 세월이 흐른 지금도 생생하게 기억이 난다.

(월남전 참전자 증언)

(12) 전장환경에 따라 융통성을 발휘하라

전투는 예상한대로 또는 준비한 대로 이루어지는 것도 아니고, 작전계획 수립시 최초 상황판단으로 전장상황이 전개되는 것도 아니다. 그리고 작전명령 하달시 또는 전투시는 상황이 변하지 않는 것도 아니다. 따라서 현장을 가장 잘 알고 있는 현장지휘관(자)에게 작전에 대한 융통성을 부여할 필요가 있다. 그리고 현장지휘관(자)은 전장상황에 따라 융통성 있게 지휘를 하여야 한다.

전장의 융통성 1965년 10월 맹호부대원으로 파월되어 수색중대에 근무했다. 어느 날 척후병으로써 수색정찰 중 육감적으로 기분이 안 좋아 약간 길을 우회하자 소대장이 호통을 쳤다. 먼 거리로 간다고 다시 돌아오게 하고 다른 병사로 하여금 앞서가게 했는데 20m쯤 가서 지뢰가 폭발하여 다수가 희생되었다. 전쟁터에서 육감은 거의 60% 확률로 나타난다. 1년 만기 소대장이 귀국하고 다음 소대장이 1개월 후 같은 상황에서 소대장이 앞서가다 소대장을 포함하여 다수의 소대원이 지뢰에 부상을 입고 후송되어 귀국했다. 전장에서는 경험있는 부하의 조언과 상황에 따라서 융통성을 발휘할 필요성을 느꼈다.

(월남전 참전자 증언)

(13) 실전에서 사상자가 많지 않다는 객관적 통계를 알려줘라

전장에서 사망률은 질병이나 사고로 인한 사망률보다 낮다. 장병들이 안심할 수 있도록 정확한 근거에 기인하여 교육하라. 전장에서는 많은 병사들이 죽음보다 부상을 더 두려워한다. 특히 복부, 눈, 머리, 팔과 다리 등의 부상을 두려워하는데, 이런 부위를 다치는 일이 실제로는 그리 흔하지 않다는 등의 사실들을 알게 되면 전투원은 훨씬 안심이 될 것이다.

객관적 통계 GP와 DMZ내에서의 북한의 총격 및 포격 도발사례는 80여 건이 발생했다. 하지만 아군 피해는 87년 11월 적 25사단 GP에서 아 3사단 GP에 기습사격을 가하여 대공초소 근무자 1명이 어깨에 관통상을 입은 것 외에는 없다. 전투시 소모된 소총 실탄과 전사자와의 관계를 분석한 자료에 의하면 전사자 1명당 탄약은 수 만 발에 이르며, 이는 교통사고로 인한 사망률이나 질병으로 인한 사망률보다 더 낮은 확률이다. 실제 전투가 일어나도 유사한 상황이 발생할 것이며 전장에서 전투원이 적에게 피격되어 죽을 확률은 질병이나 다른 원인으로 죽을 확률보다 낮다.

(대침투작전사, 육군본부, 2010)

(14) 엄정한 군기를 유지하라

엄정한 군기는 부대에 대한 긍지를 가지게 해주며 모든 부대의 사기앙양 핵심요소이다. 누구에게나 실수는 있는 법이지만 잘못에 대해 뉘우치지 못하면 엄히 다스려야 한다. 전장군기를 유지하는 것은 생명과 직결되는 사항임을 명심하고 이를 철저히 유지해야한다. 지휘자는 부하가 어떤 명령이든 자발적으로 복종하도록 해야 하며 이러한 복종심은 평상시 강인한 훈련과 생활을 통해 배양될 수 있다.

전장군기 양말은 1주일씩 신고 매 끼니로 전투식량을 먹으니 얼마나 지겹겠어, 나중에는 전투식량을 보급 받으면 조금씩 먹고는 박스채로 버리고 가는 거야, 나중에 공비를 잡아서 신문해 보니 우리가 버린 전투식량을 공비들이 주워 먹으면서 연명했다는 거야. 그러니 작전이 장기화되고 더욱 힘들게 된 것이다.
('96 강릉 대침투작전 참가자 증언)

3. 리더십 발휘사례와 교훈

3.1. 전장과 위기에서 초급장교가 발휘한 전장리더십[158)]

(1) 정정능 소위의 솔선수범과 띤빈전투

(즉각 응사하고 돌격하라!)

(정정능 소위)

수도사단 제1연대 제5중대 제3소대장이었던 고 정정능 중위는 1966년 3월 24일 베트남 띤빈전투에서 전사했다. 비호6호 작전 직후부터 정정능 소위는 중대장 박동원 대위의 지휘로 피나는 훈련을 했다. 중대장은 "적이 사격해 올 경우 엎드리지 말고 즉각 응사 및 돌격하라!" 그리고 "늪지대를 신속히 통과하라!" 등을 주문했다. 새벽에 1개 분대의 베트콩이 전방에 나타나자 정소위는 즉각 중대장에게 보고하고 1개 분대로 추격하였다.

문제는 1개 중대 이상의 베트콩이 띤빈마을에 요새진지를 구축하고 한국군의 공격을 유도하고 있었다. 정소위가 마을 입구에 도달하자 대나무 숲으로 둘러싸인 마을의 삼면에서 총탄이 비 오듯 날아오기 시작했다. 그는 "적이 사격할 경우 즉각 돌격으로 격파하라!"는 중대장의 평소 훈련지침에 따라 응사와 함께 적의 참호로 뛰어들었다. 그때 정소위와 함께 돌격하던 분대장 이향근 하사가 베트콩 1명을 사살했다. 그러나 정소위가 다음 참호를 점령하기 위해 뛰어든 순간 총탄이 집중되면서 흉부와 복부가 관통되어 정소위는 쓰러졌다. 소대장의 명령에 따라 돌격하여 외곽 참호를 점령했다. 그 후 중대장이 급파한 부중대장 정주영 중위와 합류했지만 정정능 소위는 출혈과다로 숨지고 말았다. 정부는 정소위의 용맹과 솔선수범을 기리며 충무무공훈장과 1계급 특진을 추서하였다.

158) 최용호(2012), 베트남정글의 영웅들, 83쪽, 122쪽, 156쪽, 290쪽, 304쪽 정리

(2) 이인호 대위의 헌신과 해풍작전

(자신의 몸으로 수류탄을 덮치다!)

(이인호 대위 모습)

이인호 대위는 대구 대륜고를 졸업하고, 해사 제11기로 임관했다. 제2해병여단 3대대 정보장교로 파월되어 1966년 7월 뚜이호아지역 작전 마무리 차원에서 해풍작전을 수행하게 되었다. 8월 11일, 제3대대장 이효재 중령은 뚜이호아평야의 중간 지점에 위치한 '미레마을'을 베트콩의 소굴로 지목하고 제9·10중대로 하여금 마을을 포위해 수색하게 했다. 그때 이대위는 전날 체포한 베트콩 포로 7명 심문 결과, 베트콩이 대나무 숲에 지하 동굴을 구축한 사실을 확인했다.

베트콩 첩자 2명을 대동한 이인호 대위는 헬기로 현장에 도착했다. 베트콩 포로를 앞세워 수색을 계속한 결과 대나무 숲에서 직경 70cm 정도의 동굴 입구를 발견할 수 있었다. 이인호 대위는 김찬옥 하사에게 탐색조 4명을 대동 동굴을 수색하게 했다. 그러나 베트콩 포로를 심문하는 과정에서 파악했던 내용과 차이가 많아서 자신이 직접 동굴에 들어가 확인하기로 결심한 것이다. 이인호 대위가 동굴로 진입해 확인한 결과 동굴은 ㄱ자로 꺾여 있었다. 동굴 구조를 파악한 이대위가 5m 정도를 앞으로 나아가자 옆으로 또 하나의 동굴이 있었다. '바로 이 동굴을 수색하지 못 했구나!' 라고 직감한 이대위가 커브를 돌려는 순간 전방에서 갑자기 수류탄 1발이 날아왔다. 이대위는 자신의 몸으로 수류탄을 덮치며 장렬히 산화했다.

베트콩의 첩보를 현장에서 직접 확인하고자 했던 이대위의 투철한 임무수행정신, 위기상황에서 살신성인의 희생정신과 투혼은 모든 장병의 귀감이 되었다. 정부는 1계급 특진과 태극무공훈장을 수여했다. 해군사관학교에서도 동상을 건립하여 그의 희생정신 기리고 있다.

(3) 김길부 중위의 용맹과 동굴탐색작전

(소대단위 최고의 전과.....동굴전투의 영웅!)

수도사단 제1연대 제10중대 제3소대장으로 파병됐던 김길부 중위는 맹호6호 작전에서 동굴전투로 수훈을 세운 영웅이다. 베트콩은 사전에 어디에 숨어 있는지 행방이 묘연했다. 사단은 수색 방식을 전환해 작전지역에 체류하면서 적을 찾아내는 "깔아뭉개기" 전법으로 전환했다. "Stay & Hit, Hit & Stay"와 같은 방식이었다. 작전을 시작 5일째 되는 9월 27일, 제10중대는 중대장 이정린 대위의 지휘로 같은 지역을 계속 반복 수색했다. 얼마 후 김길부 중위의 제3소대는 계곡 암석지대에서 크기가 3㎡쯤 되는 바위틈에서 사람이 겨우 들어갈 정도 크기의 구멍 하나를 찾아냈다. 놀랍게도 깊숙하게 파여진 동굴이 있었고, 그 바닥에 냄비가 하나 놓여 있었다.

(김길부 중위 훈장)

김중위는 지금까지 좁은 입구가 수직인 동굴을 본 적이 없었다. 모험을 해볼 필요를 느꼈다. 김길부 중위는 소대원들을 동굴 입구에 배치한 다음 전령 한국영 병장과 함께 몸에 로프를 감고 굴속으로 내려갔다. 좁은 통로를 따라 10m쯤 들어가자 보통 방 넓이의 공간이 있었으며 김중위가 단신으로 7m정도를 내려가자 발이 지면에 닿았다. 그때 난데없이 수류탄 한발이 날아왔다. 순간 흙먼지와 함께 파편 조각들이 우수수 떨어졌다. 김중위와 한국영 병장은 일제히 수류탄 3발씩을 던졌다. 굴 안쪽에서 신음소리가 들려왔다.

김중위는 "우리는 한국군이다. 손들고 나오면 살려 준다"라고 소리쳤다. 김중위의 말이 끝나기도 전에 베트콩은 사격으로 응사했다. 김중위는 10m 쯤 돌진한 다음 다시 수류탄을 던졌다. 확인결과 모두 23구의 시체, 소총 16정 등이 있었다. 소대단위 단독 전과로는 최고의 수준이었다. 정부는 김길부 중위의 공적을 높이 평가해 을지무공훈장을 수여했다.

(4) 임동춘 중위의 군인정신과 638고지 안케전투

(공격정신으로 638고지의 돌파구를 만들다!)

(임동춘 대위 동상)

1972년 4월, 파월 한국군의 전투에서 가장 치열했던 안케전투에서 전사한 고 임동춘 대위는 수도사단 기갑연대 제2중대 제1소대장이었다. '안케고개'는 베트남 중부 퀴년에서 서쪽 내륙으로 연결되는 19번 도로의 요충지였다. 그때 북베트남 제3사단 제12연대가 안케고개 남쪽의 638고지를 점령했다. 4월11일 새벽 638고지 아래쪽에 위치한 기갑연대 제1중대 기지를 습격하고 19번 도로를 차단했다. 제1중대는 638고지 북쪽 하단의 600고지에 중대전술기지를 구축하고 '소도산기지'로 명명했다. 북베트남군 제12연대가 강력한 진지를 구축하면서 1개 분대 규모로 제1중대 기지를 습격하면서 안케전투가 시작됐다. 그러나 수색중대는 적의 기습으로 2명의 소대장 등 7명이 전사하고, 중대장 등 많은 부상자가 속출했다. 그때부터 638고지를 향한 공격은 매일같이 계속됐으나 아군의 피해만 계속 늘어날 뿐 진척은 없었다.

22일 부터는 임동춘 중위의 제2중대가 전면에 나섰다. 그때 누군가의 아이디어로 드럼통에 흙과 모래를 채워 고지를 향해 굴러 올리면서 엄폐물로 이용하게 했다. 임동춘 중위가 앞장서서 수류탄을 투척하며 적의 1선 벙커를 점령했다. 임중위는 다리에 부상을 입었으나 절룩거리는 다리로 공격을 계속해 5개의 벙커를 폭파시켰다. 그러나 공격의 돌파구를 마련했던 임중위는 날아오는 적의 집중포화를 피하지 못했으며 결국 산화하고 말았다.

정부는 군인정신을 높이 평가해 태무무공훈장을 추서하고 1계급 특진을 부여했다. 그의 모교 육군보병학교는 동상을 세워 많은 후배장교들의 귀감으로 삼고 있다.

(5) 안케전투의 영웅 이무표 중위

(난공불락의 638고지를 점령하다!)

(박정희 대통령과 안케전투의 영웅들)

1972년 4월 11일 시작된 안케전투는 아군의 피해만 늘어날 뿐 진척은 없었다. 638고지 일대를 초토화 시킨 후 공격을 계속 하기로 했다. 가공할 만한 화력이 집중되면서 638고지 일대는 불바다가 됐으며, 순식간에 시커먼 민둥산으로 변했다. 그러나 불가사의하게도 17일 아침, 아군의 공격이 재개되자 적의 저항은 여전했다. 당황한 사단장은 "638고지를 가장 먼저 점령한 용사에게 태극무공훈장 수여를 건의하겠다."고 약속했다. 사단장의 결심에 따라 중대 및 대대 단위로 안케고개 일대에 투입되면서 총 18개중대 1894명의 병력이 투입되었다. 그럼에도 공격은 진척되지 못했으며, 638고지 측후방의 제6중대는 적진에 고립되어 버렸다.

연대장은 4월 24일 4시부터 2시간 동안 1,300여발에 달하는 공격준비사격을 퍼부었다. 그리고 이무표 중위의 제3소대를 선두로 정상을 향해 공격했다. 제3소대가 8부 능선에 도달했을 때 적의 사격으로 1명이 전사했으나 공격을 계속한 3소대가 06:44경 정상에 진입했다. 그 결과 4월 26일 오후부터 19번 도로가 정상화 되면서 16일 동안 전개됐던 안케전투가 종료되었다.

전투가 끝난 후 사단장은 약속에 따라 638고지에 가장 먼저 진입한 이무표 중위에게 태극무공훈장을 건의해 수여하고 1계급 특진의 영예를 부여했다.

(6) 솔선수범, 살신성인의 해군 준위 한주호

(얼음장 같은 서해, 천안함 피격현장에서 몸을 던져 전우를 구하다!)

(한주호 준위)

한준호 준위는 1975년 수도공고 기계과를 졸업, 1월 해군부사관으로 임관하였다. 일찍 아버지를 여의고 5남매 가운데 둘째였던 그는 가족들이 걱정돼 당시 교육생 월급 1,500원을 모아서 집으로 부쳤다. UDT(수중파괴대)에 지원하여 10년 만인 86년 UDT 교관이 되어 "지옥에서 살아오라"고 외치며 수많은 후배 대원을 길러냈다. 2009년 52세 아프리카 소말리아 해역에 청해부대 1진에 자원했다. 그가 직접 제작한 선박 침투용 사다리를 타고 해적선에 올라 모두 7차례에 걸쳐 해적선을 소탕하고 퇴치하기도 하였다.

2010년 3월 26일 오후 9시 22분 경 백령도 근해에서 천안함이 북한 잠수함에서 발사된 어뢰를 맞고 폭침했다. 두 동강 난 천안함에는 모두 104명의 승조원이 타고 있었다. 승조원 46명은 피격당해 배의 함미 부분에 갇힌 채 차디찬 서해 바다의 어두운 해저로 곤두박질하듯 가라앉고 있었다.

2010년 3월 28일 살아있는 전설이였던 53세의 한주호 준위는 승조원들을 구출하려 차디찬 바다에 몸을 던졌다. 하루 잠수했으면 다음 날 하루를 쉬어야 했지만 그럴 수 없었다. 그리고 셋째 날인 3월 30일 오후 2시 40분, "오늘은 완전히 함수 객실을 전부 탐색하고 나오겠다. 국민과 실종 가족들을 위해 내가 책임지고 해내겠다"는 각오를 남긴 채 다시 바다로 뛰어들었다. 연 3일에 걸쳐 다섯 번째 목숨을 건 잠수였다. 하지만 그것이 마지막이 되고 말았다. 한주호 준위는 당시 김형진·김정호 상사와 함께 3인조로 잠수했다. 물이 너무 차서 손마디가 시리다 못해 손이 굳고 호흡이 가빠왔다. 한 준위는 두 상사에게 "상승하라"는 신호를 보낸 후 자신만 거기 남았다. 그것이 마지막이었다. 한 준위는 이날 오후 3시 30분께 미군 함정으로 이송돼 '감압 챔버'에서 심폐소생술을 받았지만 끝내 돌아오지 못했다. 하지만 그는 순직한 것이 아니라 나라 전체가 혼돈 속에 휘청거릴 때 자기 한 몸을 던져 대한민국이 왜, 어떤 이유로 존재하는지를 온 세상에 외치듯 순국한 것이다. 한주호 준위가 우리에게 보여준 솔선수범! 그리고 살신성인의 정신은 대한민국과 함께 영원할 것이다. 정부는 그의 희생정신을 기리면서 충무 무공훈장을 추서했다.

3.2. 전장에서 부사관이 발휘한 전장 리더십

부사관들은 모든 전장에서 목숨을 걸고 싸웠다. 지휘관들의 그림자가 되어주고 장교의 보조역할을 수행하면서 병사들에게는 가장 믿음직한 보호자였다. 과거 세계대전, 한국전쟁, 월남전에서 부사관들이 전장에서 보여준 감투정신과 살신성인의 참다운 군인정신은 많은 교훈을 남겨주고 있다.[159]

역사상 대부대의 위대한 승리를 쟁취할 수 있었던 저력은 전장에서 병사들과 어깨를 맞대고 적과 전투를 벌인 부사관들의 숨은 공로가 있었기 때문이다. 일찍이 미 육군의 조지 마샬 장군은 제2차 세계대전을 치른 후 유럽전선에서 활약한 부사관들의 역할에 대하여 이렇게 강조하였다.

> *"부대의 유능한 부사관을 개발하고 유지하는 전문적인 능력이 부족한 지휘관은 전투에서 지도자로서 책임을 다할 수 없을 것이다. 부사관은 군의 근간이라는 것은 과거의 전쟁뿐만 아니라 이번 전쟁에서도 분명히 나타났다. 전투에서 승리는 소부대를 지휘하는 부사관들의 자질에 달려 있다."*

부사관은 장교와 병사의 중간 계층으로서 때로는 이들의 교량적 역할을 수행하지만 전투시에는 병사들을 움직이는 선봉장이었다. 그리고 장교와 병들이 미처 다할 수 없는 다양한 일들을 처리하는 만능일꾼으로서 활약하였다.

---

159) 육군본부(2004), 신화를 남긴 부사관들, 10~11쪽을 정리하였음

전투시 부사관의 역할에 대해 세계적 영웅 나폴레옹도 이렇게 역설하였다.

"부사관은 병사와 같은 출신이며 병과 함께 살결을 맞대고 있다. 그래서 부사관은 병사에게 정신적인 영향을 주고 그들을 복종시킴은 물론, 전투시 앞으로 이끌고 나가는데 효과적인 역할을 수행한다."

(1) 금성 샛별고지전투의 영웅 ! 백재덕 이등상사

(백병전으로 적을 격퇴하고 진지를 사수하다!)

태국무공훈장은 군인으로서 받을 수 있는 무공훈장 중 최고로 영예로운 훈장이다.

(고 백재덕 이등상사)

백재덕 이등상사는 6·25전쟁시 전선이 교착되고 휴전이 분위기가 무르익어 갈 무렵, 한 뼘의 땅이라도 더 확보하고자 치열한 고지쟁탈전이 한창이던 시기의 강원도 금성(현재 김화) '샛별고지전투'의 전쟁영웅이다.

샛별고지는 현재의 휴전선 너머의 중부전선으로, 금성 서남쪽 약 5.8㎞에 위치한 직목동에서 남쪽으로 뻗어 내린 길이 1㎞ 정도의 능선을 연하여 표고 470m의 무명고지이다.

1953년 5월 14일 밤부터 이 고지에 대한 방어임무를 부여받은 수도사단 기갑연대 제3대대 11중대는 중공군 제67군 199사단 예하 제596연대의 2개 대대 병력과 대치하고 있었고, 중공군은 아군진지에 대해 수차례 공격을 시도하였으나 격퇴되었다. 5월 15일 밤, 제11중대 3소대 백재덕 이등중사가 지휘하는 3분대는 매복조 임무를 부여받아 중대진지 앞에서 직목동 일대를 살피고 있던 중 적의 움직임을 간파하고 신호탄으로 조명지원을 요청하였다. 60㎜박격포 조명탄이 발사되어 확인한 결과 적이 3개 종대로 직목동 계곡에서 43번

도로로 접근 중이었는데 3개 중대 규모의 적이었다. 이에 분대장인 백재덕 이등중사는 "여기서 적의 예기를 꺽지 못하면 중대의 주진지가 위협을 받게 된다. 우리가 뼈를 묻어야 할 곳은 바로 여기이니 분대원 전원은 나와 함께 이곳에서 죽기를 각오하라!"고 분대원을 독려하여 전원이 중대본진으로 철수하지 않고 분대 매복진지에서 버티기로 작정하였다.

적의 접근을 기다렸다가 M1소총으로 사격을 집중하고, 적이 돌격을 감행함에 따라 수류탄을 투척하였으나 제1차 돌격의 15~6명이 진내로 진입하자 백병전으로 격퇴하였으나 분대 9명 중 1명이 전사하였다. 나머지 8명으로 재편성하여 적의 차후공격에 대비하였다. 20분 정도 경과 후, 적의 제2차 돌격으로 7~8명이 진내로 진입하였으나 모두 사살하였다. 아군도 2명이 전사하고 3명이 부상을 당하였다. 이어진 적의 3차 돌격시 10여명이 진내에 뛰어들었으나 백재덕 이등중사를 비롯한 나머지 분대원은 사투를 벌인 끝에 총검과 맨주먹으로 모두 처치하였다. 이때 중대에서 진내사격을 실시하여 적의 후속 공격을 격퇴하였다.

중대의 다른 진지는 주진지의 호를 오르내리며 결전을 벌였으나 백재덕 분대에서 만큼은 끝내 적이 넘어서지 못하도록 사투를 벌여 분대진지를 사수하였던 것이다. 분대원은 9명중 4명이 전사하고 백재덕 이등중사를 비롯한 나머지 분대원 5명도 모두 만신창이의 부상을 당하였다. 이 전투에서 백재덕 이등중사는 혼자서 격투로 적 10여명을 처치하는 소부대 전투지휘자로서의 면모를 유감없이 발휘하였다.

이러한 전공을 인정되어 1954년 6월 25일, 군인으로서 최고의 영예인 태극무공훈장 수훈과 함께 1계급 특진되었다. 언론보도에 따르면 백재덕 이등상사(전역시 계급)는 당시 전투에서 입은 부상으로 인해 1954년 전역하였다.

6·25전쟁 50주년 기념사업회에서 호국영웅으로 선정하였으며 2001년에는 '5월의 호국인물'로 선정되었다. 2001년 부산 강서구 재향군인회는 백재덕 이

등상사의 모교인 가덕도 천가초등학교 천성분교에 흉상을 건립했다. 육군은 6·25전쟁 발발 60주년을 하루 앞둔 2010년 6월 24일 육군본부 참모차장실 내의 회의실을 '6·25전쟁 전승영웅실'로 명명하고, 전승영웅 6인 중 한 명으로 백재덕 이등상사를 선정하여 그의 조국을 위한 헌신과 군인정신을 기리고 있다.

(2) 송악산 전투의 영웅들! 육탄 10용사!

(개성 송악산 전투에서 산화한 조국의 수호신들.......)

(육탄 10용사상)

육군 부사관학교에서는「육탄 10용사賞」시상식 행사를 매년 개최하고 있다. 전투부대에 근무하는 중사를 대상으로 육탄 10용사 희생정신 계승자, 군인정신 및 감투정신이 뛰어나 타의 모범이 되는 자, 육군가치관 '용기' 부문 해당자 등 다양하고 엄격한 심사기준을 거쳐 육군에서 선발하여 수여하는 부사관 최고의 영예로운 상이다.「육탄 10용사賞」은 지난 1949년 5월 4일 송악산 지구 전투에서 박격포탄을 자신의 가슴에 안고 적의 기관총 진지에 육탄으로 뛰어들어 빼앗긴 고지를 탈환하는데 혁혁한 공을 세우고 장렬히 산화한 서부덕 이등상사 등 10명의 용사를 기리기 위해 2000년 제정되었다.

당시 서부전선에서 북한은 1947년 7월경에 38경비대라는 정예부대로 하여금 38선 경계임무를 수행토록 하고, 주요고지에는 강력한 진지를 구축하였다. 남한에서는 미군 제7사단이 38선 경계임무를 수행해 오다가 1948년 11월에 제1사단 제11연대가 미군으로부터 고랑포지역의 38선 경비구역을 인수하여 2대대가 38선 전면인 고랑포 일대에 분산 배치되어 진지구축과 아울러 경계임무를 수행하고 있었다. 주둔하고 있던 북한군 제1사단 제3연대는 증강된 병력 1,000여명으로 5월 3일 새벽에 송악산의 능선을 타고 기습공격을 하여 아군이 진지공사를 하고 있던 292고지, 유엔고지, 155고지, 비둘기고지 등을 공격하였다. 이에 11연대장은 송악산의 주요 고지군을 탈환하고자 5월 4일 새벽에 은밀하게 선제공격을 하였으나, 날이 밝자 적군의 치열한 포병사격과 고지 중턱 쯤 10여개소의 적 토치카에서 작열하는 기관총 사격에 노출되어 더 이상 공격을 계속할 수 없는 상황이 되었다.

연대장은 특화점인 적 토치카를 제압하기 위해 특공대를 조직하였다. 특공대를 자원한 장병들이 많이 있었지만 제일 먼저 자원한 하사관교육대 제1소대 1분대장인 서부덕 이등상사를 특공대장으로, 하사관 교육생 김종해·윤승원·이희복·박평서·황금재·양용순·윤옥춘·오제룡 상등병 등 9명이 선발되었다. 당시 하사관 교육대에서는 사단 시설장교인 박후준 소위의 창안으로 "81미리 박격포탄의 신관을 조정하여 탄두를 충격하면 폭발하는 육탄 공격방법"이 교육되고 있었다. 각자가 가지고 갈 박격포탄, 수류탄도 준비되었고 파괴시킬 적 토치카도 개인별로 정해졌다.

12:00경, 중화기소대 분대장 박창근 하사가 적의 토치카를 파괴하기 위해 단신으로 수류탄 7개를 들고 돌진하다 장렬히 전사하였다는 비보를 특공대원은 들었다. 13:30경 9명의 육탄공격조는 유엔고지와 비둘기고지의 적 토치카를 향해 공격을 개시하였다. 14:00경 각자가 맡은 적 토치카에 돌입하여 육신과 더불어 폭사하니 적의 토치카는 포연과 함께 분쇄되고, 뒤 이은 공격으로 비둘지고지와 유엔고지를 탈환할 수 있었다. 이어진 5월 8일까지의 치열한 전투를 통해 나머지 고지를 탈환하여 38선 진지를 모두 회복하였으며, 적 사살 137명, 기관총 등 114정의 무기를 노획하는 전과를 올렸다. 이 전투가 '송악산 전투'다. 박창근 하사와 육탄공격조 9명을 합쳐서 '육탄 10용사'라 명

명하였다.

1950년 12월 30일에 서부덕 이등상사는 소위로, 박창근 하사와 하사관 교육생 김종해·윤승원·이희복·박평서·황금재·양용순·윤옥춘·오제룡 상등병은 특무상사로 특진되었으며 각각 을지무공훈장이 추서되었다. 1956년 5월 4일 국민의 성금으로 서울시 관악구 흑석동 한강변에 '육탄 10용사' 전공비(현재는 국립현충원으로 이전)를 세워 그 숭고한 뜻을 길이 기리고 있다.

(3) 형산강 전투의 영웅! 연제근 이등상사와 12인의 특공대!

(반격의 근간이 된 형산강 전투의 초석을 놓다!)

연제근 이등상사는 1950년 9월 17일 형산강 전투에서 전사하였다. 1950년, 북한군 8월 공세가 계속되는 가운데 북한군 제12사단이 포항을 점령함으로써 아군 제3사단은 고립되고 말았다. 형산강 지역은 피·아 쌍방간의 전략요충지로써 포항 공방전의 최대격전지가 될 수밖에 없었다.

(연제근 이등상사, 12명의 특공대원 군상)

1950년 9월 16일, 북한군이 형산강의 유일한 다리인 형산교를 돌파하려고 여러 날 시도하다가 화력이 급격히 떨어졌을 때, "형산강을 도하하여 포항을 탈환하라!"는 아군 3사단 공격명령이 형산강 일대를 방어하고 있던 22연대로 하달되었다. 당시 제3사단 22연대 1대대 1중대 분대장이었던 연제근 이등중사는 9월 17일 새벽 04:00시, 아군의 공격준비사격이 대안상의 북한군 진지를 강타하는 순간, 연제근 이등중사와 12명의 특공대원은 형산강 도하 통로를 확보할 목적으로 강을 헤쳐 나가기 시작했다. 강북 대안에 다다랐을 때는 12

명의 특공대원 중 9명이 전사하여 3명만이 남았고 연제근 이등중사도 어깨에 총상을 입은 상태였다. 그러나 3발의 수류탄으로 적의 기관총진지를 파괴하고 적탄에 쓰러지니 그의 나이 스물 둘이었다. 연제근 이등중사와 분대원 12명의 목숨을 건 형산강 도하 통로개척은 포항탈환과 북진의 발판이 되었다. 연제근 이등중사는 2계급 특진과 함께 을지·화랑무공훈장이 추서되었다. 육군은 1995년부터 시행한 '호국헌신상'을 2011부터 '제근상'으로 명칭을 변경하여 전투부대에서 근무중인 20년 이상 근속한 상사 중에서 타의 귀감이 되고 육군가치관 '책임'부문에 해당하는 우수자에게 '제근상'을 수여함으로써 그의 위국헌신을 기리고 있다.

(4) 양구 비석고지전투의 영웅! 최득수 일등중사와 9인의 특공대!

(고지를 탈환치 못하면 살아서 돌아오지 않을 것이다!)

(최득수 이등상사)

최득수 이등상사는 양구 '938고지전투'의 영웅으로 1954년 6월 25일 태극무공훈장을 받았다. 938고지는 6·25전쟁의 휴전협정 체결을 위한 움직임이 분수하던 1953년 6월 16일부터 제7사단이 제20사단으로부터 인수하여 확보해 온 고지로, 이 일대에서 가장 중요한 1220고지에 이르는 발판으로써 사단 좌측연대인 제8연대의 방어중심이었다. 중공군은 938고지 일대를 점령함으로써 아군 방어진지인 1090고지로부터 1220고지에 이르는 아군 주저항선을 측방으로부터 위협하고 나아가 차기공격의 발판으로 삼으려 하였다.

1953년 6월 26일, 중공군 제60군 189사단은 1개 연대 병력으로 국군 제7사단 8연대 2대대가 점령하고 있던 938고지를 공격하였다. 대대장까지 전사하는 사투를 벌였지만 결국 야포와 박격포의 지원사격을 받으며 압도적인 병력을 투입하여 압력을 가하는 중공군에게 938고지를 피탈당하고 말았다. 이때부터 전사한 2대대장인 선우웅 소령의 군인정신을 기리기 위해 938고지를 '선우고지'라 명명하였다.

6월 27일 02시 30분, 제7사단 8연대는 중공군의 인해전술로 인해 탈취당한 선우고지를 재탈환하기 위해 제1대대를 투입하여 반격을 감행하였다. 9부능선까지 진출한 대대는 강력한 화력으로 맞서고 있는 적과 육박전까지 전개하였으나, 적의 증원부대와 좌우 측방에서 맹렬하게 집중하고 있는 적의 화력으로 인해 목적을 달성하지 못하고 05시 30분에 철수하였다. 이에 사단은 예비대인 제3연대를 투입하여 수류탄전을 전개하면서 고지탈환을 시도하였으나 아군의 공격저지를 위해 10,000여 발의 포격을 가하는 적의 완강한 저항으로 희생이 늘어가자 부득이 철수를 할 수 밖에 없었다.

6월 30일 02시, 사단장이 선우고지에 대한 공격명령을 제8연대에 하달하자 제2대대는 특공대를 조직하여 고지를 탈환하기로 결정하고 30명의 대대원을 3개조로 편성하였다. 제1조는 선우고지 전방 능선 상에 배치되어 있는 3중의 중기관총과 경기관총진지를 격파하며, 제2조와 제3조는 938고지 좌 측방에 위치한 적의 자동화기진지를 파괴하고 고지를 탈환하라는 임무가 부여되었다.

특공대 제1조장인 최득수 일등중사는 당시 7중대 1소대 선임하사로 소대장 대리 임무를 수행하고 있었다. 03시 30분경, 최득수 일등중사는 조원들과 함께 철모 대신 작업모를 쓰고 소총 대신 수류탄 6개씩을 분배하여 아군의 연막탄이 적의 시계를 완전히 차단한 가운데 선우고지 능선을 따라 돌진해 나갔다. 이때 적은 다시 포격을 집중하기 시작하였지만 최득수 일등중사는 선두에서 대원들을 이끌었다. 쏟아지는 적탄을 헤치며 적의 엄폐호에 돌진한 최득수 일등중사는 수류탄 한 발을 적의 기관총 진지 안에 집어넣어 파괴한 후, 능선 중간지점에서 불을 뿜어대고 있는 또 다른 기관총진지로 다가가 수류탄을 총안에 집어넣어 격파하였다.

적진 속으로 무사히 돌진한 최득수 일등중사는 수류탄을 투척하여 적의 기관총진지를 모두 격파하고 정상까지 무사히 진격했음을 3발의 신호탄으로 연대지휘소에 알렸다. 신호탄이 발사되자 대기하고 있던 제9중대와 제10중대가 돌격을 감행하여 04시 30분에 목표를 완전 점령하였다.

이 고지를 탈환하기 위해 30명의 특공대원 중 끝까지 살아남은 대원은 최득수 일등중사를 비롯한 5명뿐이었고 나머지 대원은 모두 전사하였다. 최득수 일등중사는 1954년 6월 25일 태극무공훈장을 수여받음과 동시에 이등상사로 1계급 특진을 하였다.

(5) 죽음으로 완수한 임무, 하늘에 핀 꽃 이원등 상사!

(내가 죽어서 네가 산다면 무엇이 두려우랴!)

'故 이원등 상사'는 1966년 2월 4일 고공침투 훈련 중 동료 전우를 구하고 본인은 하늘에 핀 한 송이 백장미가 되었다. 1공수여단 특정대 소속인 이원등 상사는 공수 기본 6기 과정과 미 포트리 군사학교 낙하산 정비과정을 수료하고 한국 최초의 스카이다이버로서 152회의 강하기록을 보유한 특전맨 이었다.

1966년 2월 4일, 한강변의 아침 바람은 영하 10도, 풍속은 10노트였다. 강하조장인 이원등 중사는 교육생 6명의 복장 및 장비를 일일이 점검하였다. 교육생 6명은 고공 기본과정 1기 교육생으로 한국 최초의 고공강하 교육생이라는 자부심이 대단했다. 이윽고 강하요원을 태운 C-46 수송기가 요란한 굉음과 함께 K-16비행장을 이륙하였고 3분 후 강하지역인 제1한강교 상공에 그 모습을 드러냈다. 기체문에 매달려 지상에 설치된 표지를 주시하고 있던 이중사는 힘차게 "뛰어"라는 구령을 내렸다. 고공강하 교육생들은 차례로 4,500피트(약 1,370m) 상공에서 허공으로 힘차게 몸을 날렸다. 그리고 이어서 마지막으로 이중사가 뛰어 내렸다.

강하하던 교육생을 살펴보던 중, 이중사의 시야에 교육생 마지막 강하자인 김병만 중사가 주 낙하산을 개방하지 못하고 자세마저 흐트러진 상태로 한강 얼음판을 향해 속수무책으로 떨어지는 모습이 들어 왔다. 이중사는 고도로 숙달된 스카이다이버만이 할 수 있는 사선이동으로 추락하는 김중사에게 가까스로 접근하여 김중사의 낙하산 개방 손잡이를 힘껏 잡아 당겼다. 순간 김중사의 낙하산이 바람을 받고 튕기듯이 활짝 펴졌다. 그러나 동료를 구하고 이탈하려는 순간 김중사의 주 낙하산이 산개되면서 그 낙하산 줄에 이중사의 팔이 걸려 부상을 입고 말았다. 미처 자세를 못 잡은 이중사는 급속히 낙하하면서 낙하산을 펼칠 시간을 확보하지 못한 채 한강 얼음판 위로 추락하였다. 1966년 2월 4일 오전 10:00, 피범벅이 된 이중사의 낙하산은 반쯤 개방된 채 한강 얼음판 위에서 주인을 잃고 싸늘히 바람에 펄럭였다.

(故 이원등 상사 동상)

(故 이원등 상사)

뜨거운 전우애와 숭고한 희생정신을 몸소 실천하여 죽어가는 전우를 살리고 '검은 베레' 용사답게 자신은 한 떨기의 백장미가 되어 하늘의 꽃으로 영원히 핀 것이다. 그의 숭고한 뜻을 기리고자 정부에서는 1계급 특진과 보국훈장 삼일장을 추서하였다. 또 육군은 1966년 6월 9일 한강 노들섬에 '故 이원등 상사'의 동상을 건립하였으며 1971년 문교부는 국민학교(현재의 초등학교) 바른 생활 교과서에 이원등 상사의 고귀한 희생을 실어 후대로 하여금 교훈으로 삼게 하였다. 전쟁기념관은 2011년 2월의 '호국의 인물'로 이원등 상사를 선정하여 그의 군인정신을 기렸다.

수많은 부사관들이 이 조국산하를 지키고자 피와 땀을 흘렸으며 고귀한 생명을 기꺼이 바쳐왔다. 그 중에는 그 어디에도 드러나지 않는 무명용사로 이 조국산하에 누워있다. 노방에 구르는 돌 하나! 산야에 피어있는 이름 모를 꽃 한 송이! 그들의 피와 땀의 결정체이며 희생의 결과물이다.

(6) 귀신잡는 청룡부대의 지덕칠 하사

(총탄 8발을 맞고도 전우를 구하다.!)

1940년 11월 3일 서울 종로에서 출생한 지덕칠 해병 하사는 1963년 1월 28일 해군신병 제102기로 입대, 1966년 9월 3일 파월, 청룡 제1대대 제2중대 제3소대 위생하사관으로 근무하면서 많은 전우를 살리고 자신은 장렬히 산화하였다. 1967년 2월 1일「강구전투」에서 소대가 베트공 포위망에 들어가 적과 교전 중 전방에서 부상당한 3명을 구출하기 위하여 뛰어 들어가 응급처치를 하다가 자신도 어깨와 다리에 관통상을 입었다. 그러나 자기의 부상을 돌보지 않고 부상병을 후송시킨 후 전우의 소총을 가지고 다가오는 적 2명을 사살하고 계속되는 전투에서 새로운 부상자 3명을 응급치료 하던 중 50m 전방에서 일렬횡대로 공격해오는 적 20여명을 발견하고 부상자의 총을 차례로 바꾸어 가면서 연속사격을 가하여 10여명을 사살하였다.

그리고 지덕칠 하사는 심한 출혈로 소대전투지역 후방에서 응급치료를 하던 중 소대후방에서 공격하는 적 3명을 사살하였으며 30여명으로 구성된 적이 다른 방향에서 공격해 오는 것을 가까이 접근하여 5명의 적을 다시 사살하였다. 자신이 8발의 총탄을 맞고 심한 중상자임에도 불구하고 전우를 구하려고 최후까지 견디며 소대를 구한 살신성인의 희생정신, 감투정신과 죽음으로 지킨 책임감 등은 군인의 귀감이 되었으며 1967년 4월 16일 1계급 특진과 함께 태극무공훈장을 추서하였다. 또한 후배들에게 귀감이 되도록 해군 작전사령부 광장에 동상을 세웠다. 그 비문에는 「그는 베트남 붉은 전선에, 자유와 정의를 심어놓고, 눈부신 의기와 사랑의 피로, 불멸의 이름을 새기고 가다.」라고 기록되어 있다.

(지덕칠 하사의 모습)

3.3. 전투현장에서 초급간부의 참전 증언

- **사례 1 : 원리원칙만 강조하는 소대장**

"새로 부임한 소대장은 원리원칙만을 강조하는 FM 장교였다. 예를 들자면 다른 소대장들은 그렇지 않았는데 우리 소대장은 아침 점호를 취하면서 조금이라도 늦게 집합하는 병사들은 기합을 주었다. 매사가 그런 식이었기 때문에 소대장에 대한 불만이 쌓여 갔고, 소대장에게서 정을 느끼지 못하였다.

어느 날 새벽에 베트콩이 진지를 기습해 왔다. 우리 소대는 방어 임무를 부여 받고 소대장 지휘 하에 방어 작전을 전개하였다. 이윽고 적이 후퇴하기 시작하였다. 소대장이 적을 추격하기 위해 "1분대 앞으로!"라는 명령을 내렸다. 그러나 분대원들은 움직이지 않고 사격만 계속했다. 할 수 없이 소대장은 2분대를 투입하기로 생각하고 "2분대 앞으로!"하고 명령을 내렸으나 역시 꼼짝하지 않았다. 결국 베트콩들의 집중사격으로 소대장은 그 자리에서 전사하였다.(베트남 참전자 증언)

- **사례 2: 평소 중대장과 중대원들의 사랑과 전우애**

피의 능선 전투는 정말 치열하였다. 대대장의 공격 명령을 받은 1중대와 3중대가 차례로 공격하였지만 모두 전멸하다시피 하였다. 대대장은 우리 중대로 하여금 고지 탈환 명령을 하달하였다. 명령을 받은 중대장은 중대원들을 집합시켜놓고 비장한 각오로 "여러분들에게 우리 대대와 중대의 명예가 달렸다. 죽음을 무릅쓰고 고지를 탈환하자!"라고 일장 훈사를 하였다. 나는 소대 선임하사로서 공격의 선봉을 맡았다. 적 벙커에 거의 도달했을 때는 나와 소대원 네 명밖에 남지 않았다. 할 수 없이 중대장에게 무전으로 "도저히 공격할 수 없습니다. 소대원도 다 죽고 네 명밖에 남지 않았습니다. 후퇴하겠습니다."라고 보고했다. 그러나 고지중턱에 있던 중대장이 무전으로 "선임하사! 당신만 믿소! 당신만 믿소!"라고 응답했다.

우리 중대장은 평소에 중대원들을 정말로 사랑했다. 형제처럼 중대원을 대해 주었고, 정말 사랑과 정으로 중대를 지휘하였기 때문에 중대원들이 매우 좋아하였다. 이러한 생각이 떠오르자 후퇴해야겠다는 생각이 사라지고 중대장을 실망시켜서는 안 되겠다는 생각이 들었다. 용기를 내어 남은 네 명의 소대원들에게 "엄호사격을 하라"하고 지시하고 적 벙커를 향해 돌격하였다. 벙커에 들어가 보니 벙커에서 후퇴하지 못하도록 발목에 쇠고랑을 채워 놓고 있었다.(6·25전쟁 참전자 증언)

- **사례 3: 중대장의 끈끈한 믿음과 배려**

중대장이 항상 부하들의 정신상태, 또는 심리적인 갈등을 점지하고 해결해 주기 위해 노력하고, 끈끈한 인간적인 관계가 맺어졌기 때문에 함께 살고, 함께 울고, 함께 기뻐하는 충성심이 생기게 되었다. 가족문제로 상담할 때 진정으로 안타까워하고 걱정하는 그의 모습은 모든 전우들에게 영향을 주었다. 전사한 전우의 유품을 일일이 정리하면서 눈물을 흘릴 때 모든 동료들이 중대장을 존경하지 않을 수가 없었다.(베트남전 참전자 증언)

• **사례 4: 실제 전투상황에서 무리하게 지휘하는 소대장**

"6·25전쟁 시 우리 부대는 최초로 영덕, 양양, 38선을 넘어 함흥, 갑산, 삼수, 청진까지 진격하였다. 원산에 입성할 때까지 당시 소대장 안 중위는 우리 중대가 예비대가 되어, 조금 정신적 여유가 있을 때는 "중대장님, 우리 소대를 제일 위험한 지역에 배치해 주십시요"라고 용감한 척 하였다. 그러나 막상 격심한 전투가 벌어지면 무당 굿할 때 대나무 떠는 것처럼 두 다리를 오들오들 떨면서 바지에 오줌을 쌌다. 이것을 보고 전투 중에 사병들의 사기 양양은 고사하고, 사병들로부터 웃음거리가 되었다.(6·25전쟁 참전자 증언)

• **사례 5: 위기상황에서 자신감을 잃어버린 소대장**

"밤 12시가 좀 넘은 시간에 우리 소대장이 전갈에 손을 물렸다. 우리는 소대장에게 별일 없을 것이라고 말했다. 그런데 뜻밖에 소대장이 갑자기 소리를 내면서 엉엉 울기 시작했다. 소대장은 전갈의 독 때문에 자신이 죽을 거라고 생각한 것 같다. 그런데 다음 날 복귀할 때까지 소대장은 큰 문제가 없었다. 소대장은 목숨은 건졌지만 더 큰 것을 잃었다. 매복 작전 중에 소대원들 앞에서 우는 소대장을 보고 소대원들은 크게 실망했고, 그 다음 날부터 소대장에 대한 소대원의 신뢰는 추락하였다. 위험한 상황에 처했을 때 장교라면 그 상황을 대담하게 극복할 용기가 필요하다.(베트남전 참전자 증언)

• **사례 6: 소대장의 진두지휘로 전투승리**

우리 소대장은 항상 첨병 분대 다음 분대에 위치해서 교전 시는 전방 부대까지 나섰다. 첨병 분대가 교전 시에는 소대장이 직접 분대원과 같이 교전했다. 그렇게 하니까 공포심도 없어지고 아버지와 같이 전투한다는 기분이므로 용기가 백배해졌다.(베트남전 참전자 증언)

• **사례 7: 위험상황에서 전장리더십을 발휘하지 못한 소대장**

포탄이 떨어지면서 북한군들이 새까맣게 밀려오고 있었습니다. 저희도 적군을 향해 응사하며 진지를 사수하고자 했습니다. 그런데 당시 소위였던 소대장이 진지 구석에서 몸을 웅크리고 엎드려서 총탄을 피하고 떨고 있었습니다. 부대원 모두는 그 모습을 보고 치밀어 오르는 화를 삭일 수 없었습니다. 전투가 소강상태가 되자 한 분대장이 일어나더니 진지 구석에 숨어 있는 소대장에게 다가가 너 같은 놈은 필요 없어! 라며 총을 쏴 버렸습니다. 분명 부하가 소대장을 쏘아 죽인 것은 잘못된 것이었지만, 그 자리에서 어느 누구도 그를 나무라는 사람이 없었습니다. 당시의 소대장은 우리에게 오히려 짐만 될 뿐이었으니까요.(6·25전쟁 참전자 증언)

• **사례 8: 전투현장에서 소대장의 역할**

소대장이 총에 맞아 움직일 수 없었다. 소대장이 위독해지니 소대가 어찌할 바를 몰랐다. 비록 부소대장과 분대장이 병력을 이끌고 작전을 끝냈지만, 소대장이 다치고 보니 소대장의 역할이 얼마나 중요한지를 알게 되었다.(베트남전 참전자 증언)

• **사례 9: 강인한 훈련으로 믿음과 신뢰를 얻은 소대장**

당시 소대장은 호랑이같이 무서웠던 사람이었다. 처음 부임해서는 전 소대원을 그 더운 여름날에 판초우의를 입혀서 포복을 시킬 만큼 무서운 사람이었다. 이처럼 훈련할 때는 비록 호랑이처럼 무서웠지만 휴식을 취할 때에는 소대원들과 거리감 없이 지냈다. 그리고 체력이 매우 강해서 소대원들보다 더 많이 움직이고, 항상 소대원들을 확인하고서야 잠자리에 들곤 했다. 그래서인지 소대원들은 소대장을 무서워하면서도 소대장에 대한 믿음과 신뢰를 가지고 있었다. 소대원과 일심동체로 움직였던 덕분인지 소대장은 많은 작전에서 성공적으로 임무를 수행하였고, 많은 전과를 올려 미국 은성무공훈장을 받았다.(베트남전 참전자 증언)

제3부

제3부는 〈리더십 개발〉로써 2개의 장으로 구성하였으며 리더십의 개발의 개념과 방법 등을 다룬다.

13장은 자신의 리더십 목표와 리더상을 정립하는 방안을 제시하였다.
14장은 군 리더로서 갖추어야할 자질과 역량의 개발방안을 탐구하며 생활의 개선방안을 구상하도록 하였다.

리더십 개발

제13장

리더십 개발에 대한 이해

1. 리더십의 원천과 개발가능성

1.1. 리더십의 원천

선천적으로 리더십을 잘 발휘하는 사람이 있는 반면에 체계적인 교육훈련을 받고도 리더십을 제대로 발휘하지 못하는 사람이 있다. 리더십 능력이 생기는 원천은 개인차가 크고 변수가 많다. 리더십의 원천에 대해서 다섯 가지로 정리해본다.

- **첫째, 선천적 자질** 리더기질이나 본능이 뛰어난 사람은 리더십 교육훈련을 받지 않았음에도 리더십을 강하게 발휘한다. 리더의 유전자 형질을 가진 사람이 있는 반면 가지지 못한 사람도 있는 것이다.[160] 성격이나 기질 등은 선천성이 큰 것이다. '될 성 싶은 나무는 떡잎부터 다르다'는 이러한 견해를 상징적으로 보여주는 속담이다.

  어린 시절 골목대장처럼 무리의 우두머리가 되는 것을 좋아하는 사람도 있고 반면에 남을 따르는 것을 편안하게 받아들이는 사람도 있다. 리더에게는 성취욕구, 지배욕구, 집념, 모험심, 배짱(담력), 용기 등이 필요한데 이러한

160) Nicolson(2001), Executive Instincts, 조헌주 옮김, 「경영자 본능」, 명진출판.

기질은 선천적으로 타고나는 면이 많은 것이다.

- **둘째, 문화적 환경의 영향** 코이라는 잉어는 작은 수족관에 넣어두면 3인치까지 밖에 자라지 않지만, 연못에 넣어두면 약 10인치까지 자라고 커다란 강에서는 48인치까지 자란다고 한다. 사람도 놓여있는 환경에 따라 성장의 결과가 달라지는 것이다.
  모험을 즐기는 문화에서 성장한 사람은 안정을 추구하는 문화에서 성장한 사람보다 도전적 리더십을 행사할 가능성이 크다. 자율적 판단을 존중하는 성장환경은 통제적 환경에서보다 민주적 리더십이 배양될 가능성이 크다. 자기의견을 밝히는 것을 억제하도록 하는 가정에서 자란 사람은 의견을 자유롭게 표현하는 것이 허용된 가정에서 자란 사람보다 자기통제를 많이 할 가능성이 크다. 리더십 자질과 역량요소들이 성장환경의 영향을 받으며 형성되는 것이다.

- **셋째, 교육훈련의 효과** 리더십의 후천적 개발을 강조하는 대표적인 주장이다. 리더십이란 학습과 훈련을 통해서 키워낼 수 있는 능력이기 때문이다. 리더십 행동이론들과 각종 리더십훈련 프로그램과 같은 개발론의 매력은 누구나 일정한 훈련을 통해서 효과적인 리더십을 갖출 수 있다는 것이다. 대학의 리더십 강좌와 교육프로그램, 군의 리더십 교육훈련, 청소년 리더십 과정, 카네기 및 7H리더십 코스 등의 리더십 프로그램, 각계 기업이나 정부기관 등 다양한 리더십 교육훈련과정이 리더십개발을 위해 운용되고 있다.

- **넷째, 리더역할의 경험** 공식적이든 비공식적이든 리더지위나 역할의 경험이 리더십 배양의 원천이 된다. 부대의 공식적인 관리자 지위는 물론 각종 과제의 책임자, 대학생으로서 학생회나 동아리의 간부, 프로젝트나 태스크 포스의 책임자 역할 등을 포함하여 동료들과의 여행팀이나 가족모임의 책임자 역할까지도 수고스러운 일들이라 하더라도 리더십을 경험할 수 있는 기회들이다.

사회에서 군대의 사병경력보다 간부경력을 관리자 요건으로 더욱 우대하는 것도 이러한 이유이다. 그러므로 리더십을 개발하고자 하는 사람들은 리더 역할의 기회가 있을 때 적극적으로 활용하는 것이 좋다. 경험은 훌륭한 스승인 것이다.

- **다섯째, 자기개발을 통한 함양** 육체와 정신을 단련하고 스피치 능력을 키우는 등 리더로서의 면모를 스스로 만들어가는 것도 리더십능력의 중요한 원천이다. 특히 스스로 리더십개발 계획서를 작성하여 자신의 리더십 자질과 역량요소들을 점검해보고 어떻게 개발해 나갈 것인지를 구상해보자.

다섯 가지의 리더십 주요원천을 간략히 살펴보았지만 리더십은 어느 한두 가지 요소로만 형성되는 것이 아니라 모든 원천들이 종합적으로 작용하여 형성되는 것이다. 물론 일부 원천의 영향이 클 수는 있을 것이다. 특히 성인이 된 후에는 교육훈련과 리더역할 경험 및 자기개발의 중요성이 더욱 커진다는 점에 유의하여 적극적이고 능동적으로 리더십을 함양하는 노력이 필요하다.

1.2. 리더십 개발가능성에 대한 견해

리더로서의 자질과 역량은 선천적으로 타고나는 부분도 있고 후천적으로 개발되는 부분도 있다. 리더는 타고나는 면이 강하다고 보는 선천적 자질 중시의 탄생론의 입장과 후천적으로 길러지는 면이 더욱 중요하다는 개발론의 입장이 있지만, 사실상 어떤 사람이든 그 사람의 리더십은 선천적 자질의 바탕위에 후천적 개발을 합한 것이다. 다만 후천적으로 어느 정도 개발이 가능한가 하는 것이 관심사이다.[161]

161) '리더십 개발'과 유사한 용어들이 많다. '리더 개발', '리더 육성', '리더 양성', '리더십 함양' 등인데 본질은 같다. 의미들을 통칭하여 '리더십 개발'로 사용하기로 한다.

(1) 탄생론의 견해

리더십능력의 주요원천은 선천적 자질과 성장환경이라고 본다. 리더란 떠오르는 것이지 임명되는 것이 아니라는 입장이다. 개발론을 옹호하는 이유는 관리자와 리더에 대한 구분의 착각에서 온다. 현대사회에서 장교, 관료, 간부 등 많은 관리자들이 일정한 선발 및 교육과정을 통해 임명된다. 그들은 관리직위에 임명된 후 직책에 따른 권한 등으로 조직이나 부서를 관리하지만 진정한 리더십을 발휘한다고 볼 수는 없다는 것이다.

탄생론의 입장에서는 개발론에 대해 비판적인 입장이다. 즉, 과연 리더십이 가르친다고 배울 수 있는 것인가에 대해 의문을 제기하는 것이다. 리더십을 학습하면 이해를 잘 할 수는 있겠지만 멋진 리더십을 발휘할 것이라고 보기는 어렵다. 훈련을 통해서 리더를 육성할 수 있는 최대 효과를 약 20% 정도로 보기도 하며, 콩거(Conger)는 공식적인 훈련 프로그램을 통해서 리더가 된 사람은 거의 없다고 주장하기도 한다.[162]

특히 계획능력이나 커뮤니케이션 기술 및 의사결정 등의 관리적 기술은 교육훈련으로 개발이 비교적 용이한 요소이지만, 리더로서의 중요한 특성들인 포용력, 담력, 지배성, 모험심 등의 기질적 요소들은 교육훈련으로 쉽게 길러지기 어렵다고 본다.

리더십은 지위나 직책과 같은 형식적·외면적 부분을 넘어서 리더십의 피가 약동하는 열정과 동맥을 느껴야 제대로 알 수 있는 것이며, 교육훈련 등을 통해 평소 외면적으로 리더의 모습을 갖추었다고 하더라도 진정한 리더십을 발휘해야 하는 위급한 상황에서는 내면의 모습의 발현된다고 본다.[163] 따라서 리더십은 리더본능과 같은 기질이나 성장환경으로부터의 체득에서 주로 형성되는 것이라고 보는 것이다.

---

162) 백기복(2005), 리더십 리뷰, 24-26쪽.
163) A. F. Smith & S. M. Bornstein, 「The Taboos of Leadership」, 강수정 역(2008), 리더십의 비밀, 64쪽.

(2) 개발론의 견해

리더십은 교육훈련과 리더역할 경험 및 자기개발 등을 통해 후천적으로 충분히 개발할 수 있다고 보는 견해이다. 선천적 자질이 우수하다고 하더라도 현대사회에서 교육훈련의 도움 없이 조직이나 사회에서 리더역할을 올바르고 효과적으로 수행하기는 어렵다고 본다.

리더십은 맡은 바 직책에서 관리적 능력과 융합되어 시너지효과로 발휘되는 것인데 체계적인 교육훈련을 통한 관리적 안목과 리더십 개발은 이러한 시너지 효과를 촉진시키기 때문이다. 특히 리더십의 이해와 안목, 커뮤니케이션 능력, 분석력, 배려행동, 동기부여 등의 요소는 개발효과가 큰 요소들이다.

또한 포용력이나 담력 및 성취욕구 등 많은 리더십 기질들도 모든 사람에게 씨앗이 있는 것이므로 강한 훈련과정을 통해서 배양되고 성장하는 요소들이다. 군의 경우 많은 간부들이 입대할 때 지니고 있는 리더십 자질들이 양성과정교육훈련과 부대경험 등을 거치면서 매우 강하게 배양되어 다양한 상황 등에서도 효과적으로 부대를 지휘하고 부하를 통솔하고 있음을 볼 수 있다.

오늘날 지식정보사회는 지식과 기술적 전문성이 중요하므로 군의 리더십도 전문성을 바탕으로 하였을 때 더욱 효과적으로 발휘된다. 비록 리더십의 기질이 강하다고 하더라고 전문적인 용어나 지식 및 관리시스템의 이해와 운영능력이 부족하면 임무를 제대로 수행하기 어렵고, 따라서 부하들의 신뢰는 떨어져서 리더십 자체가 효과적으로 발휘되기 어렵게 되는 것이다. 따라서 리더십은 선천적인 면보다 개발되는 면이 더욱 강하다고 보는 것이다.

(3) 통합적인 견해

탄생론과 육성론의 어느 한 쪽에만 동의할 수는 없다. 리더십 능력은 선천적 자질, 경력개발 및 교육훈련을 통한 개발, 그리고 스스로의 학습과 경험을 통해 개발한 부분들의 총합으로 이루어지는 것이기 때문이다.

다만 군에서 유념할 점들을 몇 가지 살펴 본다.

① 장교나 부사관 등 간부를 선발할 때 가능한 선천적으로 리더로서의 자질이 강한 대상자를 선발하는 것이 좋다. 예를 들면 폐쇄적인 사람보다 개방적인 사람, 언변력 등 의사표현력이 서툰 사람보다 좋은 사람, 성격이 외골수적인 사람보다 포용적인 사람, 이기적인 사람보다 이타적인 사람, 겁이 많은 사람보다 배짱이 좋은 사람 등이다. 좋은 자질을 갖춘 사람들을 교육훈련을 통해 유능한 리더로 만들어가기가 훨씬 좋기 때문이다. 또한 보직을 줄 때에도 참고할 수 있을 것이다.

② 군의 교육훈련과정에서 가능한 개인별 맞춤식 교육훈련을 하도록 노력해야 한다. 간부에 대한 교육훈련이란 개인별로 강한 장점은 더욱 강하게 만들고 중요한 단점은 보완하는 것인데, 개인별 강약점이 다르므로 맞춤식 시스템을 운용하도록 노력해야 한다. 초급간부들도 부하들을 교육할 때 유념할 문제이다.

③ 부하들에게 임무를 부여할 때 부하가 가진 특성을 판단하여 적재적소에 활용하는 것이다. 과업특성에 따라 과감한 결단이나 용기가 중요한 임무가 있고, 차분하고 체계적으로 이끌어야 할 임무도 있다. 부하의 특성을 고려하여 임무를 부여해야 능력을 발휘하기도 쉽고 성과도 좋아질 수 있다.

2. 리더십 개발과정

리더십 개발의 과정은 어떻게 진행되는 것이 바람직한가? 조직의 리더십 개발 프로그램이나 자기개발에서 응용이 가능한 프로세스는 필요성의 자각, 미래의 기대, 실행, 조직 전체기능과의 조화, 평가의 단계로 구성할 수 있다.164) 개인적인 리더십개발도 유사한 과정을 거친다.

---

164) 박기성, "리더, 어떻게 육성할 것인가?"(2001. 4. 4), LG경제연구원, 「주간경제」 617호 참고.

① 리더십 개발 필요성의 인식(Awareness)

리더십개발의 필요성은 내부요인과 외부요인에 의해 제기된다. 내부요인으로는 스스로의 문제점 인식, 구성원의 만족도 제고 필요, 성과의 문제점 발견, 조직분위기 개선의 필요성, 새로운 비전의 필요성 등이다.

외부 요인으로는 경쟁환경의 변화, 고객의 요구, 새로운 경영기법, 경영여건의 변화 등이다.

② 리더십 개발요소에 대한 판단(Anticipation)

리더십개발 프로그램은 미래에 소요되는 역량을 중심으로 구성한다. 즉, 미래 환경변화에 대응할 수 있는 리더십 역량요소를 선정하여 그러한 요소를 개발하는데 주력하는 것이다.

우리 군 간부의 경우에는 장차 군과 부대의 상황을 예측하였을 때 미래의 전장환경과 임무 등을 고려하여 리더십 요소를 판단해야 할 것이다.

③ 리더십 개발의 실행(Action)

실행은 리더십개발 프로세스의 핵심 단계이다. 리더로 하여금 행동경험의 학습을 통해 리더십 역량을 습득하도록 하는 것이다. 리더십의 개발은 조직차원에서 실행하는 부분이 있고 개인적으로 개발하는 부분이 있을 수 있다. 군의 간부들은 부대에서의 교육훈련과 더불어 자신이 스스로 리더십을 개발하는 실행방법을 학습하고 실천해야 한다.

④ 리더십 역량과 조직전체 기능과의 조화(Alignment)

리더십개발은 담당부서에서 수행하면 끝나는 문제가 아니다. 조직 내의 타 기능과 조화될 수 있어야 하고 역량의 개발과 평가 및 승계계획 등이 연계되어야 한다. 리더십개발에 관한 정보가 필요한 부서에 공유되도록 유지하면서 훌륭한 자질을 갖춘 인재를 추적하고 관리한다.

⑤ 리더십 개발 효과성 평가(Assessment)

리더십육성 프로그램을 적용한 후에는 효과를 평가하여야 한다. 리더십개발은 일회성이 아닌 지속적인 학습과정이므로 효과를 모니터링하고 보완하여 선순환의 사이클이 형성되도록 하는 것이다.

3. 리더십개발의 방법

인재를 키우는 것이 조직을 키우는 길이다. 미국기업을 대상으로 한 조사에 의하면, 시설투자를 10% 늘리면 3.6%의 생산성 향상을, 교육훈련 투자를 10% 늘리면 8.4%의 생산성 향상을 가져온다고 한다. 교육훈련에 투입되는 재원은 비용이 아니라 투자라는 사실을 보여주는 것이다.165)

리더십개발은 조직차원에서 시행하는 방법과 개인이 스스로 하는 방법으로 나눌 수 있고 혼용할 수 있지만, 본서에서는 군 초급간부들이 개인적으로 개발하는 방법을 중심으로 소개한다.166)

(1) 자기특성 진단을 통한 자기이해

리더십은 자신의 개성과 능력을 발휘하는 것이다. 그러므로 자신의 특성을 스스로 잘 알아야 한다. 자신의 특성을 진단할 부분들은 성격, 욕구, 장점과 단점, 리더십 자신감, 리더로서의 자질과 역량수준 등이다. 이는 자신의 리더십에 대한 자각을 주며 리더십개발을 위한 사전준비이다.

자신을 이해한 후에는 바람직한 리더가 되기 위하여 어떻게 보완할 것인가에 대해 개선점을 찾아가는 방식이다. 자기특성을 알 수 있는 방법은 자기내면과 경험 등의 성찰, 타인으로부터의 조언, 측정설문 등의 활용 등이다. 군에서는 리더십진단시스템을 운영 중에 있으며 본서에 자신의 특성을 진단하는 간단한 설문지들이 제시되어 있으므로 참고가 될 것이다.

(2) 리더십 지식의 습득

'아는 것이 힘이 된다.' 올바른 실천을 위해서는 올바로 아는 것이 선결되어야 한다. 리더십의 개념과 속성, 리더십 이론들, 리더의 자질과 역량에 대한

---

165) 한국경제신문, 2005. 11. 12. A11면.

166) 참고; ①송영수(2004), 기업 리더십 개발 전략과 방향, ②서성교(2003), 하버드 리더십 노트, 143-151쪽, ③Collins. J.(이무열 역, 2002), 좋은 기업을 넘어 위대한 기업으로, 39-71쪽 등.

개념, 훌륭한 리더들의 사례 등의 학습을 통해 지신의 리더십잠재력을 활성화 시켜 나간다.

지식을 습득하는 방법들은 독서, 대학에서의 리더십강좌의 수강, 명사들의 강의 및 TV등에서의 강의 청취, 리더십 전문잡지 또는 신문 등의 구독, 인터넷 자료 탐색, 영화 및 다큐멘타리 자료 등이다.

배움에 성실했던 중대장 1989년 00사단 000연대 0중대에 신임 중대장이 부임했다. 김** 대위였다. 나는 중대 통신병이라 가까이 있었다. 나는 명문대를 다니다가 입대했고 군인에 대한 인식이 좋지 않을 때였다.

그러나 그는 달랐다. 규칙에만 얽매이는 사람이 아니라 규칙과 현실을 맞출 줄 아는 현명한 지휘관이었다. 하루는 작전지역 진지보수를 나갈 때 다른 중대의 병사들은 모두 야전삽을 차고 나갔다. 훈련이든 작업이든 무게가 나가는 장비를 휴대하는 것을 병사들은 싫어했는데, 중대장은 복귀하는 2대대에 연락하여 진지 현장에서 야전삽을 받는 것으로 협조했다. 우리는 야전삽 없이 가고 올 때에 2대대의 삽을 가지고 왔다. 우리는 배려해 준 중대장에게 고마워했다.

그는 전문대학과정을 졸업한 장교였는데, 늘 "김 일병, 너는 명문대를 다녀서 앞길이 밝지만 나는 여기(군대)가 내 무덤이야!"하며 늘 공부했다. 시간이 나면 교범을 읽으며 아는 것이 전투력이고 배워야 한다고 했었다. 야외훈련을 나가서도 틈나는 대로 책을 읽었다. 동대문 중고책방 거리에 가면 책을 저렴하게 살 수 있다는 것도 그 때 알았다. 그는 월급을 받으면 휴일에 동대문에 가서 책을 열댓 권씩 사와서 한 달 내내 읽었다. 그의 독서열에 나는 학벌이 창피함을 느꼈다.

나는 날이 차서 전역을 했다. 그리고 집에 온 다음 날 아침 늘 새벽 5시에 기상하다가 7시가 넘어 일어나니 실감이 나지 않았다. 제대한 첫날 그 아침에 중대장님의 전화가 왔는데, 경어를 쓰시며 '김00 씨 댁이죠? 계신가요?' 나는 순간 '충용! 병장 김00!' 했다. 그는 사회에서도 군에 있을 때처럼 열심히 하라고 하면서 성공하는 사람이 되라고 격려하였다. 나는 정말 훌륭한 사람 밑에서 인생을 배웠다는 생각이 들었다. 나는 대학원까지 마치고 취직을 하여 살면서 생각해 봐도 그분만큼 자기 일에 열심이면서 배움에 성실했던 사람을 별로 보지 못했다. 나에게 있어서 그는 훌륭한 군인이었고 좋은 가르침을 주신 분이었다.

-어느 전역병사의 글에서-

(3) 리더역할 및 교육자 수행기회 적극 활용

가장 바람직하고 적극적으로 활용할 수 있는 방법이다. 영국속담에 '잔잔한 바다에서는 훌륭한 뱃사공이 만들어지지 않는다.'고 하였다. 가령 관리직위의 경험, TF 등 과제의 책임자, 학생회나 동아리 간부 등 다양한 리더역할의 경험은 매우 좋은 스승이 된다. 기회가 있으면 적극적으로 맡는 것이 좋다.

특히 교육자 역할은 리더십개발에 매우 유용하다. 학습효과를 보았을 때, 단순히 듣는 학습(Listening)보다 시범이나 시청각자료 등을 보면서 하는 학습(Seeing)이 효과적이고, 보면서 하는 학습보다 직접 해보면서 하는 학습(Doing)이 효과적이며, 해보는 학습보다 가르치는 역할을 하면서 배우는 학습(Teaching)이 더욱 효과적이다.[167)]

이는 '가르치는 사람과 배우는 사람이 함께 성장한다. 또는 가르침과 배움이 함께 발전한다.'라는 교학상장(敎學相長)[168)]의 의미와 같다. 어떤 일이든 남을 가르쳐보면 자신이 알고 모르는 부분이 선명해지고 자신이 더욱 발전하는 계기가 되는 것이다. 남으로부터 배우려하지 않고 가르치기만 하려는 태도는 좋지 않지만, 가르치는 역할이나 경험을 통해서 자신의 발전을 이루려는 노력은 바람직한 것이다.

리더 및 교육자 역할경험으로부터 개발할 수 있는 요소들은 판단력, 커뮤니케이션능력, 결단력, 계획능력, 추진력, 협동력, 솔선수범, 친화력, 동기부여능력 등 리더십과 관련한 전반적인 요소들이다.

(4) 성공리더 사례탐구와 벤치마킹

성공한 리더들의 특성이나 삶의 과정을 분석하고 교훈을 탐색하여 좋은 점을 본받도록 하는 방법이다. 우둔한 사람은 자신의 경험에서도 교훈을 얻지 못하고 지혜로운 사람은 다른 사람의 경험에서 배운다. 본받을 수 있는 리더

167) 백문이불여일견, 백견이불여일행, 백행이불여일교(百聞而不如一見, 百見而不如一行, 百行而不如一教)라고 할 수 있다.
168) 중국 5경(五經)의 하나인 예기(禮記)의 학기(學記) 편에 나오는 성어이다.

들은 역사적인 위인들을 비롯하여 군에서 우수한 부대지휘능력을 발휘하고 존경받는 리더 등 다양하게 찾을 수 있다.

그들은 어떤 환경에서 어떤 목표를 세웠는가? 목표를 이루기 위해 어떤 노력을 하였는가? 장점을 어떻게 키우고 발휘하였는가? 구성원들에게 어떻게 희망을 불어넣고 능력을 발휘하게 하였는가? 어떻게 신뢰와 존경을 받았는가? 난관에 부닥쳤을 때 어떻게 극복하였는가? 이런 질문들에 대해 자기의 답을 찾는 것이 벤치마킹이며 사례분석이다.

도움이 되는 자료들은 리더들의 자서전, 리더들을 분석한 서적들, 리더십의 의미가 담긴 영화 또는 드라마, 리더들의 다큐멘타리 영상자료, 역사를 다룬 자료 등이다.

맥아더 장군의 리더십 자기점검표 미국의 명장인 맥아더 장군은 초급장교시절부터 자신의 리더십을 점검하는 체크리스트를 활용했다고 한다. 참고해 보자.

번호	내용
1	부하들을 부당하게 비방하지는 않는가? 격려하고 기운을 돋우어 주는가?
2	부적격자임을 자인한 부하를 제대시킬 때에도 정신적인 용기를 주었는가?
3	약하거나 잘못을 저지른 인간을 계도하기 위해 힘을 쏟고 격려하였는가?
4	나는 부하들의 이름과 성격 및 마음속까지 제대로 많이 알고 있는가?
5	나는 일을 제대로 수행하기 위한 기능·목적·관리방법 등을 숙지하고 있는가?
6	나는 남에게 부당하게 화내는 일은 없는가?
7	나는 부하가 나를 기꺼이 따르고 싶게 행동하고 있는가?
8	나는 내가 해야 할 일을 남에게 맡기고 있지는 않는가?
9	나는 남의 일들도 나의 일로 만들고, 남에게는 맡기지 못하는 것은 아닌가?
10	부하에게 실행가능한 책임을 맡김으로써 그들의 자율·자립을 돕고 있는가?
11	나는 부하의 개인적인 행복에 대하여 그의 가족처럼 관심을 갖고 있는가?
12	나는 부하들이 자신감을 갖게끔 언행으로 행동하고 있는가?
13	나는 인격, 몸가짐, 예의 등에 있어 늘 부하의 모범이 되고 있는가?
14	나는 상관에게는 상냥하고 부하에게는 심술궂은 태도를 취하지는 않는가?
15	나는 사람들이 보는 앞에서 부하를 야단치지는 않는가?
16	나는 '일'보다도 '지위'를 우선적으로 생각하고 있지는 않는가?

(5) 연습과 훈련

리더십 지식을 습득하고 성공한 리더들의 사례를 연구하여 벤치마킹하더라도 역량을 갖추기 위해서는 연습과 훈련이 필수적이다. '아는 것'은 연습과 훈련을 통해 '할 수 있는 것'이 된다. 체력단련, 어학능력 개발, 스피치 연습, 자신감 있는 행동, 카리스마 등 리더의 많은 면모들은 연습과 훈련 등을 통해 길러질 수 있다.

리더의 언어; 가치를 떨어뜨리는 7가지 언어습관

① 상습적으로 고민거리를 말한다. 일을 하다보면 크고 작은 난관에 부딪치게 마련이지만 섣불리 입 밖으로 내지 말라. 잦은 푸념은 당신의 무능력을 광고하고 다니는 격이다.

② 모르는 것은 일단 묻고 본다. 모르는 것은 죄가 아니다. 모르면서 아는 체 하면 더 큰 실수를 부를 수 있다. 그러나 해결방안을 생각도 하지 않고 일단 묻고 보자는 태도는 문제가 있다. 질문의 절제 역시 당신의 능력을 인정받는 전략이 될 수 있다.

③ 이유를 밝히지 않고 맞장구를 친다. 분명한 이유 없이 남의 의견에 쉽게 동조하지 말라. 당신의 가치가 떨어진다. 일이 잘 되면 좋지만 일이 안 풀리면 원망의 대상에 당신이 포함될 수 있다.

④ 네! 라는 답을 듣고도 설득하려 든다. 동조와 허락을 받아낸 것에 대해서는 더 이상 설득하려 들지 마라. 동조를 확인하는 것은 소심하다는 인상을 남길 뿐이다.

⑤ "죄송합니다." 라는 말을 남용한다. 죄송하다는 말은 자신의 잘못을 인정하는 말이다. 정말 당신의 잘못이 있다면 사유와 대안도 설명하라. 습관적인 죄송은 상대방에 대한 배려가 아니라 무관심을 보여주는 것이다

⑥ 스스로 함정에 빠지게 하는 말. 제가 해볼게요. 당신은 조직의 모든 일을 처리하기 위해 있는 것이 아니며 조직도 그런 기대를 하지 않는다. 당신의 업무 외의 일까지 나선다면 사람들은 그걸 당연시하게 된다. 당신의 일에 역량을 집중하고 당신의 영역이 아니면서 역량이 되지 않거나 상관없는 일에는 나서지 말라.

⑦ 부정적 의견을 되묻는다. 조직에서는 업무상 의견차가 있을 수 있다. 당신이 확신이 선 일을 추진할 때 태클세력들에게 왜요? 뭐가 잘못됐죠? 라고 되묻지 말라. 쓸데없는 감정 노출로 경계심을 살 필요가 없다. 결과로만 말하면 될 일이다.

- 백지연(2005), 〈자기 설득 파워〉 중에서 -

(6) 견문과 체험의 확대

견문을 넓히는 것은 책이나 강의를 통해 지식을 쌓는 것보다 생생하다. 여행은 가장 대표적인 견문을 넓히는 방법이다. 어떤 전략연구가는 실제 전투가 벌어졌던 현장을 방문하여 실제지형을 보면서 책에 담긴 지식을 견주어가며 전투지휘방법을 연구하였다.

다양한 박물관과 기념관 등의 견문은 지식과 상식 및 교양을 넓게 하여 부하들과의 교감과 지도의 폭을 넓힐 수 있다. 군사관련 박물관과 유적지 등의 견문은 군인으로서의 전문적 식견과 통찰을 성장하게 할 것이다.

팀을 이룬 산악트레킹이나 해양훈련 및 혹한기 등의 고난체험도 체력단련은 물론 팀 구성원간의 인간관계와 감수성훈련 및 감정조절 등에 도움이 된다.

(7) 멘토로부터의 코치

우둔한 사람은 남을 가르치려 하고 지혜로운 사람은 남으로부터 배우려고 한다. 자신을 관찰해주고 조언을 해 줄 수 있는 사람, 즉 멘토를 두는 것은 매우 지혜로운 일이다. 멘토는 스승이나 상관, 어른이나 선배, 신앙활동의 성직자, 좋은 친구 등 누구도 될 수 있으며 여러 명일 수도 있다.

자신의 삶의 방식, 언행, 성격, 의사소통, 인간관계 등에 대해 상담을 하며 조언을 듣는 것은 성장을 위해 유용한 도움을 줄 뿐만 아니라 용기와 자신감을 준다. 특히 젊은 시절에 삶에 도움이 되는 인사들과의 교류경험은 사회적 네트워크를 만들 수 있는 기회도 된다.

대화하고 싶은 인사들에게 방문, 메일, 편지 등을 통해 만남의 기회를 만든다. 여러 명이 팀을 이루어 활동하는 것도 바람직하다. 막연하게 만나는 것은 바람직하지 않으며 그분들의 경험과 성공과정 등 미리 대화에 필요한 자료와 내용들을 준비하는 것이 좋다. 이러한 대화와 교류는 용기, 자신감, 지식, 커뮤니케이션 능력, 사회적 예절 등을 키우는데 도움이 된다.

(8) 생활의 재설계

자신의 생활을 점검하고 재설계하여 자기개발여건을 개선하는 일이다. 우선 생활의 현 상태를 점검하는데 진단표를 활용할 수 있다. 진단 후에는 유능한 리더로 성장하기 위한 개선점을 찾아 생활을 재설계한다. 블루오션 전략의 ERRC모형 등을 이용하면 자기개발 중심의 생활개선에 유용한 방법이 된다.

이상에서 살펴본 개인수준의 리더개발 방법들을 요약하면 표 13.1과 같다.

표 13.1 개인적으로 할 수 있는 리더십 개발방법(요약)

리더십 개발방법	개념
자기특성 이해	자신의 리더십관련 특성을 진단하여 이해하고 개선점을 찾는 방식
리더십 지식습득	리더십 이론, 리더의 자질과 역량에 대한 개념, 리더십 사례 등에 대한 학습을 통해 리더십 지식을 습득
리더 및 교육자 역할 경험	조직 내외의 활동에서 리더역할 및 교육자 임무를 맡아 체험하면서 리더로서의 자질과 역량을 배양
성공리더 사례 학습과 본받기	성공한 리더들의 특성이나 삶의 과정에서 교훈을 찾아내어 본받도록 하는 방법
연습과 훈련	리더로서 갖춰야 하는 기술이나 역량들을 선정하고 그것을 연습과 훈련을 통해 배양함.
견문과 체험의 확대	다양한 견문과 체험을 통해 리더로서의 안목을 넓히고 자기성찰을 하여 리더십능력을 배양하는 방법
멘토링과 코칭받기	개인적으로 자신을 관찰하여 조언해줄 수 있는 사람으로부터 상담을 하며 조언을 듣는 등 자기성장에 도움을 받는 방법
생활의 재설계	자신의 생활을 점검하고 재설계하여 리더십개발여건을 개선

자료 : 필자가 구성하였음

리더십의 원천들과 개발방법들의 의미를 간추려본다.

① 리더십 역량은 한 가지 단일방법에 의해서만 길러진다기보다는 선천성과 교육훈련 및 리더경험 등 여러 원천을 두루 거치며 길러진다. 다만 각 원천들의 비중은 다를 수 있다.

② 리더십은 선천적 자질과 성장환경의 결합을 통해 바탕이 형성되고, 개발 훈련을 통해 보완 및 강화된다. 커뮤니케이션이나 동기부여 및 행정관리

등 기술적 능력들은 교육훈련에 의해 후천적으로 개발이 비교적 용이한 부분이고, 지배욕구나 대담함 및 모험심 등의 리더 기질과 관련한 자질들은 후천적 개발이 쉽지 않다.

그러나 리더 직책의 경험과 고난체험 및 성공리더 벤치마킹 등은 리더 본능과 역량을 일깨우고 강화하는데 큰 도움이 될 수 있다. 사람마다 현재의 재목이 있다. 리더십개발이란 현재의 재목으로 좋은 인재를 만들어 가는 노력의 과정이라는 점을 명심하자.

③ 지식정보사회에서는 체계적 훈련을 통한 리더십개발이 더욱 중요해진다. 현대사회는 전문적인 지식과 기술을 바탕으로 이루어지는 사회이므로 리더의 풍부한 직무전문성은 리더십효과를 증폭시킬 수 있기 때문이다.

제14장

리더상 정립과 개발계획 실천

1. 리더상의 정립과 리더십요소의 진단

1.1. 리더상의 정립

(1) 리더상의 의미

리더상 정립이 중요한 이유는 먼저 자신의 리더상(像), 즉 "어떤 모습의 리더가 될 것인가?"를 설정해야 이를 근거로 개발해야 할 자질과 역량들이 무엇인가를 판단할 수 있기 때문이다.

리더는 먼저 자신부터 바르게 하고 구성원들을 이끌어야 한다고 예부터 강조하고 있다. 가령, 유교 사서(四書)의 하나인 대학(大學)에서는 '수신제가치국평천하(修身齊家治國平天下)'라고 하여 자기 자신을 잘 다스리고 나아가 가정과 나라를 다스리라고 하였다.

군의 초급간부는 부하들은 거느려야 한다. 그리고 존경과 신뢰를 받으면서 부대의 임무를 성공적으로 수행해야 한다. 리더상의 정립은 성격과 장점 등 자신의 특성을 고려하여 바람직한 리더의 모습을 그려보는 것이다. 군에서 제시하는 모습을 고려하고 훌륭한 리더들을 참고하는 것이 좋다.

(2) 바람직한 자신의 리더상 정립

리더상의 정립에서 중요하게 고려할 요소는 군에서 요구하는 리더의 모습과 자신의 특성, 그리고 본받고 싶은 롤 모델 리더의 특성 등 세 가지이다.

① 군에서 요구하는 리더상

군에서는 간부들이 갖추어야 할 리더의 모습을 교리 등의 공식자료를 통해 제시하고 있다. 가령, 육군은 '위국헌신의 강한 리더'를 육군 리더상으로 정립하였다. 그리고 모든 간부들은 육군가치관인 충성, 용기, 책임, 존중, 창의 등 5대 요소와 리더의 구비요소로써 기본자질과 핵심역량요소를 선정하여 제시하고 있다. 이는 모든 간부들이 자신의 리더상을 정립하는데 우선적으로 준수해야 할 내용이다.

② 자신의 특성의 반영

리더십은 리더의 개인적인 특성을 바탕으로 발휘되는 능력이자 활동이라는 점에서 군의 요구를 바탕으로 자신에게 적합한 리더상을 정립하는 것이 중요하다. 주요 고려요소들은 성격이나 기질 등의 심리적 특성, 외모 등의 신체적 특성, 특정한 능력에 관한 특성 등이다.

- **심리적 특성** 가령 내향적 성격과 외향적 성격 등에 따라 리더의 모습과 리더십의 발휘방법은 달라질 수 있다. 리더는 자신의 심리적 특성을 리더십에 반영하면서 문제가 되는 성격 등은 언행에서 보완해나가야 한다.
- **신체적 특성** 외모 등 신체적 특성은 변화시키기가 어렵지만 체력 등은 충분히 보완할 수 있다. 가령 체구가 작다면 다부진 이미지로 리더상을 정립하는 등 자신의 특성을 장점으로 어떻게 연계할 것인가를 생각하자.
- **능력특성** 자신 있는 우수한 역량을 리더의 모습에 강한 장점으로 부각하는 것이다. 가령 언변력이 좋다면 이를 카리스마로 개발하는 것 등이다.

가령 어떤 초급간부의 특성을 예를 들어 리더의 이미지를 간략하게 그려보면 다음과 같다.

· 주요 특성요소 : 외향적 성격, 도전, 끈기, 언변력, 작은 체구

· 리더 이미지 : 리틀 자이언트(Little Giant, 작은 거인), 작지만 다부진 당당한 모습의 결단력과 끈질긴 집념으로 임무를 수행하며 부하들과 잘 어울리면서 설득력 있는 언변으로 부하들을 이끌어가는 포용력 있는 리더

③ 롤 모델 리더 벤치마킹

자신이 본받고 싶은 리더의 주요특성들을 중심으로 리더상을 그리는 것이다. 다음의 예를 참고해 보자.

- 본받고 싶은 리더(닮고 싶은 특성); @@@(친화력, 인간미)
- 이미지: 부하들을 인간미 있는 모습과 친화력으로 이끌어가는 리더

리더는 모든 자질과 역량을 두루 갖춘 만능이 될 수 없다. 그러나 군의 요구와 자신의 특성 등을 고려하여 자신의 멋진 리더상을 정립할 수는 있는 것이다. 그리고 직책과 경험을 통해 리더상을 보완하고 발전시켜나가야 한다. 다음 표 14.1에 현 상태에서 자신이 바라는 리더의 모습을 그려보자.

표 14.1 내가 되고 싶은 리더의 모습

군의 요구	• 군의 리더상 • 주요 구비요소
나의 주요 특성요소	• 성격과 기질 ① ② ③ • 자신의 특징적인 요소 ① ② ③
롤 모델 리더와 특성	• 롤 모델 리더 이름; • 본받고 싶은 특성 ① ② ③
전체적 이미지	
나의 리더상 (구체적 서술)	

1.2. 리더십요소의 진단

자신의 현재 리더십능력을 자질과 역량으로 구분하여 진단해보자.[169] 본서의 내용은 리더십능력요소들을 학습용으로 참고로 예시한 것이다. 군에서 개발하여 운영하고 있는 진단설문을 적극적으로 활용하는 것이 좋다.

(1) 리더자질요소의 진단

※ 아래 문항을 읽고 자신에게 가장 적합한 점수를 부여한다.

매우 미흡함	미흡함	보통 수준	우수함	매우 우수함
1점	2점	3점	4점	5점

번호	요소	의미	점수
1	인간이해	자신이나 타인의 성격, 욕구, 장·단점 등을 이해하려는 태도	
2	도덕성	사회윤리나 법규에 위반됨이 없이 가치기준이 올바른 태도	
3	겸손	상대를 배려하고 자신을 낮출 줄 알며 우쭐대지 않는 태도	
4	책임감	맡은 일의 완수와 잘못된 결과는 감당하려는 태도	
5	개방성	사람들과 교류하고 새로운 사물을 잘 수용하는 성격	
6	침착성	위급하고 갑작스러운 상황에서도 정상적인 감정을 유지	
7	용기(배짱)	위험하거나 불확실한 상황에서도 두려워하지 않는 대범함	
8	집념	시작한 일을 어려움이 있어도 끝까지 완수하려는 기질	
9	성취욕구	조직의 목표와 가치를 더 높게 실현하고 싶은 욕구	
10	지배욕구	타인에게 영향을 미쳐 자신의 의지를 관철하려는 욕구	
11	지적 수용	지식과 정보의 변화를 빠르게 이해하고 수용하는 능력	
12	체력	계획한 일들을 지속적으로 실천할 수 있는 육체적 능력	

• 전체 문항의 총점과 평균점수를 계산한다.

구분	총점	평균	판단
점수/판단			

• 우수 : 평균 4점 이상, 보통 : 평균 4점 미만~2.5점, 미흡 : 평균 2.5점 미만
전체 평균점수 외에도 개별요소들에 대해서도 관심 있게 판단하기 바람.

---

169) 자길과 역량의 구분은 제2장을 참조하기 바람.

(2) 리더역량요소의 진단

※ 아래 문항을 읽고 자신에게 가장 적합한 점수를 부여한다.

매우 미흡함	미흡함	보통 수준	우수함	매우 우수함
1점	2점	3점	4점	5점

번호	요소	의미	점수
1	의사소통	정보와 감정의 효과적인 의사표현과 상호소통 능력	
2	계획력	미래의 일에 필요한 자원들의 합리적 활용 구상력	
3	분석력	복잡한 현상을 다양한 각도로 풀어내는 논리적 능력	
4	판단력	일정한 논리나 기준에 따라 사물의 가치를 결정하는 능력	
5	결단력	결정적인 판단을 적시에 빠르게 내릴 수 있는 의지와 능력	
6	감정조절	감정을 상황에 도움이 되도록 조절하고 표현하는 능력	
7	창의력	일의 성과를 낼 수 있게 새롭고 뛰어난 생각을 해내는 능력	
8	중재능력	사람들의 갈등과 분쟁을 조정하여 화해를 이루어내는 능력	
9	글로벌 역량	과업에 필요한 외국어능력과 다문화 이해 및 교류능력	
10	친화력	타인들과 인간적으로 친밀할 수 있는 공감적 행동능력	
11	협동력	팀워크의 시너지효과를 위해 타인들과 협조행동능력	
12	실천력	계획한 일들을 미루지 않고 꾸준히 실행하는 능력	

• 전체 문항의 총점과 평균점수를 계산한다.

구분	총점	평균	판단
점수/판단			

• 우수 : 평균 4점 이상, 보통 : 평균 4점 미만~2.5점, 미흡 : 평균 2.5점 미만
전체 평균점수 외에도 개별요소들에 대해서도 관심 있게 판단하기 바람.

2. 개발요소의 판단과 개발방안 구상

2.1. 리더십개발 요소의 판단

자신에게 더욱 필요한 리더십요소를 판단하여 선정한다. 우수한 자질과 역량을 많이 갖추는 것이 실제 리더십을 효과적으로 발휘할 가능성이 높다. 그러나 유념할 일은 강렬한 몇 개의 특성으로 뛰어난 리더십을 발휘할 수도 있

고, 우수한 특성을 많이 갖추었어도 한 가지의 역량이 결핍되어 실패할 수도 있다는 것이다.

그렇다면 표 14.1에서 설정했던 '나의 리더상'에 비추어 중요한 리더십요소는 어떠한 것들일까? 중요하다고 생각하는 요소를 선정하여 표 14.2에 기록해보자. 학습을 위해 몇 개만 선정했지만 실제로는 더욱 많아질 수 있다.

표 14.2 '나의 리더상'에 중요한 리더십요소들

구분	요소	선정한 이유	현 수준
자질 요소			
역량 요소			

❖ 작성 참고사항

•교재에서 제시된 요인 외에 다른 자질과 역량을 선정할 수도 있음.

•개인에 따라 3개 이상의 요인들을 선정할 수도 있음

2.2. 리더십요소의 개발방안 구상

리더십개발은 장점은 더욱 강하게 하고 약점은 보완하는 것이다. 〈표 〉의 요소들에 대해 구체적인 개발방안을 작성해보자.

가령, 나에게 필요한 자질 중에서 '도덕성'이 부족하여 강화하여야 한다고 가정해 보자. 나의 '도덕성'을 어떻게 강화할 것인가? 다음과 같은 방법을 활용할 수 있다.

- '도덕성'과 관련한 지식을 쌓는다. 관련된 서적을 읽거나 과목을 이수하여 지식을 갖춘다. (윤리학, 인생과 도덕 등)
- '올바른 삶'에 관한 실천목록을 만들어 점검한다.
- 사회적으로 존경받는 분들에 관한 자료를 학습하여 그분들의 삶을 본받아 나의 윤리관을 정립한다. (자서전, 평전, 다큐 동영상자료 등)
- 훌륭한 교수님, 어른, 선배를 멘토로 모시고 '도덕적 품성'에 대해 대화를 나눈다.
- 종교를 갖는다. 신앙생활을 충실하게 한다.

표 14.3 나의 '이상적 리더상'에 필요한 자질의 구체적인 개발방안

자질 요소	강/약점	구체적인 개발 방법

또한 나에게 필요한 역량 중에서 '의사소통능력', 특히 언변능력을 개발하여야 한다고 가정해 보자. 나의 '언변능력'을 어떻게 개발할 것인가? 다음과 같이 구상할 수 있다.

- 언변능력과 관련한 자료를 학습하거나 강의 등 수업을 받고 지식을 쌓는다.

• 주변사람들로부터 나의 '언어습관'에 대해 의견을 수렴하여 장점과 문제점(사투리, 발음, 나쁜 습관 등)을 발견하여 교정한다.
• 비언어적 표현에 관한 나의 습관에 관해 의견을 수집하여 교정한다.
• 나의 언변능력의 장점과 개선점 목록표를 만들어 실천한다.
• 특정한 주제에 관해 나의 발표 등을 녹음하여 듣는다.
• P/T 등 발표기회를 스스로 자청하고 적극적으로 활용한다.

표 14.4 나의 '이상적 리더상'에 필요한 역량의 구체적인 개발방안

역량 요소	강/약점	구체적인 개발 방법

군에서 요구하는 리더상에 대하여 필요한 구비요소들은 군 교육훈련과정에서 길러지고 있다. 교육기관의 학습 외에도 스스로 자기개발을 통해 리더십능력을 지속적으로 발전시키는 노력이 필요하다.

3. 생활의 진단과 개선

3.1. 생활의 진단

현재의 나의 생활은 '나의 이상적 리더상'을 향해 얼마나 충실한가? 표 14.5의 '자기관리 척도검사'의 6개 요소(목표세우기, 우선순위 정하기, 계획하기, 실행하기, 평가하기, 정보 이용하기)진단을 통해 일상생활을 점검해 보자.

자기관리 검사척도(표 14.5)

※ 각 문항을 읽고 자신에게 가장 잘 해당되는 점수를 부여한다.

전혀 아니다	약간 아니다	보통이다	약간 그렇다	매우 그렇다
1점	2점	3점	4점	5점

번호	나는 무슨 일을 할 때 __________	점수
1	나의 미래에 분명한 목적을 가지고 한다.	
2	목표를 장기, 중기, 단기로 나누어 세운다.	
3	일상에서 행동으로 실천하는 구체적인 목표들을 설정하고 있다.	
4	목표들은 달성할 예정일을 정하고 있다.	
5	해야 할 일의 우선순위를 정해서 생활한다.	
6	일의 중요도(중요한 일과 덜 중요한 일)를 기준으로 순서를 정한다.	
7	일의 긴급도(급히 해야 할 일과 급하지 않은 일)을 기준으로 순서를 정한다.	
8	일의 중요도와 긴급도 모두를 고려하여 순서를 정한다.	
9	계획을 세우기 위한 시간을 충분히 가진다.	
10	목표를 실천할 계획을 장기, 중기, 단기로 나누어 세운다.	
11	계획한 후에 일들에 대해 필요한 소요시간을 고려하여 판단한다.	
12	빡빡한 계획보다는 실행이 가능하도록 여유 있게 계획을 세운다.	
13	계획표에 따라 생활하는 편이다.	
14	계획한 것을 실천하는 데 별 어려움을 느끼지 않는다.	
15	어려움이 있더라도 강한 의지를 발휘하여 계획을 실천한다.	
16	계획은 좋은데 실천이 따르지 않는다는 말을 자주 듣지 않는다.	
17	일의 진행과정과 성과에 대해 평가해본다.	
18	이 일이 나에게 필요한 일이고 가치 있는 일인지 생각해본다.	
19	내가 끝내지 못한 일은 무엇이고 그 원인은 무엇인지 생각해본다.	
20	다음 계획에 반영시킬 일이 무엇인지 생각해본다.	
21	일에 도움이 될 만한 정보(TV, 신문, 잡지, 컴퓨터 등)를 가능한 모은다.	
22	정보를 이용한 후 내용에 대한 간단한 요약과 메모를 해둔다.	
23	정보에 대한 정확성과 유용성을 따져본 후 이용한다.	
24	내게 필요한 정보를 얻고 이용하는 데 별 어려움이 없다.	

•자료 : 김창민 외(2011), 「대학생과 리더십」, 홍릉과학출판사, 93~94쪽. 인용하면서 문장을 일부 수정

•영역별 점수합계와 총점을 아래 표에 적고 생활의 충실성을 판단한다.

<table>
<tr><th>영역</th><th>해당문항</th><th>점수</th><th>매우 뛰어남</th><th>뛰어남</th><th>보통</th><th>떨어짐</th><th>판단</th></tr>
<tr><td>목표 세우기</td><td>1~4번</td><td></td><td rowspan="6">17점~ 20점</td><td rowspan="6">13점~ 16점</td><td rowspan="6">9점~ 12점</td><td rowspan="6">4점~ 8점</td><td></td></tr>
<tr><td>우선순위 정하기</td><td>5~8번</td><td></td><td></td></tr>
<tr><td>계획하기</td><td>9~12번</td><td></td><td></td></tr>
<tr><td>실행하기</td><td>13~16번</td><td></td><td></td></tr>
<tr><td>평가하기</td><td>17~20번</td><td></td><td></td></tr>
<tr><td>정보이용하기</td><td>21~24번</td><td></td><td></td></tr>
<tr><td>총점</td><td></td><td>102점~ 120점</td><td>78점~ 96점</td><td>54점~ 72점</td><td>24점~ 48점</td><td></td><td></td></tr>
</table>

사람들의 현재생활을 점검해 보면 그 사람의 미래를 가늠할 수 있다. 우리는 초급간부이든 대학생이든 현 시점에서 정상적으로 해야 할 일이 있다. 특히 젊은 날은 미래를 준비하는 기간이므로 시간을 알차게 써야 한다.

그럼에도 밤새 게임에 빠져있다든지, 과도한 음주로 시간을 허비한다든지, 걱정만 하면서 무기력하게 시간만 보내고 있으면 성공할 수 있는 인생을 스스로 포기하는 것이다. 성공은 생각 속에서 오는 것이 아니라 실천을 통해 이루어지는 것이므로 생활을 혁신해야 한다. 미래를 바꾸고 싶으면 현재를 바꾸어야 한다는 점을 명심하자.

3.2. 생활방식의 개선

생활방식을 재설계하고 싶으면 ERRC개념이 도움이 될 수 있다. 프랑스 인시아드 경영대학원의 김위찬 교수와 마보안 교수는 「블루오션 전략(Blue Ocean Strategy)」을 발간하여 큰 반향을 일으켰다.

그들은 목적달성을 위한 분석법의 하나로 ERRC를 제시하였는데, 이는 익숙하게 적응되어 있는 현재의 생활에서 제거, 감소, 증가, 창조할 부분을 찾아 실행하는 것이다. 즉 다음의 네 가지 사항을 점검하고 실행목록을 작성하는 것이다.

• 제거(Eliminate)	현재의 생활에서 제거할 요소는 무엇인가?
• 감소(Reduce)	현재의 생활에서 감소시켜야 할 요소는 무엇인가?
• 증가(Raise)	현재의 생활에서 증가시켜야 할 요소는 무엇인가?
• 창조(Create)	현재의 생활에서 새롭게 창조해야 할 요소는 무엇인가?

표 14.6 ERRC 모형에 의한 실천행동 목록

구분	행동목록
제거할 행동	• • • •
감소할 행동	• • • •
증가할 행동	• • • •
창조할 행동	• • • •

이 질문에 대한 답은 생활을 더욱 충실하고 건설적으로 만드는 것에 초점을 두어야 한다. 가령 체력 증진이 필요한데 운동을 하고 있지 않다면 운동시간을 새롭게 편성해야 하고, 음주횟수가 과다하다면 감소시켜야 한다. 또한 리

더십에 필요한 독서량이 부족하다면 독서량과 시간을 늘려야 할 것이다. 실행 목록을 작성해보자. 표 14.6의 ERRC 행동목록은 생활계획을 수립하고 실천하는데 도움이 될 것이다.

위와 같이 ERRC 목록을 작성하였다면 남은 과제는 실천이다. 충실한 실천을 통해 평소의 생활을 개선하고 멋진 리더가 되기 위한 능력을 개발해나가자.

3.3. 매듭을 지으며

지금까지 학습한 내용을 돌아보며 인생과 리더십의 의미를 정리해 보자.

① 성공하는 인생에는 리더십이 중요하다는 점을 인식하자. 리더십은 남들을 이끌어가는 능력이면서 자신의 삶을 이끌어가는 능력이라는 점을 명심하고 자신의 멋진 리더상을 정립하여 그러한 사람이 되도록 노력하자.

② 리더십 능력의 구비에는 선천적인 자질이 중요하지만 현대사회에서는 후천적인 개발이 매우 중요하다. 교육훈련과 리더 역할의 기회를 적극적으로 활용하고 자기개발에 힘쓰자.

③ 좋은 생활습관을 기르자. 용기는 미지의 문을 두드리는 도전적 마인드이다. 두드리지 않는 문은 열리지 않는다. 미래도 하나의 문이다. 멋진 리더가 되기 위해 주도적이고 계획적인 생활을 습관화하자.

④ 미래를 위해 '리더가 되면 해야 할 일들'을 정리해 두고 역할이 주어지면 멋지게 발휘하자. 자신의 특유의 리더십을 위한 역량을 갖추어 나가자.

⑤ 리더십이란 좋은 성과를 창출하고 구성원들의 추종을 받으며 성공하는 길이다. 혼자만의 힘으로 하기 보다는 구성원들과 협력하고, 나만의 성공이 아니라 부하들도 함께 성공하게 하는 상생(相生)의 정신으로 살자.

⑥ 현재의 생활을 개선할 부분을 찾아 과감하게 혁신해 나가자. 현재를 변화시키는 것이 미래의 성공을 만드는 길이다.

참고문헌

강경표 외(2012), 「군 리더십 길라잡이」, 진영사.

강신규 외(2003), 「조직행동론」, 형설출판사.

강혜련(2005), 「여성과 조직 리더십」, 학지사.

고려대 행동과학연구소(1999), 「심리척도 핸드북」, 학지사.

고시성. (2010). 한국 국방조직 구성신분별 효과적 리더십 유형에 관한 연구. 한성대학교 대학원 박사학위 논문

곽기영, "성격과 리더십; 연구동향 및 향후 연구방향", 〈리더십연구〉, 대한리더십학회 제4권 4호(2013), 113~130쪽.

국방부, 「군인다운 군인, 군대다운 군대」, 각호

김경수 외(2004), "명장의 리더십에 관한 연구", 「경영학 연구」, 22(5), 1355-1396.

김남용(2015), "군 장교의 리더십역량개발에 관한 연구", 대구가톨릭대 박사학위논문.

김병관 역(2012), 「HOW TO MAKE WAR」, 프랫닛미디어.

김성국(1999), 「조직과 인간행동」, 명경사.

김애순 외, 「청년기 갈등과 자기이해〉, 중앙적성출판사, 1999.

김오현·주수호, "상사와 부하의 성격적합성이 리더십 유효성에 미치는 영향에 관한 연구", 애니어그램연구, 제6권 1호(2009), 43~70쪽.

김정휘 외(1998), 「교육심리학 탐구」, 형설출판사.

김준봉(1997), 「리더십」, 박영사.

김창걸(2003), 「리더십의 이론과 실제」, 박문각.

김창민 외, 「대학생과 리더십〉, 홍릉과학출판사, 2011.

김현택 외(2003), 「현대 심리학의 이해」, 학지사.

남기덕 외(2009), 전장리더십 개념연구, 육군교육사령부.

남기덕(1999. 10. 29), "한국군 리더십의 모형과 발전방향", 화랑대 국제학술심포지엄.

대한민국부사관 총연맹(2015), 인간중심의 리더십, 그로벌.

대한민국부사관총연맹(2015), 실무중심의 초급간부 조직관리론, 그로벌.

동아일보 경제부(2002), 「한국대기업의 리더들」, 김영사.

박경묵, 한국MIT연구소, 「e-리더십박사.com〉, 을지문덕, 2001.

박유진 외(1998), "육군 지휘통솔 연구의 현황과 발전과제", 「육군초급장교 리더십 개발방안 도출을 위한 기초연구」, 충성대연구소.

박유진 외, 「리더십 이해·진단·개발〉 개정판, 양서각, 2014.
박유진, "리더십개발을 위한 교육방법", 충성대연구소, 2001.
박유진, "최신 지휘통솔 이론과 기법의 군 응용도입 및 실무현장 적용방안 연구"(국방부 연구보고서), 충성대연구소, 1999.
박유진, 「리더십 마인드 & 액션〉, 양서각, 2011.
박태현, 〈처음 리더가 된 당신에게〉, 중앙북스, 2014.
방정배(2000), 「간부 스트레스 관리」, 육군교육사령부.
백기복(2000), 「이슈 리더십」, 창민사.
백기복(2005), 「리더십 리뷰」, 창민사.
백기복, 〈리더십의 이해〉, 창민사, 2011.
백기복·정동일(1998), "한국 경영학계의 리더십 연구 30년 ; 문헌검증 및 비판", 「경영학연구」 27집, 113-156.
삼성경제연구소, 〈리더의 인생수업〉, 2012.
서경석, 〈전장감각〉, 샘터, 1996.
서경석, 〈전투감각〉, 샘터, 1991, 2013.
서성교(2003), 「하버드 리더십 노트」, 원앤원 북스.
소이원.(2010). 효과적인 군 리더십에 관한 실증연구. 충남대 대학원 박사학위논문
신유근(1996), "한국기업 최고경영자의 행동특성과 리더십 스타일", 「인사조직연구」 제4권 제2호, pp.360-391.
신응섭 외(1999), 「리더십의 이론과 실제」, 학지사.
양병무(2000), 「디지털시대의 리더십」, 좋은 사람들.
양봉희 외, 〈리더십 로드맵〉, 북코리아, 2013.
오상택 (2012). 육군 조직의 리더십 유형이 조직효과성에 미치는 영향에 관한 연구: 전투상황과 평시상황의 비교를 중심으로. 한성대학교 대학원 박사과정 박사학위 논문
오점록 외(1999), 「韓國軍 리더십」, 박영사.
유치하 역(2007), 최고의 리더십(유치하 역, 아시아코치센터, 2007)
육군리더십센터(2011), 전장리더십(교육참고8-지-1).
육군본부(2008), 강한 친구 만들기 리더십 프로그램(교육참고8-7-9)
육군본부(2011), 전투프로가 되는 길
육군교육사령부(2013), 국가와 안보
육군교육사령부(2016), 국가와 안보(1)

육군본부(2013), 육군가치관
육군본부(2014), 군인복무규율 길라잡이
육군본부, 〈인간중심 리더십에 기반을 둔 임무형 지휘〉, 2006.
육군본부, 〈전투지휘의 허와 실〉, 1995.
육군사관학교, 〈군사학 길라잡이〉, 양서각, 2004.
육현표(1997), 「위기를 반전시키는 리더십」, 삼성경제연구소.
윤정구(2006.11.24), "한국 리더십 학문 및 교육체계의 정립", 국방대 리더십정책포럼.
이광보 외(2011), 군 리더십개론, 진영사.
이봉원, 〈지휘관, 무한책임의 주역〉, 양서각, 2011.
이상호(2001), "경영학계의 주요 리더십 이론 및 국내 연구 활동", 「인사관리연구」 한국인사관리학회, 24(2), 1~40.
이석재, 〈18가지 리더십 핵심역량을 개발하라〉, 김앤김북스, 2006.
이영계, 진재열, "육군초급장교 리더십개발 지침서에 관한 연구", 육군 교육사령부, 2010.
이종인 외(1999), 「군 리더십 연구」, 한국국방연구원.
이효석, 〈리더십 코칭의 기술〉, 텐북, 2006.
임관빈, 〈성공하고 싶다면 오피던트가 되어라〉, 팩컵북스, 2011.
임용기, "시대변화에 따른 효과적인 리더십 행동에 관한 연구" 국방대학교 석사학위 논문, 2001. 12.
임채상(2013), "육군 리더십철학 정립을 위한 연구", 육군 교육사령부.
정우일(2006), 「공공조직론」, 박영사.
조성식(2005), 「장군들의 리더십」, 늘 푸른 소나무.
조현행(2000), "미 육군 리더십의 시대적 변천과 역할", 육군교육사령부.
최광표 외(2000), 「신세대장병 지휘통솔 기법연구」, 한국국방연구원.
최병순 외(2009), 전장리더십 역량개발 방안, 육군리더십센터
최병순(1991), "한국군 지휘행동에 관한 탐색적 연구", 화랑대연구소.
최병순, 〈군 리더십〉, 북코리아, 2014.
최병윤 외(2009), 군 리더십 이해, 국방연구보고서)
최용호(2012), 「베트남정글의 영웅들」, 전쟁과 평화연구소
최연(2001), "자기희생적 리더십: 연구현황과 과제", 「인사관리연구」, 한국인사관리학회, 24(2), 219~237.

김위찬·마보안(2005), Blue Ocean Strategy, (강혜구 역, 2005), 「블루오션 전략」, 교보문고.

사사 야츠유리, (조학제 역, 1999), 「평상시의 지휘관 유사시의 지휘관」, 연경문화사.

Balman, L. & Deal, T., Reframing Organizations, (김영진 외 역, 1985), 「비젼시대의 조직패러다임」, 미래경영개발연구원.

Burns, J., Leadership(1985), (한국리더십연구회 역, 2000), 「리더십 강의」, 생각의 나무.

Collins. J.(2001), Good to Great (이무열 역, 2002), 「좋은 기업을 넘어 위대한 기업으로」, 김영사.

Green, R. The Art of Seduction(강미경 역, 2002), 「유혹의 기술」, 이마고.

Mitroff, (하정필 역, 2006), 「미트로프 위기경영」, 범한서적.

Nahavandi, A., The Art and Science of LEADERSHIP,(백기복 외 역, 2000), 「리더십」, 선학사.

Northouse, Peter G. Leadership, (김남현 외 역, 2001), 「리더십」, 경문사.

Roberts. W., (최창현 역, 2004), 「위기관리의 리더십」, 한언.

Wheatley, Margaret F.(1999), Leadership and New Science, (한국리더십학회 역, 1999), 「현대과학과 리더십」, 21세기 북스.

Anthony F. Smith et al, 〈The Taboos of Leadership〉, 강수정 역, 〈리더들이 알려주지 않는 리더십의 비밀〉, 지형, 2008.

Christopher Hoenig, 〈Think Leaders〉, 박영수 역, 〈위기를 극복한 리더들의 생각을 읽는다〉, 예문, 2009.

Howard Morgan, et al, 〈The Art and Practice of Leadership Coaching〉, 홍의숙 외 옮김, 〈리더십 코칭 50〉, 거름, 2006.

John Whitmore, 〈Coaching for Performance〉, 김영순 역, 〈코칭 리더십〉, 김영사, 2013.

John H. Zenger et al, 〈The Extraordinary Leader〉, 김준성 외 옮김, 〈탁월한 리더는 어떻게 만들어지는가, 김앤김북스, 2007.

Paul Taffinder, 〈The Leadership Crash Courxes〉, 신현승 옮김, 〈리더십 훈련〉, 넥서스북, 2002.

U.S. Army, 〈Army Leadership〉(ADP 6-22, 2012. 8), 육군교육사, 〈육군 리더십〉 2013. 12.

사사 야츠유키, 조학제 역, 「평상시의 지휘관 유사시의 지휘관」, 연경문화사, 1999.
壇 雅昭(단 마사아키), "전투 스트레스 극복방안", 육군교육사 번역자료 99-41. 1999.
칸노 히로시, 〈보스톤 컨설팅 그룹의 리더십테크닉〉, 비즈니스맵, 2006.
Avolio, B.J., & Gibbons, T.C.(1988). "Developing transformational leader; A life span approach", In Conger, J.A. & Kanungo, R.N., & Associates(eds.). Charismatic Leadership: The Elusive Factor in Organizational Effectiveness. CA: Jossey-Bass.
Bass, B.M.(1985). Leadership and Performance beyond Expectations. NY: The Free Press.
Bass, B.M.(1990), Bass and Stogdill's Handbook of Leadership: Theory, Research, and Managerial Application(3rd ed.), NY: The Free Press.
Bennis, W.G. & Nanus, B.(1985), Leader: The Strategies for Taking Charge, NY: Harper & Row.
Bennis, Warren G.(1989), On Becoming a Leader, Addison-Wesley.
Blake, R.R. & Mouton, J.S.(1964), The Managerial Grid, Houston, TX: Gulf Publishing.
Burns, James M.(1978, 1985), Leadership, Harper Colins Pub. Inc.
Choi, Y & Mai-Dalton, R.(1999), "The model of followers' responses to self-sacrificial leadership: An empirical test", Leadership Quarterly, 10(3), 397~421.
Choi, Y.(1995), A theory of self-sacrificial leadership, Doctoral Dissertation, University of Kansas, Lawrence, KS.
Conger, J.A.(1989), The Charismatic Leader: Behind the Mystique of Exceptional Leadership, Cal.: Jossey-Bass.
Conger, J.A., & Kanungo, R.N.(1987), "Toward a behavioral theory of charismatic leadership in organizational setting". Academy of Management Review, 12(4), 637 ~647.
Fiedler, F.E. & Garcia, J.E.(1987), New Approaches to Effective Leadership: Cognitive Resources and Organizational Performance, NY: John Wiley.
Fiedler, F.E.(1967), A Theory of Leadership Effectiveness, NY: McGraw-Hill.
French, J.R.P.Jr. and B. Raven(1959), "The Bases of Social Power", in

Cartwright, ed., Studies of Social Power, MI: Institute of Social Research.
Hater, J.J. & Bass B.M.(1988), "Superiors' evaluations and subordinates' perceptions of transformations and transactional leadership", Journal of Applied Psychology, 73, 695~702.
Hersey, P. & Blanchard, K.H.(1982), Management of Organization Behavior: Utilizing Human Resource(4th ed.), Englewood Cliffs, NJ: Prentice Hall.
House, R.J.(1971), "A path-goal theory of leadership effectiveness", Administrative Science Quarterly, 16, 321~338.
House, R.J.(1977). "A 1976 theory of charismatic leadership". In Hunt, J.G. & Larson, L.L.(Eds.) Leadership: The Cutting Edge, Carbondale: Southern Illinois University Press.
Hughes, et al.(1996), Leadership, 2nd ed., Irwin.
Jermier, J.M.(1993). "Introduction: Charisma leadership: Neo-Weberian perspectives". Leadership Quarterly, 4, 217~233.
Kelman, H.C (1958), "Compliance, identification, and internalization ; Three processes of attitude change", Journal of Conflict Resolution, 2, 51-56.
Kerr, S., & Jermier, J.M.(1978), "Substitute for leadership: Their meaning and measurement", Organizational Behavior and Human Performance, 22(4), 375~403.
Kotter, J.P.(1979), Power in Management, Amacom.
Lerbinger O.(1997), The Crisis Manager ; Facing Risk & Responsibility, N.J, Lawrence Erlbaum Associates.
Likert, R.(1961), New Patterns of Management, NY: McGraw-Hill.
Manz. C.(1992), Mastering Self-Leadership : Empowering Yourself for Personal Excellence, Prentice-Hall.
McClelland, D.C(1985). Human Motivation, Scott Freshman.
McClelland, D.C. and D. Burnham(1976), "Power is the Great Motivator", Harvard Business Review, Mar-Apr. pp.100-110.
Mintzberg, H(1973), The Nature of Managerial Work, N.Y: Harper & Row.
Schein, V.E.(1977), "Individual Power and Political Behavior in

Organization", Academy of Management Review, Jan. pp.64-72.

Selye. H.(1976), Stress of Life, N.Y., McGraw-Hill.

Selye. H.(1974), Stress without Distress, N.Y., Lippincott.

Shamir, B, House, R.J., & Arthur, M.B.(1993), "The motivational effects of charismatic leadership: A self-concept based theory". Organization Sciences, 4(4), 577~594.

Stogdill, R.M(1974), Handbook of Leadership: A Survey of The Literature, N.Y: The Free Press.

Vroom, V.H.(1964), Work and Motivation, John Wiley & Sons.

Yukl, G.A(1989, 2002), Leadership in Organizations(2nd, 5th ed), NJ: Prentice Hall.

Zaleznik A.(1992), "Managers and Leaders : Are They Different?," Harvard Business Review. March-April.

인명색인

용어색인

ㄴ

ㄷ

ㅇ

ㅈ

초급 간부를 위한 군 리더십의 이해와 개발
초판 발행 2016년 7월 10일
수정증보판 발행 2022년 1월 10일

저자 | 박유진 · 오상택
발행인 | 신대영

발행처 | 양서각
출판신고 | 1992년 4월 30일 제3-412호
주소 | 경기도 가평군 소돌말길 7-6
TEL | 02-991-6234
FAX | 02-907-2114
E-Mail | ysgbook@hanmail.net
ISBN | 978-89-5568-518-3